向玉乔 著

道德记忆

中国人民大学出版社
·北京·

国家社科基金重大招标项目
"中国共产党的集体道德记忆研究"（编号19ZDA034）的阶段性研究成果

自序

我对道德记忆问题的关注和思考是十多年前的事情。十多年前，我突然开始为这样的现象感到吃惊：有些人在帮助某个人之后，可能会因为后者不能记住自己的"恩情"而气愤；有些人本来是信守诺言的人，但可能因为"遗忘"而没有履行自己曾经做出的某个承诺；有些人在回顾自己的道德生活时倾向于对自己遵守道德的经历津津乐道，而对自己违背道德的经历避而不谈；有些人仅仅愿意记住与自己亲近的道德生活经历，而对与自己比较疏远的道德生活经历漠不关心。这些现象让我感到困惑，同时也促动我进行深刻反思。就是在这样一种背景下，我不仅开始思考记忆与道德的关系问题，而且萌生了提出"道德记忆"这一概念的最初想法。

当"道德记忆"这一概念首次在我脑海里冒出的时候，我既感到兴奋，也感到迷茫。兴奋，是因为直觉告诉我这一概念是能够成立的；迷茫，是因为直觉同时告诉我对这一概念的论证并非易事。作为一名已经在伦理学领域探索多年的学者，我深深地懂得这样一个道理：提出一个新概念很容易，而要论证它的合法性和合理性却是不容易的。正因为如此，直到2014年，我才在《光明日报·理论版》发表了一篇题为《人类的集体道德记忆》的文章，我在文章中尝试性地指出："作为人类记忆思维活动的一种重要表现形式，道德记忆显示的是人类具有记忆其道德生活经历的思维能力。人类在过去的时间里追求道德和践行道德，其所思所想和所作所为构成道德生活经历，并在其脑海里留下深刻印记或印象，从而使其拥有了道德记忆。道德记忆的主体是人类，但由于人类总是同时以'个体人'（个人）和'集体人'

（社会人）的身份存在，道德记忆可以区分为个体道德记忆和集体道德记忆。"让我没有想到的是，该文发表之后在社会上引起了较大反响，很多中学将它用作语文考试的阅读模拟试题。

我在《人类的集体道德记忆》一文中对"道德记忆"这一概念所做的界定以及将"道德记忆"区分为"个体道德记忆"和"集体道德记忆"的观点在后续的研究中得到了保留与延续。此文虽然只是一个开头，但却鼓舞了我，推动我在道德记忆理论领域展开了进一步的探索。它在我面前打开了一个无比宏大的问题域。这个问题域如此宽广，既让我感到心旷神怡，也常常令我产生无限的思绪。我必须承认，这是一个让我非常愿意去探索、去考察、去探秘的领域，它激发了我追求真理的强烈欲望。亚里士多德曾经强调，求知是人的本性。在发表《人类的集体道德记忆》一文后不久，我更深刻地体会到了自己对道德记忆问题和道德记忆理论的浓厚兴趣。

"道德记忆"是最近十多年让我魂牵梦萦的一个伦理概念。我以它为主题发表了一系列论文，在学术研讨会或讲学中多次宣讲"道德记忆"，常常与学界朋友讨论"道德记忆"作为一个伦理概念的合法性和合理性问题，甚至将有关"道德记忆"的反思结果带进自己特别钟情的伦理学课堂。让我无比欣慰的是，每次论及"道德记忆"，总能引起不少听众的提问和积极思考。在一次国际学术研讨会上，有一位学者甚至非常善意地建议我同时研究"道德记忆"和"记忆道德"。平心而论，那位学者的建议既极大地鼓舞了我，也极大地开拓了我的视野。2020 年，我几乎同时在《道德与文明》和《世界哲学》各发表了一篇文章：《论道德记忆》和《论记忆道德》。在这两篇文章中，我不仅对"道德记忆"和"记忆道德"这两个概念进行了界定，而且对它们之间的区别做了系统解析。

"记忆"是一个众所周知的老概念，但"道德记忆"和"记忆道德"是两个新概念。目前，国内外学术界很少有人研究它们，相关成果非常罕见。研究不足并不意味着研究它们没有意义和价值。在当今时代，越来越多的人已经开始认识到道德记忆和记忆道德的重要性：作为人类，我们之所以能够也愿意一代又一代地过道德生活，这在很大程度上是因为我们的先辈一直过着道德生活，并且给我们留下了丰富多彩的道德记忆和源远流长的记忆道德传统。道德记忆和记忆道德是人类道德生活中不可或缺的东西。

道德记忆是储存人类道德生活经历的仓库。记录和储存是它的基本功能。它将人类道德生活经历记录和储存下来，并使之成为可以反复回顾的东西。它让人类过去的道德生活经历不会随着时间的流逝而灰飞烟灭。难以想象，如果过去的道德生活经历不能得到记录和储存，人类的道德生活将变成何种状况。作为人类，我们不仅需要道德记忆，而且应该将道德记忆作为道德生活的一个重要组成部分来加以重视。我们的先辈将他们的道德生活经历刻写成道德记忆传给我们，从而使我们能够拥有道德文化传统，并且使人类道德生活能够保持必要的传承性与连续性。

　　人类对道德的热爱、尊重和践行应该体现传承性与连续性，而要达到这个目的，道德记忆的在场就是绝对必要的。道德记忆记录和储存的无论是先辈向善、求善和行善的道德生活经历，还是他们向恶、求恶和作恶的道德生活经历，都是有价值的。前者可以作为人类道德生活经验而存在，后者可以作为人类道德生活教训而存在。它们或者能够为今天的我们提供道德生活指导，或者能够为今天的我们提供道德生活警示。道德记忆是人类道德生活的根本，我们不能忽视它的存在价值。

　　需要强调的是，记忆在很多时候与人类的道德价值观念有关。这不仅意指人类总是带着一定的道德价值观念去记忆，而且意指人类总会对自身的记忆活动进行道德价值认识、道德价值判断和道德价值选择。记忆道德就是因此而产生的。对于我们人类来说，记忆应该合乎一定的道德要求。换言之，在记忆的时候，我们应该遵守一定的道德准则，不能肆意妄为。在记忆过程中，我们记忆什么或不记忆什么，以这样的方式记忆或以那样的方式记忆，这些都必须合乎记忆道德的要求。记忆道德就是有能力对我们的记忆活动施加规范性影响的道德形态。

　　我们应该以合乎记忆道德的方式建构自己的道德记忆。每一代人都有自己的道德使命。不同时代的人所承担的道德使命不尽相同，但建构道德记忆的使命是共同的。每一代人不仅要对自己那一代人承担道德责任，而且应该对后代承担道德责任。我们对后代的一项主要道德责任在于，我们必须借助道德记忆的力量将人类源远流长的道德文化传统传承下去，以使人类的道德本性能够持续地得到保存。道德教育是人类建构道德记忆的重要方式，也是人类保持自身道德本性的重要方式。

道德记忆是一个不断建构的过程。只要人类道德生活在继续，建构道德记忆的进程就在往前推进。如果我们热爱道德，或者说，如果我们热爱自己的道德本性或道德生活方式，那么我们就应该热爱自己的道德记忆。道德记忆让我们的过去具有道德价值，也让我们懂得珍惜当下的道德生活。无论我们如何度过自己的道德生活，它都会进入我们的道德记忆。作为人类，我们在道德生活中成长，在道德生活中发展，道德记忆则负责将我们的道德生活经历记录和储存下来。

帕斯卡尔曾经说过，真正的哲学家是蔑视哲学的。由于还在朝着哲学家的高峰攀登，我未敢对哲学有任何蔑视，而是对它满怀敬重。我敬重哲学，亦是敬畏真理。当我发现道德记忆这一有待深入开垦的领域之后，我心怀敬畏，小心翼翼。我希望在道德记忆的世界里探索前行，直到看见真理的曙光。

"看似寻常最崎岖，成如容易却艰辛。"哲学的道路是最崎岖、最艰辛的道路，但也是最鼓舞人心、最引人入胜的道路。对于我来说，研究道德记忆和记忆道德固然是一条充满挑战的道路，但我愿意乘风破浪、砥砺前行。自进入伦理学领域以来，我一直秉承以学术思想服务社会的理念，努力开拓，无怨无悔。我坚信，道德记忆不仅能够将我们每一个人引向过去，而且能够推动我们向道德记忆学习；记忆道德则能够推动我们以合乎道德的方式记忆。我坚信，道德记忆和记忆道德具有人类不可或缺的重要社会价值。

一叶一花一春秋，一记一忆一人生；花在叶中笑春秋，记在忆里叙古今。作自序，勉励自己继续在哲学世界挥洒人生。

目 录

导论　走进道德记忆世界　探寻道德生活奥秘 ………………………… 1

第一章　道德记忆释义 …………………………………………………… 9
　　一、道德记忆与记忆 …………………………………………………… 9
　　二、道德记忆与历史记忆 ……………………………………………… 11
　　三、道德记忆与文化记忆 ……………………………………………… 13
　　四、道德记忆与道德文化传统 ………………………………………… 15
　　五、道德记忆与记忆道德 ……………………………………………… 16

第二章　人类生存与道德记忆 …………………………………………… 22
　　一、人的存在问题与记忆 ……………………………………………… 22
　　二、人的思维能力与记忆 ……………………………………………… 26
　　三、人类记忆中的道德记忆 …………………………………………… 31

第三章　道德记忆的主体 ………………………………………………… 37
　　一、个人：作为道德记忆的主体 ……………………………………… 37
　　二、普通人与哲学家：作为道德记忆主体的区别 …………………… 40
　　三、社会集体：作为道德记忆的主体 ………………………………… 42

第四章　道德记忆的复杂性和认知路径 ………………………………… 46
　　一、人生经验与道德记忆 ……………………………………………… 46
　　二、理性反思与道德记忆 ……………………………………………… 50
　　三、精神分析与道德记忆 ……………………………………………… 56
　　四、实验性研究与道德记忆 …………………………………………… 58

第五章　道德记忆的存在形态和分类 …… 60
　　一、基于主体区分的道德记忆分类 …… 60
　　二、基于目的性区分的道德记忆分类 …… 63
　　三、基于时间区分的道德记忆分类 …… 65
　　四、基于内容区分的道德记忆分类 …… 67
　　五、基于存在特征区分的道德记忆分类 …… 69
　　六、基于存在性质区分的道德记忆分类 …… 71
　　七、基于道德类型区分的道德记忆分类 …… 74

第六章　道德记忆的主要特征 …… 76
　　一、探察道德记忆特征的必要性 …… 76
　　二、道德记忆的一般性特征 …… 77
　　三、道德记忆的特殊性特征 …… 103

第七章　道德记忆的价值维度 …… 110
　　一、道德记忆与道德的生命力 …… 110
　　二、道德记忆与道德文化传统 …… 114
　　三、道德记忆与人的道德责任 …… 117
　　四、国家治理的道德记忆基础 …… 119

第八章　道德记忆与人类教育 …… 124
　　一、教育与人类对文明之善的记忆 …… 124
　　二、教育与人类对人心之善的记忆 …… 131
　　三、教育与人类对人生之善的记忆 …… 137

第九章　家庭伦理与家庭道德记忆 …… 144
　　一、家庭伦理与家庭道德 …… 144
　　二、家训家风与家庭道德记忆 …… 149
　　三、家庭道德记忆与家庭道德教育 …… 152

第十章　建筑与道德记忆 …… 155
　　一、建筑的实用性与伦理性特征 …… 155
　　二、建筑承载人类道德记忆的方式 …… 158

三、现代建筑对人类道德记忆的破坏性影响 …………… 162

第十一章　战争与道德记忆 ……………………………………… 165
　　一、战争行为：应该受到人类道德法庭的审判 ………… 165
　　二、"战争英雄"的争议性与英雄道德记忆 …………… 169
　　三、战争道德记忆的双面性及其影响 …………………… 173

第十二章　乡村道德记忆与我国乡村振兴战略 ………………… 176
　　一、乡村发展史与乡村道德记忆 ………………………… 176
　　二、乡村道德文化传统与乡村道德记忆的传承 ………… 183
　　三、乡村现代化与乡村道德失忆症 ……………………… 191
　　四、乡村振兴战略与乡村道德记忆意识 ………………… 200

第十三章　道德记忆与道德文化自信 …………………………… 206
　　一、道德记忆与道德文化自信的紧密关联 ……………… 206
　　二、个体道德记忆与个体道德文化自信 ………………… 212
　　三、集体道德记忆与集体道德文化自信 ………………… 216
　　四、道德记忆提升人类道德文化自信的价值及路径 …… 220

第十四章　中国共产党的集体道德记忆 ………………………… 226
　　一、中国共产党建构集体道德记忆的内涵 ……………… 226
　　二、中国共产党的集体道德记忆谱系 …………………… 230
　　三、中国共产党集体道德记忆的主要内容 ……………… 240
　　四、中国共产党守护集体道德记忆的道德责任 ………… 246

第十五章　记忆道德 ……………………………………………… 250
　　一、记忆的道德目的与道德的记忆之维 ………………… 250
　　二、记忆伦理与记忆道德 ………………………………… 254
　　三、个体记忆道德与集体记忆道德 ……………………… 258

结语　珍惜道德记忆　追求崇高道德 ………………………… 265

参考文献 ………………………………………………………… 274

后　　记 ………………………………………………………… 279

导论

走进道德记忆世界　探寻道德生活奥秘

记忆是人类在谋求生存与发展的过程中锻炼的一种本领和能力。自人类在地球上诞生的第一天开始,它就可能已经存在并服务于人类的生存活动。在远古时代,由于生产力水平低下、原始自然环境极其恶劣,人类的祖先谋求生存的活动困难重重、举步维艰。他们必须锻炼各种各样的本领和能力,才能在自然界立足、立身。在他们所锻炼的诸种本领和能力中,记忆是绝对必需的。只有培养记忆能力,学习识记周围环境,能够分辨并记住自然环境中对自己有益和有害的东西,他们才能在恶劣的自然环境中生存与发展。也就是说,记忆是人类的祖先在谋求生存与发展的过程中逐渐锻炼出的一种本领和能力。

记忆的重要性很早就受到了哲学家的关注。孔子早在两千多年前就对记忆有较深研究。他在《论语》的开篇说:"学而时习之,不亦说乎?"[1] 其意指,一个人在学习过程中经常温习学过的内容是一件很愉快的事情。温习即复习学过的内容,而复习是为了牢记。在孔子眼里,学习考验学习者的记忆能力,强于记忆是学习者应该具备的基本素质。他甚至强调:"温故而知新,可以为师矣。"[2] 也就是说,只有能够"温故而知新"的人才具有为人师的资格。孔子显然认为,为学者(学生)和为师者(老师)都应该强于记忆。

---

[1] 论语 大学 中庸. 2版. 陈晓芬,徐儒宗,译注. 北京:中华书局,2015:7.
[2] 同①20.

古希腊的柏拉图也较早地关注和研究了记忆问题。他提出了著名的"蜡板说",认为记忆是人对事物获得印象的过程,这就像有棱角的硬物放在蜡板上所留下的印记一样。不过,人对事物获得的印象不一定是永久的,有些会随着时间的推移而逐渐淡化,甚至完全消失,这就像蜡板表面逐渐恢复光滑一样。曾经留下印记的蜡板一旦回归光滑,就意味着完全遗忘。柏拉图的观点并不一定正确,但影响了许多人。

亚里士多德也关注和研究记忆问题。他将记忆视为人类心脏的一种功能。他认为,心脏的部分功能与血液有关,而记忆则是以血液流动为基础的。遗忘的发生主要是血液流动减缓所致。他还提出了联想法则,认为人的记忆可以通过联想而发生和增强。

现代心理学家将记忆归结为人脑所具有的一种功能,并且试图发现人脑记忆的规律。德国学者艾宾浩斯(Ebbinghaus)提出了"遗忘曲线"概念,并将人的记忆分为三种,即感觉记忆、工作记忆和长时记忆痕迹。在这三种记忆中,感觉记忆瞬间即逝,持续时间很短;工作记忆可以持续较长时间;长时记忆痕迹是在前两种记忆消失的时候出现的,是我们在学习过程中所能拥有的一种记忆。长时记忆痕迹就像一个抛物线,它有起点,有最高点,也有从最高点逐渐降落的过程,因此,人类记忆的最佳时间点是处于记忆抛物线最高点的时候。如果在处于记忆抛物线最高点时进行复习,学习就能取得最好的记忆效果;如果不及时复习,就会遗忘原来记住的东西。这是人脑记忆的普遍规律。

当代记忆心理学家大约在 20 世纪 80 年代提出了"集体记忆"或"社会记忆"概念。法国社会学家、心理学家莫里斯·哈布瓦赫(Maurice Halbwachs)是将有关记忆的研究从个体心理领域转入集体心理或社会文化领域的关键人物。他指出,集体记忆不是一个既定的概念,而是一个社会建构的概念,因为集体记忆是在一个由人们构成的聚合体中存续着的东西,并且是从群体中吸取力量的;一个社会有多少个群体和机构,就有多少种集体记忆。哈布瓦赫用社会学和心理学的双重视角研究记忆问题,其出发点是要推翻柏格森强调主观时间和个体主义意识的记忆观。他重点关注宗教领域和家庭领域的集体记忆问题,自始至终强调"群体"对人类记忆的支配性影响。他甚至认为,在历史记忆里,个人并不是直接回忆事件;只有通过阅读或听人讲述，或者在参加纪念活动和节日庆典的场合，人们聚在一起并共同回忆长期分离的群体成员的事迹和成就时，这种记忆才能被间接地激发出来，因此，"过去"是由社会机制存储和解释的。

《论集体记忆》（*On Collective Memory*）是哈布瓦赫的重要代表作。该书的核心观点可概括为：人类记忆本质上是集体记忆，因为它不是纯粹的个体心理现象；个体记忆是受他人、环境的促动或刺激而唤起的；正是在群体的交际活动、社会的文化框架、时代的精神氛围等的影响下，个体才有记忆的唤起、定位、建构、改变、规范、筛选等。显然，在哈布瓦赫看来，不能简单地把记忆视为个体心理之事，因为它是集体或社会建构之事，与文化学、人文学等密不可分。在《论集体记忆》一书中，他系统地探讨了"过去"如何在家庭、宗教群体和社会阶级中被人类记住的问题。[①]

在哈布瓦赫奠定的集体记忆理论框架基础上，我国的一些学者近些年开始结合文学作品、建筑艺术、文物古迹、媒介手段等来研究集体记忆，重点研究民族精神记忆的孕育生成、发展变迁、传承传播等重要内容，代表性成果有黄悦的《神话叙事与集体记忆：〈淮南子〉的文化阐释》，郑培凯、李磷主编的《文化遗产与集体记忆》，张庆园的《传播视野下的集体记忆建构》，徐贲的《人以什么理由来记忆》，等等。这些研究成果普遍认为，集体记忆是群体成员在互动关系中不断获得并广泛共享的那些有关群体共同元素的结构化信息，集体记忆的建构和强化存在于个人、群体和社会的持续互动过程中。例如，徐贲认为："记忆显示的是人的群体存在的印记。这是人之所以不能没有记忆的根本原因。"[②]

在研究集体记忆方面，还有一些学者侧重于研究灾难记忆、苦难记忆或创伤记忆，代表性著作有美国学者彼得·诺维克（Peter Novick）的《大屠杀与集体记忆》（*The Holocaust in American Life*），李红涛、黄顺铭的《记忆的纹理：媒介、创伤与南京大屠杀》，等等。前者关注"纳粹大屠杀"的记忆在美国是如何被设计、描述和修改的，后者关注"南京大屠杀"的记忆在中国是如何被塑造、传播和受到挑战的。中国共产党就有创

---

① 莫里斯·哈布瓦赫. 论集体记忆. 毕然，郭金华，译. 上海：上海人民出版社，2002：95-206.
② 徐贲. 人以什么理由来记忆. 长春：吉林出版集团有限责任公司，2008：1.

伤记忆。例如，我们党在新民主主义革命时期出现过王明左倾教条主义和机会主义错误给革命事业带来巨大危害的历史事件，它留给我们党的创伤记忆经久难忘。

特别值得一提的是，国外一些学者近些年开始重视研究记忆的伦理功能问题。以色列学者阿维夏伊·玛格利特（Avishai Margalit）是这一新方向的代表人物。他的著作《记忆的伦理》(The Ethics of Memory）就很有影响。该书将"记忆"归于伦理范畴，而不是归于道德范畴，但他承认现实中存在一些使记忆与道德发生关联的情况。玛格利特认为，无论记忆是什么，它都以两种方式存在：一方面，它以与伦理、道德无关的方式存在；另一方面，它以与伦理、道德相关的方式存在。例如，能否记住一个人的名字既不是一个道德问题，也不是一个伦理问题；然而，一个人是否应该记住犹太人惨遭屠杀则是一个伦理问题。由于"伦理规定我们的浓厚关系"①，所以记忆只有在"浓厚的"人际关系中才会与伦理发生关联。"记忆如同黏合剂把具有浓厚关系的人结合在一起，因此记忆共同体是浓厚关系和伦理的栖息地。"②在伦理语境下，人既是有个性的存在者，也是关系性的存在者，而在人际关系的建构中，记忆发挥着黏合剂的重要作用。人类社会是由一个个记忆共同体构成的，但一个人在记忆共同体中应该记住什么、不应该记住什么，这是由社会的劳动分工决定的。也就是说，"记忆共同体的每一个人都负有竭力分享和保存记忆的义务，但不是说每一个人都有牢记一切的义务"③。在人类社会中，有些记忆必须由集体来完成，这就导致了集体记忆的产生，但集体记忆必须"有专门的代理人和代理机构受托"④来保存和传播。能够充当集体记忆的代理人或代理机构的主体可以被称为"道德见证人"⑤，其典型特征是不能有道德污点。

贯穿《记忆的伦理》一书的中心思想是：存在一种可以被称为"记忆的伦理"的东西，也存在一种可以被称为"遗忘的伦理"的东西；它们告诉我们什么是应该记住和遗忘的东西，什么是不应该记住和遗忘的东西。这一思

---

① 阿维夏伊·玛格利特. 记忆的伦理. 贺海仁，译. 北京：清华大学出版社，2015：8.
② 同①.
③ 同①.
④ 同①52.
⑤ 同①139.

想是基于对"伦理"和"道德"这两个概念的严格区分而得以确立的。

该书对我们认识、理解和把握记忆的伦理功能提供了一些理论启示。它从记忆的视角来说明人际关系的本质内涵,并且以此来解析人与人之间的伦理关系,其中包含的哲学智慧确实值得肯定,但它从严格区分"伦理"和"道德"这两个概念的角度来探析记忆的伦理功能,只承认记忆的伦理或伦理的记忆,不承认记忆的道德或道德的记忆,这种观点又很容易引起争议。事实上,无论"伦理"是什么,它都会借助"道德"来表现自己;"伦理"之所以被称为"活的善",其原因之一就是它会转化为现实的道德。如果说"记忆的伦理"或"伦理的记忆"是存在的,那么"记忆的道德"或"道德的记忆"就一定也是存在的。

一般来说,哲学家对记忆问题的研究大都以理论思辨为主,而心理学家、社会学家、文化学家和传播学家对记忆问题的研究则大都以突出实证性为主要特征。国内外学术界对记忆问题的研究源远流长,从哲学、心理学、社会学、文化学等诸多学科的视角审视和研究记忆问题,提出了"集体记忆""个体记忆""瞬时记忆""短时记忆"等概念,并且对这些概念的合法性和合理性提供了论证,这些事实能够为我们了解和研究记忆问题提供理论启示。

进入 21 世纪之后,国内外一些学者提出了"道德记忆"概念,并对它的内涵和应用范围进行了探析。美国学者斯蒂芬·P. 菲尔德曼(Steven P. Feldman)可能是最先使用"道德记忆"这一概念的西方学者。2002 年,他出版了专著《记忆的道德决策功能:伦理在组织文化中的作用》(*Memory as a Moral Decision: The Role of Ethics in Organizational Culture*)。在该书中,他提出了"道德记忆"概念,将"记忆"界定为连接道德文化、个人和过去的纽带,并且强调记忆具有伦理功能。不过,该书的主要目的不是探析与揭示"道德记忆"的内涵和要义,而是充分论证记忆对道德文化的维护作用,以建构"一种能够研究个人和集体人的内在责任感与外在生活方式之间的张力被消解之事实的文化理论"[①]。菲尔德曼特别指出,"过去"的重要性很少受到组织文化研究者的关注,而记忆的情感和认知功能事实上在建构组织文化中至关重要。显然,他主要是从广义的"文化"角度来研究记忆的

---

① Steven P. Feldman. Memory as a Moral Decision: The Role of Ethics in Organizational Culture. London: Transaction Publishers, 2002: 3.

伦理功能问题。

2007年，菲尔德曼还在美国杂志《商业伦理学》（*Business Ethics*）上发表了题为《道德记忆：道德公司管理传统的原因和方式》（"Moral Memory: Why and How Moral Companies Manage Tradition"）的文章。该文章的主要观点是：关于伦理在组织文化中的作用问题，学术界的论证主要表现为伦理理性主义和伦理相对主义之间的争辩，但学者们在争辩中完全忽略了以"传统"表现的"过去"在促进人的道德反思方面的作用；"道德记忆"这一概念的提出有助于弥补这一不足；所谓"道德记忆"，是一种再现进入道德传统的过去的道德事件和经历的方式，它有助于保持道德传统的连续性。人类的道德传统一直保持着一定的连续性。例如，企业中的很多道德传统都源于家庭道德传统。道德传统对公司之间的竞争行为具有强有力的规约作用。

菲尔德曼认为道德传统与道德记忆、道德文化之间存在着非常紧密的关系。在他看来，道德传统只不过是一连串的道德记忆；道德文化只不过是由人们的道德需要所构成的一个可以共享的体系，它在人们中间发挥着建立相互信任、相互理解的重要作用；道德传统、道德记忆、道德文化是保证企业和商业成功的基本手段。在菲尔德曼的著述中，"道德传统""道德记忆""道德文化"是三个可以在含义上贯通的概念。这一观点是可以商榷的。这些概念固然存在可以贯通的一面，但它们却不能完全等同。例如，道德传统肯定是被纳入道德记忆的东西，而进入道德记忆的东西则不一定能够成为道德传统。

在国内，云南大学哲学系的蒋颖荣教授可能是最早使用"道德记忆"这一概念的学者。2013年，她在《唐都学刊》上发表了题为《民族节日与道德记忆》的文章，并在文章中指出：节日是民族文化的个性化和集中化表达，展现不同民族的文化风貌是民族节日活动的精神性特征；民族节日的文化展演强化了共同体成员对民族价值观的道德记忆，民族的道德记忆有利于共同体伦理关系的延续和扩展，有利于激发共同体内部的团结与和谐，是民族身份认同的伦理基础；道德记忆是民族的道德知识，在将道德知识转化为道德实践的过程中，道德濡化是一个必不可少的重要环节。该文是在论述"民族节日"与"道德记忆"之关系的框架内提出"道德记忆"概念的。

2014年，我申报的国家社科基金一般项目"道德记忆研究"获批立项。

同年，我在《光明日报·理论版》发表了题为《人类的集体道德记忆》的文章，继而在《湖南师范大学社会科学学报》《道德与文明》《光明日报》等报刊上发表了以研究"道德记忆"为主题的系列论文。2015年，我在《湖南师范大学社会科学学报》上发表了《人类的道德记忆》，在此文中指出：道德记忆是人类道德生活经历在其脑海里留下的印记或印象。道德记忆使人类在过去拥有过的道德风俗和习惯、道德原则和规范、道德思想和精神、道德实践和行为成为可以回顾的东西；道德记忆可以区分为个体道德记忆和集体道德记忆；个体道德记忆是关于个人道德生活经历的记忆，它是在记忆的个体框架内发生的记忆；集体道德记忆是在集体层面展开的，它展现的是一个集体性道德记忆框架，可以通过家庭、企业、社会组织、民族和国家等"集体"形式表现出来；道德记忆是人类道德思维的一个必要组成部分，能够为人类在"现在"和"未来"追求道德、践行道德提供重要依据，能够推动人类对其"过去"承担道德责任。

国内外学术界对"道德记忆"的关注和研究仅仅是近些年的事情。不过，它虽然起步较晚，但目前已经在理论系统化方向上取得一些进展。道德记忆理论研究的问题主要有："道德记忆"这一概念的内涵和要义，人类生存对道德记忆的依赖性，人类的道德记忆能力，道德记忆的复杂性及其认知路径，道德记忆的存在形态和分类，道德记忆的主要特征，道德记忆与道德生命力的关系，道德记忆与人类道德文化传统的关系，道德记忆与人类教育的关系，道德记忆与家庭伦理的关系，战争中的道德记忆，道德记忆与道德文化自信的关系，等等。

道德记忆理论旨在强调，道德记忆是连接人类道德生活的过去和现在的桥梁或纽带。人类道德生活不可能完全以"现在"为起点。"现在"意味着"当下"或"目前"，但它是"过去"得以延伸的结果。人类在过去拥有的道德生活经历是人类现在过道德生活的本和源，基于它们而形成的道德记忆是人类在"现在"向善、求善和行善的历史依据。人类在漫长道德生活史中留下的道德记忆为当代人类向往、追求和践行道德提供了历史合法性和合理性资源。作为人类记忆中的一个特殊领域，道德记忆的重要性不容低估。只要人类道德生活绵延不断，人类的道德记忆就会不断积累。也就是说，只要人类一如既往地向往、追求和践行道德，道德记忆就有存在的理由。道德记忆的存在具有不容忽视的道德价值。它的道德价值从根本上说取决于道德本身的价值。只要道德不死，道德记忆的存在就是必要的。如果说生活于社会和国家中的我们不能不做道德动物，那么我们同时也就不能不做道德记忆动物。我们必须将自己的道德生活经历作为道德记忆的内容予以保留和传承，以确保自己的道德本性与道德生活能够不断得到巩固和延续。

伦理学是探究人类道德生活的学问。人类道德生活世界既简单，也复杂。要探知它的奥秘，我们需要一把永不生锈的钥匙。只要我们作为人类而持续存在，我们的道德生活就不可能停止，我们的道德记忆就会不断被建构。因此，通过深入、系统地了解和研究道德记忆的内涵和要义、存在形态、存在价值、主要特征等重要内容，我们可以找到一条通往人类道德生活世界的有效理论路径。作为人类，我们的身后拖着一长串道德记忆，它激励着我们不断向善、求善和行善，是我们坚持过道德生活的不竭动力和价值支撑。道德记忆就是我们探知人类道德生活奥秘的那把永不生锈的钥匙。

研究道德记忆具有重要的理论意义和现实价值。"道德记忆"是国内外伦理学研究领域中一块有待进一步开垦的园地。作为人类记忆的一个重要内容，道德记忆是人类对其经历过的道德生活感受、经验和教训所形成的印象累积，是人类记忆思维活动的一种重要表现形式。由于人类总是可以区分为个体的存在和集体的存在，所以道德记忆也存在两种类型，即个体道德记忆和集体道德记忆。由于人类记忆还存在外显记忆和内隐记忆之分，所以道德记忆也可以区分为外显道德记忆和内隐道德记忆。道德记忆主要有记忆、品质塑造等功能。它既是人类道德生活史的记录者、人类道德品质的重要塑造者，也是人类社会道德风尚得到不断改善的重要原因。人类道德文化传统的历史积淀、人类道德生活实践的现实铺展、人类道德文化传播手段的不断演进等因素，对人类道德记忆的存在状况有着深刻影响。人类道德记忆既可能基于人类的自然记忆能力而建构，也可能基于人工手段而建构。我们借助于家庭、学校、社会等形式进行的道德教育对人类道德记忆有着不容忽视的催生和强化作用。另外，我们也可能因为患失忆症、道德苦恼等原因而出现道德失忆现象。

我们的生活世界涉及难以数计的道德记忆问题。它们或者是理论问题，或者是现实问题，对它们的解答都呼唤系统化道德记忆理论的出场。

第一章

道德记忆释义

道德生活是让人类光荣的生活。它不仅使我们摆脱非人类存在者的本能式存在方式，而且赋予我们人之为人的伦理尊严。为了拥有道德生活，我们需要培养多种多样的能力，其中起码的能力是道德记忆能力。道德记忆能力是我们过好道德生活的基本本领和必要条件。它推动着我们沿着祖先开辟的道德生活道路不断前行，坚持向善、求善和行善，做有道德修养的"道德人"，致力于建构道德昌隆的理想社会。

一、道德记忆与记忆

人类普遍具有记忆能力。我们能够记住自己和他人的名字，能够记住某些地名，能够记住某个人的音容笑貌，能够记住某些往事，能够记住某些思想观点，这些事实都是我们普遍具有记忆能力的证明。记住了某种东西，我们就展现了自己的记忆能力。记忆深刻地融入了我们的日常生活和工作之中，以至于我们习惯性地视之为自己的生存方式。我们在记忆中生存，在生存中记忆。这似乎是一种不证自明的常识。

记忆是人类的一种基本能力，也是一种极其强大的能力。它犹如一个无比巨大的容器，能够容纳或承载我们的人生经历。我们或者一个人独处，并陷入沉思；或者与人交往，并展开思想交流；或者与人合作，并取得成果。这些都是人生经历。它们一旦被我们经历，就完全可能被我们记住。记住了人生经历，我们的记忆能力就得到了体现。我们的人生经历越多，我们的记忆内容就越丰富。事实上，我们不仅能够拥有直接记忆——能够记住自己的人生经历，而且能够拥有间接记忆——能够记住他人的人生经历。例如，通过阅读某位作家的自传，我们就能记住他的人生经历。

记忆能力是衡量个人心理是否健康的一个重要指标。一个具有健康心理的人是能够记忆的人。很多老年人患有健忘症，这就是出现心理病症的表现，或者至少说明他们的记忆行为能力已经严重弱化。一个年轻人若总是健忘，这通常说明他在记忆方面存在诸多心理障碍。正常的人应该具有起码的记忆能力，超常的人则可能具有超常的记忆能力。具有记忆能力是人类之福。我们不难想象，如果没有记忆能力，我们的生存就必定是一种极其可怕的状况。没有记忆，就不可能有人类文明，因为它必须依靠人类的记忆能力才能得到传承。记忆不仅记录我们的过去，而且照亮我们的过去。作为人类，我们的身后拖着一长串记忆。那是一道无比美丽的风景线，更是我们作为人类的生命之根。我们不能须臾没有记忆，就是因为它是我们的生命根基。记忆不是负担，而是护送我们的生命之舟扬帆远航的精神力量。在记忆中砥砺前行，是我们人之为人的伟大使命。

道德记忆是记忆的一种特殊形式。作为一种记忆形式，它是人类运用其记忆能力对自身特有的道德生活经历的记忆。人类从古至今一直具有划分生活领域的传统。进入文明社会之后，我们不仅将自己的生活领域划分为公共生活领域和私人生活领域，而且对它做出了政治生活领域、经济生活领域和文化生活领域的区分。为了彰显这些生活领域的区别，我们甚至要求自己严格遵守生活领域的区分，既要公私分明，又不能将政治生活、经济生活和文化生活混为一谈。从这种意义上说，将道德记忆从人类的记忆世界抽离出来是完全可能的，甚至是十分必要的。作为理性存在者，我们并不希望自己的记忆世界一团乱麻，而是希望它有序地存在着。要做到这一点，对我们的记忆世界进行分区处理是最有效的办法。

道德记忆可以被视为人类记忆世界中的一个特殊区域或板块。它的主要功能是记录或容纳人类的道德生活经历。由于人类道德生活经历是通过具体的道德思维、道德认知、道德情感、道德意志、道德信念、道德行为等多种方式得到表现的，所以人类的道德记忆就是关于所有这些要素的记忆。我们在将这种基于道德生活经历建构的记忆视为人类记忆世界中的一个相对独立的领域时，就拥有了道德记忆。

作为人类记忆世界中的一个特殊板块，道德记忆不可能真正脱离人类的记忆世界而独善其身。它只不过体现了人类特有的思维方式和能力。作为理性存在者，我们既具有将部分整合成整体的思维能力，也具有将整体分解为部分的思维能力。前者是建构主义思维方式，其最高境界是将存在世界统一到某个单一的本原；后者是解构主义思维方式，其通常做法是将存在世界分解为微小的原子。从这种意义上说，将道德记忆视为人类记忆世界中的一个相对独立的领域，是一种能够得到合理辩护的做法。

二、道德记忆与历史记忆

历史即记忆，因此，学术界发明了"历史记忆"这一概念。历史或者是故事性的，或者是纪念性的，或者是怀古性的，或者是警示性的，或者是批判性的。无论历史具有何种特性，它都是我们需要的记忆。在追溯历史的时候，我们就是在回顾历史、记忆历史。我们对历史的需要即是对记忆的需要；反之，我们对记忆的需要也是对历史的需要。法国历史学家保罗·利科（Paul Ricoeur）曾经指出："总存在着一种对于历史的需求，无论这种历史是纪念的历史、怀古的历史，还是批判的历史。"[1] 历史只不过是人类记忆的产物。历史得到建构的过程就是人类记忆得到刻写的过程。

历史基于历史性而得以建构。历史性不同于现实性，也不同于可能性。历史性是凝固的、终结的，现实性是短暂的、过渡的，可能性是虚幻的、不确定的。"现实性之显于我们面前就是历史性。"[2] 这一方面说明历史性由现实性转化而来，有多少现实性，就有多少历史性；另一方面也说明历史性兼有客观性和主观性特征。客观的现实性可以转化为客观的历史性，但客观的历史性在被人类记忆的时候，又很容易被注入主观性的血液。因此，历史总是客观与主观的统一。

---

[1] 保罗·利科. 记忆，历史，遗忘. 李彦岑，陈颖，译. 上海：华东师范大学出版社，2018：397.

[2] 雅斯贝斯. 生存哲学. 王玖兴，译. 上海：上海译文出版社，2005：63.

在借助记忆进行历史叙事的时候，人类总是希望完完全全地还原历史事实，但这是极其困难的。历史叙事是历史学家的工作。他们总是希望能够实事求是地讲述历史，但他们的讲述一旦经过思维的过程，就不可能保持实事求是的特性。被讲述或叙述的历史只能是客观与主观相互交织、相互融合的历史。

人们很容易将"道德记忆"与"历史记忆"混淆，甚至将它们视为同义词，但它们事实上存在着巨大的差异。

历史记忆是关于历史的记忆。它是一种无所不包的记忆形式，因为它不拒绝一切由现实性转化而成的历史性。历史是因为从来不拒绝人类的记忆才成为它自身的。它通过人类的记忆建构自己，涵盖历史上的所有人和事，因此，历史记忆是在人类记忆世界中占据最大空间的记忆。从广义的角度看，人类所能拥有的一切记忆都是历史记忆。

道德记忆是历史记忆的一个重要组成部分。它与历史记忆是部分和整体的关系。历史记忆包括道德记忆，但不能完全被归结为道德记忆。作为一种历史记忆，道德记忆主要是关于人类道德生活史的记忆。人类道德生活史是由人类的道德生活经历构成的一种历史。相比较而言，历史记忆是关于整个人类发展史的记忆，在外延和内涵上都大于道德记忆。

道德生活史是人类历史中的重要内容。它反映人类努力趋善避恶的历史记忆，但它毕竟只是人类历史记忆的一个组成部分而已。道德记忆一定是历史记忆，但历史记忆不一定是道德记忆。除了涵盖道德记忆的内容，历史记忆还将人类的政治生活史、经济生活史等纳入自己的内容体系。历史记忆以历史合理性为根基，追求历史的真实性；而道德记忆以道德合理性为根基，追求道德价值的真实性。具有历史合理性的东西不一定具有道德合理性，但它能够得到历史记忆的容纳。具有道德合理性的东西一定具有历史合理性，它不仅能够得到道德记忆的容纳，而且能够得到历史记忆的容纳。

我们可以通过区分中华民族道德生活史和中华民族史的方式来深刻认识道德记忆与历史记忆的区别。中华民族道德生活史主要是依靠中华民族的道德记忆建构的，它甚至大体上等同于中华民族的道德记忆；而中华民族史是中华民族长期共同生活、共同发展的全部历史，它大体上等同于中华民族的历史记忆。中华民族道德生活史只能作为中华民族史的一个重要组成部分而存在；同理，中华民族的道德记忆只能被视为中华民族的历史记忆的一个重要组成部分。

三、道德记忆与文化记忆

大约从 20 世纪 90 年代开始，文化学在德国变得十分流行。"文化记忆"这一概念就是在这种学术背景下应运而生的。德国的文化学聚焦于"记忆"概念，但它不是从神经学或脑生理学的角度来研究记忆现象，而是将记忆作为一种与文化、历史等紧密相关的现象来看待，并且通过考察具体的历史事件以及记忆得以传承与传播的文字、图片等符号系统提出了"文化记忆"概念，其核心观点是："文化是一种记忆"[1]。

德国学者阿斯曼（Aleida Assmann）认为，人类一直生活在充满"记号"的世界里，"它所生活的群体、组织和集体越庞大、越复杂，这个世界就越丰富、越复杂"[2]。阿斯曼将人类一直生活于其中的记号世界称为"文化"。他进一步指出，文化是一种"延伸的场景"，它能够创造"一个远远跳向过去的自有时间性的视野"，而在这种时间性中，"过去仍然存在于现在"，"几千年的回忆空间得以展现"[3]，从而导致了"文化记忆"的产生。阿斯曼认为记忆具有三个维度，即神经维度、社会维度和文化维度。神经维度的人类记忆是一种生物学记忆，它基于人的大脑和中枢神经系统而得以建构。社会维度的人类记忆是人类通过共同生活、语言交流等方式建构的一种交际网络记忆，它反映社会群体对个人在相互交往、相互交流和相互影响的过程中产生的个体记忆的协调与整合。文化维度的人类记忆是一种符号记忆，它建立在人类的经验和知识的基础上。阿斯曼特别强调："文化、民族、国家、教会或公司等机构或团体是'没有'记忆的，而是借助于记忆标志和符号为自己'制造'记忆。"[4]

"文化记忆"这一概念的提出为我们认识、理解和把握文化的含义、本

---

[1] 阿斯特莉特·埃尔. 文化记忆理论读本. 冯亚琳，主编. 北京：北京大学出版社，2012：22.
[2] 同[1]1.
[3] 同[1]9.
[4] 同[1]45.

质及其在人类社会中的地位、作用、价值等问题提供了一条理论路径。文化学将文化归结为记忆的观点，可谓揭示了文化的本质内涵和根本特征。它至少向我们澄明了三个事实：首先，作为一种记忆形式，文化是以一个外部化、客观化的符号系统作为载体的，它是一种不可言说的经验，可以被人类感知和掌握，但不能自己制造自己；其次，文化的时间跨度没有局限于人类的生存年限，它是一套物质上确定、制度上稳定的符号；最后，文化的内容只有不断地与记忆相结合并被其掌握才能维持生命力。①

　　道德记忆是文化记忆最重要的表现形式。在我们看来，文化的本质是精神，因此，它往往表现为一种"只可意会不可言传"的状态；道德是文化的灵魂，是人类的文化精神世界中最亮的精神之灯。如果说文化记忆是关于人类文化精神史的记忆，那么道德记忆就是关于人类道德文化精神史的记忆。作为文化记忆的一个子系统，道德记忆也具有一个外部化、客观化的符号系统，如道德语言、电影、音乐、舞蹈、建筑等；它能够作为一种传统在一代又一代人中间不断传承、传播，并具有物质上确定、制度上稳定的符号规定性，例如，它可以进入人类社会的教育制度；它是人类道德生活内容与人类的记忆思维能力相结合的产物，因此，它有能力维持道德的生命力，同时使自己始终保持勃勃生机。

　　历史记忆、文化记忆和道德记忆是三个外延不同的概念。历史记忆的外延最大，它可以涵盖人类的物质生活史和精神生活史，从而彰显至大无外的外延性。人类的物质生活和精神生活能够延伸到多大范围，人类的历史记忆就能延伸到多大范围。文化记忆的外延居于中间位置，主要涵盖人类的精神生活史。它的外延是由人类的精神生活范围决定的。如果人类的精神生活范围是无限的，那么人类的文化记忆就是无限的。道德记忆的外延最小，主要涵盖人类的道德精神史。它的外延是由人类的道德精神生活范围决定的。道德精神生活是人类文化精神生活的核心，但它毕竟不是后者的全部，因此，我们既不能简单地将自己的道德精神等同于文化精神，也不能简单地将自己的道德记忆等同于文化记忆。文化记忆记录我们作为人类的全部精神生活史，而道德记忆仅仅记录我们作为人类的道德精神生活史。

---

① 阿斯特莉特·埃尔. 文化记忆理论读本. 冯亚琳，主编. 北京：北京大学出版社，2012：44.

道德记忆具有文化建构功能，但这仅仅指它有能力建构道德文化或道德文化精神，而不是指它有能力建构所有的文化或文化精神。人类的文化或文化精神是一个非常庞大的精神体系，因为人类的精神可以无限大。它可以通过纯粹的思想观念、情感、意志力、理想信念等方式来表现自己，也可以通过依附于人类政治、经济、军事、外交等活动之上的方式来表现自己。与人类物质生活相伴相随，是文化或文化精神的基本特征。人类的道德文化或道德文化精神主要反映人类的道德价值认识、道德价值判断、道德价值选择和道德价值评价的状况，主要通过人类的道德思维方式、道德价值观念、道德精神风貌、道德思想境界等而得到体现。一个具有文化精神的人不一定具有道德文化精神，但一个具有道德文化精神的人肯定具有文化精神。一个具有道德文化精神的人是通过拥有人类文化精神的灵魂而获得文化精神的。

四、道德记忆与道德文化传统

文化的价值目标是进入传统或成为传统。不能成为传统的文化能够存在一段时间，但不可能天长地久。能够成为传统的文化不仅具有稳固的符号系统，而且具有稳定的意义体系。外部的、客观化的符号与内在的、主观的意义很好地结合在一起，同时借助文化记忆的手段，就会形成文化传统。

与道德记忆是文化记忆的一个子系统一样，道德文化传统是文化传统的一个子系统。如果说我们不能将道德记忆与文化记忆混为一谈，那么我们也就不能将道德文化传统与文化传统混为一谈。事实上，道德文化传统不仅不同于文化传统，而且不同于道德记忆。

道德记忆是道德文化传统的建构者。道德记忆将人类的道德生活经历或道德生活史记录下来，这可以为道德文化传统的形成提供必不可少的材料，因此，没有道德记忆，就没有道德文化传统。任何一个社会的道德文化传统都是基于一定的道德记忆建构的。正因为如此，每一个重视道德文化传统建构的社会都会注重道德记忆建构。

道德文化传统的内容都来自道德记忆，但道德记忆所包含的内容并不一定都能变成道德文化传统。也就是说，能够成为道德文化传统的东西肯定是道德记忆刻写或容纳的内容，而成为道德记忆的东西并不一定能够变成道德文化传统的内容。之所以如此，主要是因为道德文化传统具有十分严格的道德稽查机制，它要对道德记忆的内容进行严格的道德稽查，只有那些能够通过道德稽查的内容才能进入道德文化传统，那些无法通过道德稽查的内容是不能被纳入道德文化传统的。

不同社会的道德文化传统不尽相同，但它们的道德稽查机制是相同的。一个社会的道德文化传统要巩固自己的合法性和合理性地位，就只能允许那些能够得到社会成员广泛认可的道德记忆内容进入它的系列。如果它将所有道德记忆内容不加筛选地放进来，那么它的内容体系就必定乱七八糟，它本身的品质也会令人怀疑，甚至可能遭到人们的否定。在任何一个社会，道德文化传统都有一个道德稽查机制在支撑着它。它好比一个负责安全检查的海关，对那些试图进入道德文化传统的道德记忆内容进行甄别，以保证道德文化传统具有优良品质。

道德记忆世界是一个良莠不齐的世界，或者说，是一个杂乱的世界。它只是将人类的所有道德生活经历如实地记录下来，使之成为可以传承、传播的东西，但不一定对它们进行严格的道德筛选、稽查和评价。也就是说，人类的道德记忆并没有严格的道德稽查机制。它的主要职能是接受或容纳人类的所有道德生活经历，而不是拒绝它们。由于缺乏道德稽查机制，道德记忆世界是一个开放性极强的世界。我们甚至可以说，它几乎是一个完全开放的领域，对人类的所有道德生活经历敞开着大门。进入道德记忆世界的人类道德生活经历完全可能是道德记忆主体不喜欢的东西，但它并没有拒绝的权力。在道德记忆世界，记忆主体的主体性是有限的。在绝大多数时候，它只能被动地接受人类的道德生活经历，听任它们涌入道德记忆世界。它可以通过选择性遗忘的方式来处理它不喜欢的人类道德生活经历，但这是一件非常困难的事情。

五、道德记忆与记忆道德

在"道德记忆"这一概念中，"道德"是限定词。它既可以被视为一个名词，也可以被视为一个形容词，但不同的看法会赋予它不同的含义。

如果"道德"是一个名词，那么它的主要功能就在于说明"记忆"的种类。它对"记忆"做出限定性规定,将道德记忆归结为记忆的一个属类,并且使之与历史记忆、政治记忆、经济记忆、文化记忆等相比较而言。也就是说,作为名词的"道德"并不对"记忆"做出定性规定,即没有对它做出是否合乎道德的价值判断,而只是对它进行归类处理。它仅仅告诉我们,有一种记忆可以被称为道德记忆,它是记忆的一种重要表现形式,但这仅仅是一种事实陈述,无关任何道德价值判断。

上述意义上的道德记忆是一个价值中立的概念。在我们使用它的时候,它会将我们带入一个由道德记忆主导的事实世界,但它并不要求我们应该记住什么和不应该记住什么。道德记忆之所以能够成为道德记忆,仅仅是因为它对它本身存在的事实进行了如实描述。换言之,道德记忆就是一个容器,它只管接受人类道德生活经历,而不管这种接受是否合乎道德。

人类的道德记忆在很多时候与人类的道德价值诉求无关。从心理学的角度来看,只要我们具有正常的记忆能力,凡是我们的道德生活经历就都会成为我们的道德记忆。这意味着,我们的道德记忆既可能容纳人类向善、求善和行善的道德生活经历,也可能容纳人类向恶、求恶和作恶的道德生活经历,但我们不能以此作为道德评价的标准对道德记忆主体通过记忆接受人类道德生活经历的行为进行善恶价值判断。道德上的追责是有明确范围的。如果一个人确实行善了,那么他的行为就应该受到道德肯定和称赞。同样,如果一个人确实作恶了,那么他的行为就应该受到道德否定和谴责。这两种情况都是指道德主体完成了某种与道德有关的行为,因此,他们的行为应该受到道德的审查。然而,如果一个人仅仅是凭借天生具有的记忆能力记住了人类或善或恶的道德生活经历,那么这种心理行为就不应该被置于道德的天平上来加以评判。这就好比这样一种情形:法庭上的书记员记录了某个人的犯罪事实,这仅仅说明他履行了自己的工作职责,我们不能对他做出"有罪"判决。如果我们判定这样的书记员有罪,那么这只能说明我们的法律是荒唐的"恶法"。同理,在道德生活领域,如果我们判定一个记住自己或他人或善或恶的道德生活经历的人违背了道德,那么这只能说明我们信奉的道德是一种荒谬甚至可怕的"恶德"。

用"道德"这一概念来表达价值中立立场的事例并不少见。以伦理学学科为例,绝大多数国内外学者认为伦理学的研究对象是"道德",但他们在界定"道德"的时候，通常并没有将它仅仅规定为一种引导人类向善、求善和行善的规范性力量，而是赋予它兼容"善"和"恶"的含义。也就是说，如果说伦理学是一门研究道德的学问，那么它就既研究"道德上的善"，也研究"道德上的恶"。我们也认为，伦理学旨在引导人类向善、求善和行善，但它从来都没有回避也无法回避"道德上的恶"。在我们承认"道德上的恶"存在，并将它与"道德上的善"相提并论时，伦理学研究的"道德"只能是一个价值中立的概念。伦理学往往在一般意义上使用"道德"概念，并没有赋予它某种明确的价值取向和导向。我们也不能想当然地认为，伦理学仅仅是一门研究"善"的学科。

受到名词"道德"限定的"记忆"是人类普遍具有的一种能力。它能够在我们记忆能力的框架内得到解释。它有强弱、大小之分，但没有善恶之分。在人类社会，能力并不是道德管辖的范围。我们普遍承认一个人的能力有强有弱、有大有小这个事实，但不会将这个事实作为道德价值认识、道德价值判断、道德价值选择和道德价值评价的对象来看待。只有在考察一个人是否竭尽所能地运用其能力来谋生或工作时，我们才会将能力问题与道德联系起来。如果一个能力很强的人不尽其所能地谋生或工作，那么他就会受到人们的道德谴责；相反，如果某个人能力较差，但总是竭尽所能地谋生或工作，那么他就会受到人们的道德称赞。同理，只有在人们对道德记忆这种能力进行运用时，我们才会对他们的运用状况进行道德价值认识、道德价值判断、道德价值选择和道德价值评价。

如果说"道德"是一个形容词，那么它对"记忆"的限定功能就得另当别论。作为形容词的"道德"在本义上指"道德的"，它的出场旨在对"记忆"一词进行定性规定。从这种意义上理解道德，我们不仅可以将道德记忆区分为"道德的记忆"和"不道德的记忆"，而且可以认定它是一个内含道德价值认识、道德价值判断、道德价值选择和道德价值评价的概念。"道德的记忆"指合乎道德的记忆，而"不道德的记忆"则指不合乎道德的记忆。也就是说，在道德记忆领域，我们记住什么或不记住什么，在一定的时候是一个道德问题，或者说，是一个道德攸关的问题。

"道德的记忆"和"不道德的记忆"是我们在对自己运用道德记忆能力的状况进行道德价值评价时才会使用的概念。在实际运用道德记忆能力时，我们的道德记忆行为不可避免地要受到自己的主观意向性、目的性、选择性等诸多因素的影响。在将自己的主观意向性、目的性、选择性等因素投入道德记忆过程之中时，我们的道德记忆能力就不仅转化成了实际的心理行为，而且会被打上深刻的善恶烙印。这时候，我们对人类道德生活经历的所有记忆都与道德有关，并且应该受到严格的道德审查。能够对我们运用道德记忆能力的状况进行道德审查的道德可以被称为"记忆道德"。

"记忆道德"就是关于记忆的道德，其核心要义是凸显人类记忆思维的道德合理性。它反映的是人类是否以合乎道德的方式运用其道德记忆能力的事实，但这种事实不是指人类拥有道德记忆能力的事实，而是包含善恶价值认识、价值判断、价值定位和价值选择的事实。它是一种价值事实，即道德事实。记忆道德不会对我们的道德记忆能力本身进行道德价值认识、道德价值判断、道德价值选择和道德价值评价，但它确实要求我们以合乎道德的方式运用自己的道德记忆能力。具体地说，它要求我们借助自己的道德记忆能力记住应该记住的人类道德生活经历。例如，如果我们在过去某个时候对某个人做出了某个承诺，那么，我们就应该在自己道德记忆能力的支持下记住那个承诺，并以实际行动兑现承诺。如果我们对某个人做出了某个承诺，但我们却故意忘记了它，并且不信守承诺，那么，这就不仅涉及我们的道德记忆能力，而且涉及我们的道德品质。

记忆道德拒斥价值中立性。它与人的道德记忆能力有关，甚至建立在人的道德记忆能力的基础上，但它主要反映人们对记忆的道德价值认识、道德价值判断、道德价值选择和道德价值评价。它的出场旨在对我们的道德记忆行为进行必要的规范性限制。如果没有记忆道德，那么我们的道德记忆能力就必定是任性的，它的发挥完全可能陷入道德上的无政府状态。记住什么或不记住什么，这完全由我们自己说了算，但这种事态彰显的不是我们人之为人的意志自由，而是意志任性。一旦有记忆道德在场，我们的道德记忆行为就会受到社会道德规范的强有力制约。

记忆道德体现我们在道德记忆领域的理性认识能力和意志自由。它要求我们对道德记忆的内涵、本质、特征、价值、实践路径等达到高度的理性认识，并且出于维护自身意志自由的目的来运用自己的道德记忆能力。虽然道德记忆是一种发生在我们心理世界的内在行为，但是它不应该也不可能摆脱社会道德规范的外在制约。社会道德规范是由社会约定俗成的，但它们只有通过我们的理性认识能力和意志自由才能得到贯彻、落实。记忆道德就是我们在发挥道德记忆能力的时候应该遵守的道德法则。在进行道德记忆的时候，我们应该敬重它、敬畏它、服从它。

从最一般的语义表达来看，道德记忆是完成时态，它表达的是我们记住了什么样的人类道德生活经历。记忆道德既可能是完成时态，也可能是将来时态。也就是说，它既可能指我们已经记住了什么样的人类道德生活经历，也可能指我们被要求记住什么样的人类道德生活经历。如果是前者，那么它就意指我们记住人类道德生活经历的行为应该被归于或善或恶的价值判断。如果是后者，那么它就意指我们将要记住人类道德生活经历的行为应该受到正确善恶价值观念的引领。记忆道德是对我们的道德记忆行为进行道德价值认识、道德价值判断、道德价值选择和道德价值评价而形成的一种道德形态，其根本任务是告诉我们应该记住和不应该记住什么样的人类道德生活经历。

道德记忆应该受到记忆道德的引导。作为人类，我们普遍具有道德记忆能力，但我们应该如何运用自己的道德记忆能力？有些人对自己的道德记忆能力采取放任自流的态度，结果使其道德记忆能力被运用于错误的方向。记忆道德的在场，既能够提醒我们应该记住什么，也能够提醒我们不应该记住什么。我们不能满足于记住了什么，而应该追求应该记住的东西。记忆道德能够借助记忆的力量推动我们向善、求善和行善。如果单纯的道德记忆可能陷入道德上的无政府状态，那么记忆道德就是一个要求人类在道德记忆领域充分展现道德认知、道德情感、道德意志、道德信念和道德行为的场域。

记忆道德是人类个体和人类集体都应该遵守的道德规范。人类个体具有道德记忆能力，这是所有人都可以凭借道德生活经验加以证明的事实。家庭、企业、社会组织、民族和国家等人类集体具有集体意向性，也具有道德记忆能力。有所不同的是，人类个体有能力直接充当自己的道德记忆主体，而人类集体则没有能力直接充当自己的道德记忆主体。前者既能够直接成为道德记忆主体，也能够直接成为记忆道德主体，而后者需要寻找一定的"代理人"来代替自己发挥道德记忆能力和充当记忆道德主体。能够代替人类集体发挥道德记忆能力和充当记忆道德主体的代理人，要么是具体的人（如国家领导人），要么是国家机构（如政府部门）。无论记忆道德主体的是人类个体还是人类集体，记忆道德都是一种可以在人类身上得到落实的道德。

第二章

人类生存与道德记忆

　　道德记忆既是人类社会生活的一个重要维度，也是人类的一种生存状态。它与人类的记忆能力有关，更与人类的伦理价值诉求有关。人生即经历，经历就会给人留下或深或浅的记忆。在现实生活中，人们通过感官接触各种各样的事物，通过思维思考五花八门的问题，通过动作表现复杂深刻的意义，通过表情展现丰富多彩的情感，此等经历都会作为人生的经验、印象等在人们的记忆中得到保留和再现。人们对人生经历进行保留和再现的过程就是记忆。道德记忆是人类记忆世界中的一个特殊领域。

一、人的存在问题与记忆

　　如何认识、理解和解释存在世界的存在状况，仅仅是人类在地球上出现之后才有的问题。存在世界早在人类出现之前就已经存在，但只有在人类出现之后，认识、理解和解释存在世界的存在状况才变得必要，也才成为可能；人类是唯一有能力认识、理解和解释存在世界的存在者。

　　人类生活于其中的存在世界是由众多存在者组成的一个命运共同体。在这个命运共同体中，生命有机体与无生命的无机体之间相互依赖、相互影响、相互作用，彼此的存在紧密联系，彼此的命运休戚相关。它是由人类和非人类存在者共同组成、共同享有的一个复杂世界。

　　包括人类在内的所有存在者的存在都具有两个一般特性，即广延性和时间性：前者指存在者的存在会占有一定的空间，后者指存在者的存在会经历一定的时间。广延性和时间性是所有存在者得以存在所必须具备的两个基本维度。每一个存在者的存在既必须在空间中展开，也必须在时间中展开；或者说，每一个存在者的存在都兼有广延性和时间性。

我们人类是存在世界中的一员。与其他存在者相同的是，我们的存在具有广延性和时间性；与其他存在者不同的是，我们不仅在广延性和时间性之中存在，而且知道自己在广延性和时间性之中存在。非人类存在者存在于广延性和时间性之中，但它们并不知道自己在广延性和时间性之中存在；而我们人类则不同，我们对自身存在的广延性和时间性有深刻的认知。我们用地点、地方、地域等概念来表达自己和其他存在者存在的广延性，用过去、现在、未来等概念来表达自己和其他存在者并存的时间性。或许这样的"表达"并不能精确地表示我们存在的广延性和时间性，但它们确实有助于将我们存在的广延性和时间性具体化、明确化、清晰化。人类在存在世界存在的历史就是我们想方设法对自己存在的广延性和时间性进行越来越明确表达的历史，其目的是使我们存在的意义和价值得以稳固化。

广延性赋予人类一定的位置感，时间性赋予人类一定的时间感；位置感和时间感是人类作为实体性存在者存在的前提与基础，也是人类作为实体性存在者确定自身存在的意义和价值的前提与基础。非人类存在者能够以各种各样的方式存在，但它们并不知道自身是存在的，更不知道自身存在的意义和价值。它们可以像人类一样占有空间和时间，但它们并不懂得这种占有的意义和价值。与它们不同，人类不仅知道自己占有空间和时间，而且知道这种占有的意义和价值。我们对自己所占有的空间和时间有深刻的意识把握，并通过树立这种意识建构了一个仅仅属于我们的意义世界和价值世界。非人类存在者是一种自在的存在者，它们的存在世界仅仅是一个单一的事实世界；而人类则是一种自在自为的存在者，人类的自为性从根本上说是通过人类建构意义世界和价值世界的努力体现出来的。与非人类存在者不同，人类同时生活在事实世界和意义世界（价值世界）。人类的存在世界比非人类存在者的存在世界复杂得多。一旦在存在世界出现，人类就是存在世界的一个特殊群体，人类就不能也不应该被等同于非人类存在者。

对于人类来说，广延性和时间性既是事实性概念，也是价值性概念。它们不仅反映存在的事实，而且映照存在的意义和价值。位置感和时间感不仅是人类存在不能缺少的事实性要件，而且是人类存在必不可少的应然性要件。在人类意识中，基于客观需要而存在的东西都是具有道德合理性的东西。例如，衣、食、住、行是每个人存在必不可少的基本条件，所以，在当今世界，几乎所有人都将追求衣、食、住、行当成人之为人所应有的基本权利来看待。单从时间性方面来看，既然每个人的存在都必须占有一定的时间，那么时间性就被所有人视为人之为人所必不可少的应然性条件。正如海德格尔所说："此在的存在在时间性中有其意义。"① 其意为，人类必须在时间之中生存，脱离时间的人类生存状态是无法想象的；过去、现在和未来都是人类生存必不可少的伦理支撑。"时间"这一概念无疑是一种人为的建构，但从建构这一概念之时起，人类就已经赋予它深刻的应然性伦理意蕴。

具有应然性伦理意蕴的东西就是具有道德合理性的东西。从这个意义上说，拥有时间是每个人的道德权利。一个人可以与另一个人平等地拥有时间，因为以秒、分、小时、天、月和年计算的时间对于所有人来说在数量上是等同的。在时间面前人人平等。当然，不同的人在利用时间的时候存在个体性差异。有些人利用时间的效率比较高，有些人利用时间的效率比较低，这确实会导致不同的人拥有不同的生活方式和内容，但并不会影响人类在时间面前的平等性，时间本身不会亏待任何人。只是由于不同的人会用不同的态度、观念和方式来使用时间，所以人们利用时间的结果才必定具有个体性差异。

人类存在的时间性是通过时态来表达的。在人类话语体系中，区分时态是最基本的语法内容。在英语中，表示时间的时态有三种，即过去时态、现在时态和将来时态。与此对应，时间被区分为三种，即过去、现在和未来。过去是已经流逝的或不复存在的时间，现在是正在延展或展开的时间，未来是将要延展或展开的时间。人类的存在总是在过去、现在和未来中展开。过去承载人类的生活经历，它主要通过人类的记忆和想象来再现；现在显示人类的当下生活状况，它主要受人类理性和理智的支配；未来预示人类生活的

---

① 海德格尔. 存在与时间. 3版. 陈嘉映，王庆节，译. 北京：三联书店，2006：23. 海德格尔所说的"此在"是指"人"这种存在者。

可能性，它主要由人类的意愿、希望和理想来主导。

对于人类来说，过去、现在和未来都是具有深厚伦理意蕴的概念。这不仅意味着人类的存在总是在这三个时间维度中展开，而且意味着人类的存在应该具有这三个时间维度。一个真正意义上的人必须同时拥有过去、现在和未来，否则，他的存在就是残缺不全的。也就是说，一个完整意义上的人应该有一个值得他回忆的过去、一个值得他珍惜的现在和一个值得他期待的未来，否则，他生存的意义就是不圆满的。一个没有过去的人不知道自己从何而来，因而是一个无根的人；一个没有现在的人不知道自己的存在建立在一定的现实性基础之上，因而是一个缺乏现实感的人；一个没有未来的人看不到人生的希望，因而是一个悲观主义者。一个正常的人是这样的一个人：他立足于现在，常常回顾过去，同时对未来有所期待。

我们并不打算在这里全面探析人类存在的三个时间维度，而是仅仅侧重于分析人类与过去的紧密关联性。在我们看来，人类是一种不能没有过去的存在者，而人类与过去相联系的主要方式是想象和记忆。

人类可以通过想象的方式建构自己的过去，但通过这种方式建构的过去往往是不可靠的。作为人类普遍具有的一种思维能力，想象的最大缺陷是主观性强。由于缺乏科学知识，远古时代的人类对存在世界的认识、理解和把握主要依靠想象力。在他们的想象中，存在世界被各种各样的神灵主导着，山有山神，河有河神，树有树神，云有云神，风有风神，雷有雷神，但众所周知，所有这些神灵的存在都是无法证明的，因而很容易遭到人类本身的怀疑。在古希腊，那些最早从事哲学研究的自然哲学家从经验的角度将存在世界的本原想象为水、火、土、气之类的物质性东西，但他们的结论后来都被证明是站不住脚的。

人类与过去建立联系的另一种主要方式是记忆。人类是一种记忆能力特别强的动物。在自然界，人类并不是具有记忆能力的唯一一种动物，但人类的记忆能力确实是其他动物难以相提并论的。最重要的是，人类知道自身的自然记忆能力是有限的，所以就发明了各种各样的人工记忆方法来弥补自身的不足。人类经历自己的生活，将自己的生活经历记住，在需要的时候使它们再现于眼前，从而使其生活在很大程度上建立在记忆的基础上。人类在认识到自身记忆能力的缺陷和不足时，就会依靠文字、书籍、电脑等人工手段来延展自己的记忆。我们人类是一种记忆动物，记忆在我们的生活中占据着十分重要的地位。如果没有记忆的帮助，我们的存在就将变得难以理解。

理解人类的记忆能力是认识与理解人类存在方式和内容的一个重要途径。关于人类的记忆能力，心理学家已经开展了很多研究。在柏拉图的著名洞穴寓言中，人类探寻知识的过程是一个重新唤醒回忆的过程。在柏拉图看来，人类生来就具有关于纯粹实在的形而上学知识，这些知识因为受到人体的玷污或人体官能的遮蔽而被人类遗忘，但人类可以通过回忆已知的实践而重新发现这些知识。在弗洛伊德看来，记忆既受到意识的监管，也受到潜意识的监管。出现在意识中的记忆是显性的，隐藏于潜意识中的记忆是隐性的。所谓隐性的记忆，并不是消失的记忆，而是被潜意识掩盖的记忆，它通常会借助梦的形式来表现自己。

我们不得不承认，虽然心理学界对人类的记忆世界展开了大量研究，但它对于绝大多数人来说至今还是一个神秘的领域。我们每一个人都可以凭借自我生存的经验认定自身的记忆能力，但我们仍然有很多难解之谜。在日常工作和生活中，我们几乎时时刻刻都在记忆，记忆有时甚至成为我们人之为人的义务和责任。我们也都希望自己拥有超强的记忆能力，但我们发现自己的记忆能力其实是很有限的。有时候，我们甚至拒绝记忆一些东西，因为我们并不喜欢那些东西。有时候，我们试图遗忘一些东西，但它们却变成了我们记忆世界中挥之不去的东西。作为一种记忆动物，人类应该对自身的记忆能力有比较清醒、深刻、全面的认识、理解和把握。这是我们研究人类道德记忆的一门必修课。

二、人的思维能力与记忆

人类是一种记忆动物，这是一个我们每一个人都很容易凭借自己的人生经验确立的观点。然而，如果仅仅停留在这个层面，那么我们对记忆的认识和理解就必定是肤浅的。在探知人类存在与记忆之间的紧密关联之后，我们应该追问和解答的一个问题是：什么是记忆？

记忆即回忆。它是这样一种情况：在某个特殊的语境里，由于受到某个因素的刺激，我们突然想起了过去的某段人生经历；虽然那段人生经历已经成为过去的东西，但是它就像正在发生的事情一样再现在我们眼前或脑海里。也就是说，记忆是人类对过去的事情或事件的再现；或者说，它是人类对过去人生经历的回顾。

记忆的反面是遗忘，遗忘即忘记。在常人看来，忘记就是记不起过去的人生经历，就是失去了关于过去人生经历的记忆。在很多心理学家眼里，并不存在真正意义上的遗忘或忘记。在弗洛伊德看来，遗忘只不过是记忆的内容被收入了人的潜意识，它们还会通过梦的形式表现出来。在荣格看来，遗忘只不过是记忆的内容融入了无意识之中。无意识并不意指没有意识，而是意指对意识的抑制。

有些心理学家这样描述记忆："每个人的一生会经历许多事，有些事永远不会被遗忘，即使你很努力地想忘却；有些事却无法轻易回忆起来，无论你当时是多么急需要用，就是怎么也想不起来。"① 记忆是人类普遍具有的一种能力，也是人类普遍具有的一种生活方式。人类活着的过程就是必须记忆的过程。虽然人类并不总是能够记住自己希望记住的一切，但是人类一直都在试图记住一些东西。

有些作家如此描写记忆："人对往事的记忆就像锁在不同抽屉里、舍不得丢的杂物，有些经过归档，有些无法分类，就那么一起掺杂地搁着，随着岁月的尘垒而尘封。某日不经意地打开一个抽屉，那被忘了、如同隔世般的旧事便猛然回魂，又有了温度、呼吸和生命，过去与现在又接续上了。"② 这种描写非常生动、形象。它告诉我们，记忆是对往事的回忆或回顾，是人类再现过去人生经历的有效途径，是人类连接生活的现在和过去的纽带。

一般来说，记忆是人类生活经历在个人脑海里留下的印记或印象，它说明人类具有记住和回顾过去的思维能力，因此，西方学者希尔斯（Newwell Dwight Hills）把记忆称为"一个容纳过去图画的艺术陈列馆"③。人类在很

---

① 杨治良，郭力平，王沛，等. 记忆心理学：第2版. 上海：华东师范大学出版社，1999：3.
② 龙应台，蒋勋，等. 回忆是一种淡淡的痛. 北京：中国友谊出版公司，2013：2.
③ Newwell Dwight Hills. A Man's Value to Society：Studies in Self-Culture and Character. New York：Fleming H. Revell Company，1897：124.

多时候是凭着记忆生活的。记忆使人类社会生活的过去或昨天不会被遗忘。生物学、心理学、社会学、历史学等学科历来重视研究人类记忆思维活动。生物学基于对人类生理机能的理论研究，主要把记忆当成人类能够反复发挥的一种功能来加以分析；心理学基于对人类心理活动的实验研究，主要把记忆当成人类心理活动的一种重要表现形式来加以探究；社会学基于对社会事实的调查研究，主要把记忆当成记录社会事件的一种重要手段来加以强调；历史学基于对人类社会发展史的历史考察，主要把记忆当成一面能够反映人类社会生活史的镜子来加以研究。

哲学也有注重研究记忆的悠久传统。古希腊哲学家普遍强调哲学家的记忆天赋，把记忆视为哲学知识或哲学智慧的一个重要来源。苏格拉底认为，"强于记忆"是一位优秀哲学家应有的天赋，因为哲学家不能拥有一个健忘的灵魂，而这需要建立在良好的记性基础之上。

在西方哲学家中，休谟对记忆的研究具有一定的代表性。他从经验主义立场出发，将人类心灵中的一切知觉区分为印象和观念，并且将这种区分概括为："当它们刺激心灵，进入我们的思想或意识中时，它们的强烈程度和生动程度各不相同。"[1] 在休谟看来，印象是进入人的心灵的那些最强、最猛烈的知觉；出现在人的心灵中之后，它们还会作为观念再现在人的心灵中；如果它们再现的时候仍然保持着初次出现时的活泼程度，那么它们就变成了众所周知的记忆。因此，他说："记忆保持它的对象在出现时的原来形式，当我们回忆任何事情时，如果离开了这种形式，那一定是因为记忆官能的缺陷或不完备的缘故。"[2] 显然在休谟看来，记忆是在人类心灵中作为深刻印象而存在的知觉。

需要指出的是，现当代哲学家往往基于重视人类哲学思辨能力的立场，把记忆主要当成人类思考"存在"问题的一种思维方式来加以解释，即主要从认识论的角度来认识、理解和解释人类的记忆活动。正如西方学者塞文·博莱克（Sven Bernecker）所说："记忆从根本上说是一个认知过程，它事实上还渗透在推理、知觉、解决问题、言语等人类的所有其他认

---

[1] 休谟. 人性论：上册. 关文运，译. 北京：商务印书馆，1997：1.
[2] 同[1]21.

知功能之中。"①

笛卡尔曾说:"我思维多长时间,就存在多长时间;因为假如我停止思维,也许很可能我就同时停止了存在。"② 他试图强调,人类是一种总是在思维着的存在者,即一种"在怀疑,在领会,在肯定,在否定,在愿意,在不愿意,也在想象,在感觉的东西"③。这就是笛卡尔所说的著名命题"我思故我在"的精义,就是笛卡尔特别推崇的哲学第一原理。他将人类界定为一种精神性存在者。在他的哲学话语系统里,精神等同于思维,但他并没有将思维简单地等同于理性思维。

笛卡尔似乎没有注意到,记忆也是人类思维的一个重要方面。记忆与人的思维有关,但它不是某个单一的东西,而是一个综合体。它既可能是感性思维,也可能是理性思维,甚至可能兼而有之。也就是说,记忆之中既可能有知觉的成分,也可能有理性认知的成分。

记忆绝对不是简单地回顾或再现过去的某个东西。一个人在记忆过去的某段人生经历时,他实际上是在重新思维那段人生经历。在这一思维过程中,他会有或苦或乐的知觉,会有或深或浅的认知,会有或对或错的判断,会有或善或恶的选择。记忆意味着再感觉、再思索、再判断、再选择。从这种意义上说,记忆也是一个再创造的过程。

记忆是人类生活中不可或缺的重要内容。如果没有记忆,人类的思维活动就是残缺不全的。对于个人和集体来说,失去记忆都意味着失去自我。在现实生活中,我们必须看到记忆与思维之间的内在关联性,绝对不能将记忆和思维对立起来。记忆在人类思维中占据着十分重要的地位,这是能够得到心理学、哲学等学科证明的事实。

具有正常记忆能力是人类心理健康的一个重要标志。一个正常的人应该有能力记住应该记住的东西。对于一个正常的人来说,健忘或遗忘不应该成为生活的常态。除非一个人不愿意记住某个东西,否则,他总是能够在正常的范围内记住某些东西。

记忆是人类思维活动必不可少的调节器。一个人在思维的时候经常需要

---

① Sven Bernecker. Memory: A Philosophical Study. New York: Oxford University Press, 2010: 1.
② 笛卡尔. 第一哲学沉思集. 庞景仁, 译. 北京: 商务印书馆, 2017: 28.
③ 同②29.

得到记忆的协助。如果没有记忆，人的思维就没有起点，也不可能得到延续。记忆能够将人类的思维活动建立在坚实的经验、概念、知识的基础之上，并为人类展现可持续的思维能力提供条件。要学习思维，人类必须首先培养记忆能力。人类通常在记忆的基础上思维，在记忆中推进思维。

  记忆是人类拥有间接知识的重要方式。人类并不总是依靠直接知识来生活。人类可以通过知觉获取直接知识。直接知识是人类社会生活必不可少的重要条件。然而，要过好社会生活，我们还需要间接知识的储备。我们可以通过记忆的方式将过去的经验、印象、感悟等作为间接知识来加以利用。不可否认，很多人就是在记忆过程中获得知识的。我们不仅向自己的记忆学习，而且向他人的记忆学习。我们在记忆中获取丰富的间接知识，也在记忆中变得越来越强大。

  记忆还是人类传承文明的必要手段。人类在存在世界中的生存和发展造就的是越来越发达的文明。文明是什么？根据弗洛伊德的看法，它是"人类生命从其动物状态提升而来，而且不同于野兽生命的所有那些方面"[①]。在弗洛伊德看来，人类文明主要表现为两种东西：（1）人类在试图控制自然的过程中形成的各种知识和能力；（2）人类出于调节人际关系的目的而制定的各种社会制度。显而易见，弗洛伊德将文明视为"自然"的反面。在弗洛伊德的理论中，"自然"是指人类的生命本能，因此，文明是抑制人类本能的产物。我们姑且不管弗洛伊德对文明的界定是否可取，但我们必须高度肯定他将文明视为自然的反面和将人类社会发展史理解为文明发展史的观点。我们还必须看到，无论人类文明是什么，它都是一种应该被传承的东西，而要做到这一点，充分发挥记忆的功能就显得特别重要。我们不难想象，如果没有记忆，人类文明的存在状况将是何种情况。

  在文字出现之前，远古时代的人类就已通过结绳、刻记号等方式来记忆。文字被发明之后，人类记忆的方法变得越来越多样化。在当代，人类甚至能够借助于电脑、智能手机等外在手段来延展自身的记忆。人类发明各种外在的记忆手段，不仅是为了弥补自身在记忆能力方面的缺陷，而且是为了用更好的方式来传承人类文明。人类文明的主要价值不在于它以何种方式存

---

① 弗洛伊德. 文明及其缺憾. 车文博, 主编. 北京：九州出版社，2014：6.

在过，而在于它能否持续传承。要保证人类文明的可持续传承，唯有将它的发展历程用记忆的方式留存下来。如果没有记忆，人类文明就不可能延续至今。记忆是人类文明的保鲜剂。

三、人类记忆中的道德记忆

要研究道德记忆，我们需要将它作为人类记忆世界中的一个特殊领域来看待。严格来说，这种做法是不可取的，因为人类的记忆世界不可能任由我们人为地予以分割或划分。事实上，这也是一件极其困难的事情。正如我们难以将道德生活从人类生活领域中完全分离出来一样，我们从人类的记忆世界中分离出一个道德记忆领域是很难的。即使我们能够从人类的记忆世界中分离出一个道德记忆领域，它也只能是一个相对独立的领域。

不过，把一个整体划分为若干个部分是人类的一贯做法。例如，整个地球是一个统一体，但人类却将其划分成七大洲和四大洋。又如，人类社会生活本来也是一个统一体，但人们通常喜欢将其划分为三大领域，即政治生活领域、经济生活领域和文化生活领域，并且对这三个生活领域进行比较和区分。人们之所以这样做，一方面是为了真实地反映现实中存在的各种种属关系——现实中的统一体往往都是由若干个部分组成的，每一个部分在一定程度上具有相对的独立性；另一方面是为了理论解释的便利——我们如果不重视和关注现实中的各种种属关系，就难以澄清事物之间的关系。

我们基于上述认识认为，将道德记忆视为人类记忆世界中的一个相对独立的领域是必要的，也是可能的。道德生活是人类文化生活领域最重要的组成部分，并且在人类文化生活领域中具有相对的独立性。人类的道德生活虽然与人类的政治生活、经济生活非常复杂地交织在一起，并且与其宗教生活、文艺生活等文化生活存在相互影响的关系，但它的相对独立性也是相当明显的。总体来看，政治生活的核心是政治制度的设计和安排，经济生活的核心是追求经济效益的最大化，宗教生活的核心是宗教信仰，文艺生活的核心是艺术审美，而道德生活的核心是强调道德的规范性约束。人类对其道德生活经历形成一定的记忆，这就是道德记忆。

道德记忆是人类记忆思维活动的一种特殊表现形式，是人类道德生活经历在其脑海里留下的印记或印象。人类的道德生活经历是人类在过去的时间里追求道德和践行道德的所思所想与所作所为。由于人类道德生活经历丰富多彩、纷繁复杂，所以人类的道德记忆往往具有丰富而复杂的内容。从理论上讲，人类在过去经历过的一切道德生活内容和方式都可能进入人类的道德记忆王国；人类的道德记忆犹如一个浩瀚无边的海洋，它的存在就是为了容纳由人类道德生活经历形成的涓涓细流或江河湖海。道德记忆的在场和作用使人类在过去拥有过的道德风俗和习惯、道德原则和规范、道德思想和精神、道德实践和行为能够成为一种可以回顾的东西，并能够在人类的脑海里一次又一次地再现。

道德记忆是关于风俗和习惯的记忆。风俗和习惯是人类在参与社会生活的过程中约定俗成的惯例和习惯做法。由于受到人们的普遍认可和遵从，一个社会的风俗和习惯不仅是生活于该社会的同代人普遍遵循的行为准则，而且是能够在该社会代代相传的行为准则。这样的风俗和习惯一旦得到确立与流传，就不仅能够在人类社会中对人们的行为施加非强制性的影响和约束，而且能够告诉人们应该做什么和不应该做什么。这样一来，它们就具有了道德规范的根本特征，并实质上变成了道德风俗和习惯。每一个社会都有经久流传并为人们广泛遵循的道德风俗和习惯，但良好道德风俗和习惯在人类社会的传承、传播必须建立在人类道德记忆的基础之上。

不同的社会往往具有不同的道德风俗和习惯，同一个社会的不同区域也可能具有不同的道德风俗和习惯。道德风俗和习惯是约定俗成的，因此，一种道德风俗和习惯只要能够在一个社会或该社会的某个区域变成约定俗成的东西，就会变成一种不容忽视的道德力量。以风俗和习惯的方式存在的道德不一定真正合乎道德，但只要是约定俗成的，其作为一种道德力量就不容挑战。例如，当今中国的很多农村地区仍然保留着非常复杂的酒宴摆席风俗和习惯，这种风俗和习惯可能被很多青年人视为陈规陋习，但其对人们的行为仍有不容小觑的约束力。关于道德风俗和习惯的道德记忆具有强大的生命力。

道德记忆是关于道德原则和规范的记忆。除了表现为一些代代相传的道德风俗和习惯之外，道德更多会以普遍有效的道德原则和规范的形式来展现自身的存在。道德原则和规范是人类将自身拥有的道德观念、道德情感和主观意志转化为具体行为准则的产物，它们是一系列约定俗成的公理，能够对人类道德生活发挥主导性的引导作用。绝大多数人在理解道德时倾向于将它归结为一些具体的道德原则和规范，这使人类追求道德和践行道德的历史主要表现为遵循与服从道德原则和规范的历史。普遍有效的道德原则和规范是道德作为一种社会规范而存在的核心内容，不仅能够对人类行为施加强有力的约束，而且为人类进行道德原则和规范的代际传承提供了主要材料。道德原则和规范在人类社会的代际传承也必须以人类的道德记忆为载体。

一个社会的道德原则和规范通常是多元的，故而建立在它们之上的道德记忆就必然具有多元性。另外，一个社会在不同时代倡导的道德原则和规范也不尽相同，所以，人类关于道德原则和规范的道德记忆不可能一成不变。从整个人类社会来看，原始社会、奴隶社会、封建社会、资本主义社会、社会主义社会所倡导的道德原则和规范具有根本性的区别，故而它们留下的道德记忆就存在根本性的差异。

道德记忆是关于道德思想和道德精神的记忆。人类道德生活还会通过一定的道德思想和道德精神表现出来。道德思想是人类对道德进行观念把握所形成的各种概念、判断和论述的总称，道德精神则是人类在向往、追求和践行道德的过程中展现出来的精神气质与风范。道德思想和道德精神是人类可以通过道德记忆来传承的东西。例如，爱国主义既是一种道德思想，也是一种道德精神。它之所以被当代中国人确立为民族精神的核心，是因为它已经深深嵌入一代又一代中华儿女的道德记忆之中。

道德思想和道德精神是人类道德文化传统的重要内容，因而也是人类道德记忆应该传承的重要内容。每一个人的道德思想和道德精神都不可能与另一个人的道德思想和道德精神一模一样，一个民族的道德思想和道德精神也不可能与另一个民族的道德思想和道德精神完全相同，因此，我们不能要求不同的人与民族对道德思想和道德精神形成完全相同的道德记忆。例如，中国人的道德思想境界和道德精神状况与美国人的道德思想境界和道德精神状况必定存在这样或那样的区别，两者因此而形成的道德记忆就必定存在很大的民族性差异。

道德记忆是关于道德实践和道德行为的记忆。人类道德生活最后总要通过一定的道德实践和道德行为表现出来，这不仅折射出人类的道德实践和道德行为能力，而且反映道德作为一种实践理性而存在的根本特征。人类经历过的道德实践和道德行为会通过自己的道德记忆流传下来。例如，由于道德记忆的作用，今天的人类能够知道远古时代的祖先具有普遍敬畏大自然的行为特征，也能够知道近现代的先辈开发、利用自然的很多行为严重违背了生态伦理的内在要求。

道德实践和道德行为是人类道德生活中最接地气的内容，也是衡量人类道德生活品质最重要的指标。一个人可能对道德规范有深刻的认知，对道德善有强烈的爱，对道德的价值有坚定的信念，但如果他不能将道德认知、道德情感、道德信念等转化为实际行为，那么他的道德生活就不可能是完善的。人类道德生活贵在践行，重在落实。通过践行道德，一个人不仅可以完成对道德生活的实际体验，而且可以建立真正意义上的道德成就感。因此，道德实践和道德行为是人类生活中最有说服力的内容，也是最容易成为人类道德记忆对象的内容。一般来说，对于自己做过的合乎道德的事情，我们最容易形成自豪感和光荣感，也最容易将之纳入自己的道德记忆。

道德记忆是关于人类道德生活史的记忆。人类道德生活史是由人类社会的道德风俗和习惯、道德原则和规范、道德思想和精神、道德实践和行为等要素相互联系、相互作用、相互影响而形成的历史，它是一种历史记忆。人类将自己在过去经历的道德风俗和习惯、道德原则和规范、道德思想和精神、道德实践和行为等要素作为材料储存在道德记忆王国，这不仅使人类的道德生活史料得到了保存，而且使之变成了一种可以回忆的历史。

个人具有自己的个体性道德生活史，集体则具有自己的集体性道德生活史。道德生活史就是人类作为个人存在和集体存在而拥有的道德生活经历所形成的历史。无论个体性道德生活史还是集体性道德生活史，它们的传承都必须依靠人类的道德记忆。如果没有道德记忆作为媒介，人类道德生活史就无法形成，更不用说传承。正因为如此，一个具有悠久道德文化传统的社会一定会注重其道德生活史的撰写。人类道德生活史就是人类的道德记忆史。

道德记忆与人类对道德的认识、理解和解读直接相关，因此，它的对象只能是与道德相关的东西。道德是一种异常复杂的社会现象，它必须通过道德风俗和习惯、道德原则和规范、道德思想和精神、道德实践和行为等要素具体地表现出来。这些要素是人类道德生活的主要内容，是伦理学家对道德现象进行理论运思和探析的主要内容，也是人类道德记忆的主要内容。人类不愿意忘记自己在过去经历的道德风俗和习惯、道德原则和规范、道德思想和精神、道德实践和行为，这既为道德记忆的存在和发挥作用提供了道德合理性基础，也为道德记忆提供了具体对象和内容。

道德记忆是连接人类道德生活的过去和现在的桥梁或纽带。人类道德生活不可能完全以现在为起点。现在意味着当下或目前，但它是过去得以延伸的结果。人类过去经历的道德生活是我们现在过道德生活的本和源，人类过去形成的道德记忆是我们现在向善、求善和行善的历史依据。人类在漫长道德生活中留下的道德记忆为我们在当下向往、追求和践行道德提供了历史合法性和合理性资源。

作为人类记忆世界中的一个特殊领域，道德记忆的重要性不容低估。只要人类道德生活绵延不断，人类的道德记忆就会不断积累。也就是说，只要人类一如既往地向往、追求和践行道德，道德记忆就有存在的理由。道德记忆的存在具有道德价值。它的道德价值从根本上说取决于道德本身的价值。只要道德不死，道德记忆的存在就是必要的。如果说生活于社会和国家中的人类不能不做道德动物，那么人类同时就不能不做道德记忆动物。人类必须将自己的道德生活经历作为道德记忆的内容予以保留和传承，以确保人类的道德本性得以巩固和延续。

作为人类记忆思维活动的一种重要表现形式，道德记忆既容纳人类向善、求善和行善的道德生活经历，也容纳人类向恶、求恶和作恶的道德生活经历。它就是一个容器，能够将人类的所有道德生活经历纳入其中。人类道德生活经历有善恶之分，但道德记忆有时不以善恶为标准来决定自身内容的取舍。在人类的道德记忆中，既有我们从道德上予以认同、称赞的东西，也有我们从道德上予以否定、谴责的东西。道德记忆不是仅仅关于善的道德生活经历的记忆，而是关于一切道德生活经历的记忆。

不过，道德记忆一旦与人类的主体性相关联，它就可能有善恶之分。作为道德记忆主体，人类对道德记忆之对象和内容的选择具有一定的自主性。记忆什么或不记忆什么，我们能够在一定程度上进行自主选择。对于那些给我们带来快乐的道德生活经历，我们往往乐意记住；而对于那些让我们痛苦的道德生活经历，我们则往往希望遗忘。让人快乐的道德生活经历大多为人们向善、求善和行善的经历，它们让我们感到荣耀或光荣，因而记住它们使我们快乐。让人痛苦的道德生活经历大多是人们向恶、求恶和作恶的经历，它们让我们感到耻辱或愧疚，因而记住它们使我们痛苦。趋乐避苦是人类的本性，在进行道德记忆时，这一本性表现得更加突出。

第三章

道德记忆的主体

　　道德记忆是人类特有的一种本领和能力，它的主体只能是人，不可能是别的存在者。人总是个体性和社会性的统一体，因此，如果说人是道德记忆动物，或者说，人具有道德记忆能力，那么这就不仅需要我们从人存在的二重性视角来认识道德记忆，而且要求我们深刻认识道德记忆主体的复杂性。

一、个人：作为道德记忆的主体

　　存在世界的存在并不取决于人类意志，但它必须通过现实的人类才能得到认识和解释。现实的人类就是作为个体生命而存在的人，就是个人。个人是具有个体性特征的人类。根据历史唯物论，"**真正的人只有以抽象的** citoyen［**公民**］形式出现才可予以承认"[①]，但它是现实的人，具有不可否认的现实性。

　　具有个体性的人是理性和非理性的统一体。说得更精确一点，他们是同时受到理性和非理性支配的人。他们拥有理性思维能力、理性认知能力、理性判断能力和理性选择能力，但他们的各种理性能力都是有限的，他们还受到欲望、愿望、意志、情感、兴趣等非理性因素的支配。理性和非理性交织在一起，共同构成人性的内容，并共同影响、决定和支配着个体性人类的生

---

① 马克思恩格斯文集：第1卷. 北京：人民出版社，2009：46.

存状态。

人类存在的个体性是每一个普通人都可以凭借经验加以把握的人性内容。在很多普通人看来，人类甚至完全以个体的形式存在；我们只能从个人视角来认识、理解和把握人类的生存方式、内容和意义，乃至整个存在世界的存在；如果不从个人视角来认识、理解和把握人类与存在世界的存在，存在问题就是一个不解之谜。这种观点无疑有其合理性。人类只有以具体的生命体形式存在才具有现实性或实在性；如果不能作为个体生命而存在，人类的类属性就无法形成。因此，个体性是人类生命的根基。

普通人往往倾向于从个人视角来审视一切。个人视角的根本特征在于它的个体性。人的个体性是通过个人的主观欲望、愿望、需要、兴趣、目的、理想等要素来表现的。它们既可能是理性的，也可能是非理性的。由于不同的人具有的主观欲望、愿望、需要、兴趣、目的、理想等并不相同，所以人们的个人视角实质上不可避免地存在显著的个体差异性。一个人强烈欲求的东西，完全可能是另一个人特别想摆脱的东西；一个人渴望得到的东西，完全可能是另一个人坚决排斥的东西；一个人需要的东西，完全可能是另一个人试图抛弃的东西；一个人感兴趣的东西，完全可能是另一个人反感的东西；一个人试图占有的东西，完全可能是另一个人努力放弃的东西；一个人孜孜以求的理想，完全可能是另一个人嗤之以鼻的理想。在现实中，有多少个普通人，就有多少种个人视角，就有多少种个体性。

个人视角的个体性特征还与个人的生活境况有关。个人是历史的镜子、时代的镜子和社会的镜子。不同的历史语境、时代语境和社会语境对个人视角会产生广泛而深刻的影响。生活在不同历史语境中的个人拥有不同的个体性特征，处于同一时代的个人完全可能因为年龄的差异等原因而拥有不同的个体性特征，置身于不同社会中的个人更是往往因为社会经济条件的不同而拥有不同的个体性特征。正因为如此，在中国封建社会被视为遵守孝道的人不一定在当今中国社会受到同样的尊重，一个推崇仁爱的中国人可能在美国被视为一个懦弱的人。

深入认识、理解和把握个人视角的个体性特征是我们了解普通人认知个体道德记忆的突破口，因为在普通人眼里，个体道德记忆只不过是个人的道德记忆，它建立在个人的主观欲望、愿望、需要、兴趣、目的、理想等要素的基础上，因而从本质上说是个体性的。按照这种看法，世界上有多少个人类个体，就有多少种个体道德记忆，每个人所拥有的个体道德记忆是不同的。

个体道德记忆无疑具有个体性特征。个人是最具体、最直接的个体道德记忆主体。作为道德动物而存在，个人拥有个体性鲜明的道德生活方式，并且能够借助于自身的记忆能力记住和再现自身的道德生活经历。个人是具有个体道德记忆的人。

个体道德记忆与个人的主观欲望、愿望、需要、兴趣、目的、理想等要素直接相关。每一个人类个体都会拥有一定的道德生活经历，但受其主观欲望、愿望、需要、兴趣、目的、理想等要素的影响，个体道德记忆展开的方式和承载的内容往往不同。这很容易在现实中找到相关的事例。例如，有些人在生活中行善，并且将行善视为人之为人的本分，因此，他们并没有对自己的善行念念不忘；相比之下，有些人在行善之后倾向于将其留存在自己的记忆中，并且常常使之作为美好记忆再现于自己的脑海里；有些人在行善之后不仅对此耿耿于怀，而且常常以之作为在他人面前炫耀德性的资本。可见，一个人是否愿意记住自己过去的道德生活经历，这确实在很大程度上取决于他的个体性特征，即他的主观欲望、愿望、需要、兴趣、目的、理想等。

个体道德记忆有其存在的合理性基础，因为一个人基于自身的主观欲望、愿望、需要、兴趣、目的、理想等要素来建构其个体道德记忆是自然而然的事情。从心理学的角度看，一个人能够在一定程度上控制其个体道德记忆，即记住何种道德生活经历或遗忘何种道德生活经历，能够对自己的记忆思维进行有选择的控制。正因为如此，如果想遗忘曾经作的恶，许多人是可以做到的；如果想遗忘曾经行的善，许多人也是可以做到的。这关键在于个人的主观心理状况。一个人如果很在意自己作的恶或行的善，就当然会对它念念不忘。

个体道德记忆还与道德本身的个体性特征有关。尼采曾经呼吁人们"为自己的道德而活，或者为自己的道德而死"[①]。他试图将道德完全归结为个人的品德修养。这种立场忽略了道德具有客观性和普遍性的事实，但确实突

---

① 尼采. 查拉图斯特拉如是说. 黄明嘉，译. 桂林：漓江出版社，2000：8.

出了道德的个体性特征。我们不能像尼采一样极端地推崇道德的个体性特征，但我们必须看到他强调道德个体性特征的意义和价值，因为个人毕竟是道德生活最直接的主体。个人作为相对独立的个体性主体经历道德、体验道德、感悟道德、反思道德、记忆道德，这使人类的道德记忆不可避免地具有个体性特征。

二、普通人与哲学家：作为道德记忆主体的区别

普通人的个体道德记忆具有个体差异性，这是由普通人的存在状态决定的。普通人每天忙于生计，道德生活经历对于他们来说永远是零碎的、非系统的。他们的道德记忆具有很强的随意性和可塑性。出于某种主观欲望、愿望、需要、兴趣、目的、理想等，他们可能建构某种道德记忆，也可能不建构某种道德记忆。纵然他们建构了道德记忆，那些记忆也是零零散散的，而不可能是高度系统化的记忆。

普通人的个体道德记忆是一个封闭、私密的世界。除非拥有它的个人对外开放自己的道德记忆世界，否则，我们很难探知其中的奥秘。正因为如此，有些人储存于其道德记忆世界中的内容可能是其他人永远无法知晓的。一方面，他们可能有行善的道德记忆，但由于他们不愿意让别人知道，我们就无法探知他们的道德记忆世界；另一方面，他们也可能有作恶的道德记忆，但如果他们刻意对外隐瞒，我们也难以知晓。在现实中，并非每个人都愿意毫无保留地对外开放自己的道德记忆世界。

个体性、封闭性、私密性等都是个体道德记忆在普通人身上表现出来的重要特征。这些特征与个人的私人生活空间紧密相关。每个普通人都具有相对独立的私人生活空间。在这个空间里，个人总是试图保留一定的个体性、封闭性、私密性。不过，人类并不能作为绝对孤立的个体而存在。我们需要与周围的环境打交道，需要与周围的人打交道，否则，我们就不是真正意义上的人。真正意义上的人不可能完全脱离他人和社会而存在。从这种意义上说，个体道德记忆不应该总是存在于个体性、封闭性、私密性之中，而是应该超越自身的特性，对外展现一定的开放性。一旦普通人的个体道德记忆开始突破自身，它就超越了自身。这种超越是向哲学的突入。

不同的人对个体道德记忆有不同的认知。在这一点上，我们至少可以区分普通人的认知和哲学家的认知。在哲学家对个体道德记忆的认知状况中，又可以在经验主义哲学家和理性主义哲学家之间加以区分。

普通人与哲学家是有区别的。这并不意味着哲学家是脱离普通人的特殊人群，而是仅仅意指他们是普通人中能够将反省思维发挥到极致的人。反省思维被杜威称为"最好的思维方式"，它是"对某个问题进行反复的、严肃的、持续不断的深思"[①]。反省思维激励人们连续不断地深入思考问题，并且以求得结论和确立关于真理的信念为价值目标。普通人都具有反省能力，但他们的反省通常是零碎的、非系统的，因而缺乏广度和深度；相比之下，哲学家能够借助于一定的理论习惯性地进行稳定持久、高度系统的反省，他们进行反省所达到的广度和深度是普通人难以与之相提并论的。通过反省思维，普通人能够拥有常识性智慧，而哲学家能够拥有哲学智慧。

个体道德记忆一旦进入哲学家的视野，就会被他们当成一个哲学问题来加以研究。无论经验主义哲学家还是理性主义哲学家，他们都试图探寻个体道德记忆的内在规定性和普遍规律性。经验主义哲学家通常会依据个人的心理活动事实来解释个体道德记忆的内涵、发生机制等，理性主义哲学家则通常会运用形而上学方法对个体道德记忆做出思辨性解释。

普通人的个体道德记忆可能与哲学家的个体道德记忆有区别，但这并不意味着后者在品质上必定比前者优秀，而是仅仅意指它可能在内容和形式上更复杂。普通人的个体道德记忆可能更多地装载经验性内容，而哲学家的个体道德记忆则可能更多地装载思想性内容。

个人是个体道德记忆的主体，个体道德记忆的存在状况与个人的生存状况直接相关，因此，有什么样的个人，就有什么样的个体道德记忆。因人而异是个体道德记忆的常态。个体道德记忆承载的是个人道德生活经历的丰富性、复杂性和特殊性。个体道德记忆的很多内容只有作为主体的个人才知晓。作为个体道德记忆的主体，个人所能拥有的道德记忆世界可能很宽广，也可能很狭窄。这取决于个人的个体性状况，特别是个人的个体道德生活状况和主观性状况。

---

① 约翰·杜威. 我们怎样思维：经验与教育. 姜文闵，译. 北京：人民教育出版社，2005：11.

三、社会集体：作为道德记忆的主体

人类从远古走来，一路上拥有纷繁复杂的生存经历，也留下了纷繁复杂的生存记忆。过去的生存经历不会随着时间的流逝而消失，而是会在人的脑海里留下印记或印象，这便形成了人类的记忆。人类的生存记忆实质上是一种历史记忆，因为人类过去的生存经历总是以"历史"的形式存在。记忆是人类思维活动的一个重要内容。人类生存活动在很大程度上依赖人类的记忆思维活动。

由于主体性差异，道德记忆可以区分为个体道德记忆和集体道德记忆。个体道德记忆主要是人类个体对个人道德生活经历的记忆，它主要发生在个人身上。作为道德记忆的现实主体，个人对个体道德记忆有着最直接、最深刻的体会，对它存在的实在性、主要功能、价值维度等也有着最全面、最系统的认识。集体道德记忆主要是人类对集体道德生活经历的记忆，它主要发生在人类集体之上。人类集体具有一定的抽象性，但它可以通过家庭、企业、社会组织、民族和国家等形式来显示自身的存在。集体道德记忆是人类以家庭、企业、社会组织、民族和国家等集体形式为载体而展现出来的一种道德记忆形式。

集体道德记忆的发生机制不同于个体道德记忆。个体道德记忆是通过个人头脑所具有的记忆功能来发挥作用的，因此，具有正常记忆思维能力的人都可能具有个体道德记忆。个体道德记忆发生和运作的一个必要条件是个人具备正常的记忆思维能力，但它还会受到个人道德记忆思维的意向性和目的性的深刻影响。一个人愿意记忆什么和不愿意记忆什么，这深刻地影响着个体道德记忆的内容和方式，并使个体道德记忆具有选择性特征。集体道德记忆需要通过人类集体的"头脑"来发挥作用，但这种"头脑"是一种抽象物。集体道德记忆是由从属于人类集体的所有个人的"头脑"整合、统一而成的，因此，它是基于集体性记忆思维能力而形成的一种道德记忆。集体道德记忆也具有选择性，因为一个集体愿意记忆什么和不愿意记忆什么，这是由集体道德记忆思维的意向性和目的性决定的。在个体道德记忆的框架内，个人是道德记忆思维活动的主导力量。在集体道德记忆的框架内，集体是道德记忆思维活动的主导力量。个人是集体道德记忆的参与者，但个人的参与是被动的，因为在集体道德记忆的框架内，个人不是在独立自主地展开道德记忆思维活动，而是和集体中的其他人一起展开道德记忆思维活动。

家庭是一种常见的人类集体。家庭的集体道德记忆主要表现为家庭成员对家规、家训和家风等的集体性记忆。每一个家庭都有自身作为一个集体而遭遇的集体性道德生活经历，也可能形成一定的家庭伦理思想传统。如果一个家庭借助于家规、家训和家风等形式来反映它在集体性道德生活经历中积淀的家庭伦理思想传统，那么它就是一个具有集体道德记忆的家庭。家规、家训和家风是反映家庭道德生活的一面镜子，也是家庭集体道德记忆的主要内容。一个具有良好伦理思想传统的家庭必然会将它倡导的家规、家训和家风纳入其集体道德记忆之中，并且要求它的每一个成员牢记它们，将它们代代相传。

家庭的集体道德记忆是家庭道德教育的必要条件。一个具有良好集体道德记忆的家庭往往具有勤俭持家、重视亲情、崇尚和谐、利他为公等伦理思想传统，往往更容易形成以这些伦理思想资源为主要内容的良好家规、家训和家风，也往往更容易对它的成员进行有效的家庭道德教育。相反，一个具有恶劣集体道德记忆的家庭通常具有铺张浪费、亲情冷漠、亲人反目、尔虞我诈等有违家庭伦理的丑陋记忆，通常难以形成良好家规、家训和家风，也通常难以对它的成员进行有效的家庭道德教育。良好的家庭道德教育需要有良好的家庭集体道德记忆作为基础和支撑。

民族是另一种人类集体。世界上的每一个民族在其发展过程中都会拥有集体性道德生活经历，也都会形成具有民族特色的伦理思想传统，这种具有民族特色的伦理思想传统会通过它的集体道德记忆不断传承、传播。然而，不同的民族所拥有的集体道德记忆是不同的。有些民族历来主张民族与民族之间相互包容、和平相处和互利共赢，因此，它们的民族集体道德记忆充满着促进世界各民族和睦相处、和谐发展和同生共荣的内容。有些民族历来崇尚民族与民族之间的征战和侵略，因此，它们的民族集体道德记忆充满着试图用武力征服、控制和统治其他民族的内容。

一个民族的集体道德记忆是该民族的所有成员在长期共同生活的过程中逐渐积淀起来的。由于长期在同一个社会共同体中生存和发展，同属于一个民族的成员在道德生活方式和道德生活内容上容易相互影响、相互贯通和相互融合，他们的许多道德生活经历是共同的，他们也会因此而形成大量共同的民族性集体道德记忆。他们可能为了建立一个独立自主的国家而齐心协力地发动了一场惊心动魄的社会革命，并在革命中展现了不畏艰难、不怕牺牲、团结一致的伦理精神；他们可能为了民族的独立而共同抵抗过外来侵略，并在抵抗侵略的过程中展现了同仇敌忾、英勇杀敌、不屈不挠的伦理气节；他们可能为了推进社会和国家的发展而同心同德地完成了一次大规模的社会变革运动，并在运动中展现了与时俱进、敢于创新、破旧立新的伦理勇气。一个民族的集体道德记忆主要记录该民族的光荣过去，它是该民族建构其道德生活史的主要史料来源。

团队的集体道德记忆往往通过它的团队精神来集中体现。伦理思想和伦理精神是团队精神的核心，也是团队集体道德记忆的主要内容。一个优秀的团队必定拥有优良的伦理思想和伦理精神传统，并且会要求将它们纳入自己的集体道德记忆。一个篮球团队可能拥有团结奋战的集体道德记忆，一个体操团队可能拥有相互帮助的集体道德记忆，一个产品研发团队可能拥有精益求精的集体道德记忆，一个市场销售团队可能拥有诚实守信的集体道德记忆，一个科研团队可能拥有联合攻坚的集体道德记忆。每一个优秀团队都希望自己过去的光荣道德生活史成为一种永不消失的集体道德记忆，从而为团队的可持续发展提供一种强大的道德动力。

政党的集体道德记忆主要是政党对其党德状况的集体记忆。党德是一个政党对自身提出的道德要求，它的主要内容既可能内含于它的党纲、党纪和党风规定之中，也可能通过一些普遍有效的道德原则和规范体现出来，还可能通过党员的道德修养状况展现出来。例如，中国共产党的党章明确规定："党在任何时候都把群众利益放在第一位，同群众同甘共苦，保持最密切的联系，坚持权为民所用、情为民所系、利为民所谋，不允许任何党员脱离群众，凌驾于群众之上。"这一党章规定既是一种党纪要求，也是一种道德要求。它不仅将"坚持全心全意为人民服务"确定为中国共产党党纪的核心内容，而且将其确定为中国共产党党德的核心内容。中国共产党自创建以来一直坚持把人民群众的利益放在首位，历来要求中共党员做全心全意为人民服务的表率，并且涌现了焦裕禄、孔繁森等一大批全心全意为人民服务的优秀党员干部，从而使其集体道德记忆中充满着中国共产党全心全意为人民服务的事迹和故事。

集体道德记忆的形成有利于推动人类集体对其过去的所思所想和所作所为承担集体道德责任。例如，德国在两次世界大战中对其他民族犯下了烧杀抢掠的严重错误，这已经深深地嵌入德意志民族的集体道德记忆之中。让当代人类感到欣慰的是，第二次世界大战后的德意志民族真诚地吸取了它发动侵略战争的惨痛历史教训，能够时刻警示自己不再重蹈历史覆辙。如果一个人类集体缺乏应有的集体道德记忆或故意抹杀它的集体道德记忆，那么它就不可能对其过去承担相应的集体道德责任。当今日本就是一个典型例子。日本右翼分子和军国主义者篡改、否定甚至美化日本侵略历史的行径在当今日本社会大行其道，当今日本正试图将其疯狂侵略他国的丑恶历史从其集体道德记忆中彻底移除。在如何对待侵略历史的问题上，德国和日本有着根本性的区别。由于在民族的集体道德记忆中深深地嵌入了侵略战争的不合道德性和巨大危害性，前者能够以史为鉴，并能够真诚地对其过去承担集体道德责任；由于没有在民族的集体道德记忆中深深嵌入侵略战争的不合道德性和巨大危害性，后者不能以史为鉴，也不愿对其过去承担集体道德责任。

第四章

道德记忆的复杂性和认知路径

　　道德记忆是一个极其复杂的世界。人类对记忆的复杂性缺乏认知，对道德记忆的复杂性的认知更是不足。人类具有道德记忆能力，但这并不意味着人类对自己的道德记忆思维活动有深刻的了解。实际情况通常是这样的：我们的道德记忆刻写了什么，或正在刻写什么，但我们并不知道自己为什么能够做到这一点。我们通常将自己拥有道德记忆能力的事态当成一个不证自明的事实，因此，很少对这种能力的来源、运行机制等问题进行深入思考。作为人类，我们已经发挥道德记忆能力几千年，但道德记忆对于我们来说至今仍然是一个神秘莫测的领域。作为人类记忆活动中的一个重要内容，道德记忆无疑具有记忆的一般特征，但也必定具有某些特殊特征。对这两个方面的探察涉及我们如何认知道德记忆的复杂性及其认知路径的问题。

一、人生经验与道德记忆

　　人类具有认知世界或事物的能力。这种能力是人类与其他动物相区别的一个重要方面。正如雅斯贝斯所说："人不仅生存着，而且知道自己生存着。他以充分的意识研究他的世界，并改变它以符合自己的目的。"[①] 人只要生存着，就会致力于认知自己置身于其中的世界或自己所遭遇的事物。与人类不同，存在世界中的其他动物并不具备认知世界或事物的能力，它们的生存

---

① 雅斯贝斯. 时代的精神状况. 王德峰, 译. 上海：上海译文出版社, 2008：导言 3.

状态受本能的支配或主导，因此，它们只能被动地适应世界或周围的事物。认知世界或事物的能力是人类特有的一种能力。

人类对世界或事物的认识，不仅以身体之外的一切为对象，而且以自身的身体和精神为对象。换言之，人类对世界或事物的认识并不排除对自身的认识。人类认识世界或事物的过程，既是一个"向外看"的过程，也是一个"向内看"的过程。向外看的时候，我们进入的是自己与外部世界的关系；向内看的时候，我们进入的是自己与内部世界的关系。我们的内部世界就是我们的内心世界，就是我们的心灵世界，就是我们的意识世界，就是我们的精神世界。

在试图认识世界或事物的时候，我们当中的绝大多数人首先倾向于采取经验主义方法。我们生存于世界之中，遭遇各种各样的事物，积累越来越丰富的生存经验，从而为我们认识世界或事物奠定了经验主义方法论基础。这一方法论基础一旦得以确立，我们就会借助于自己的生存或生活经验来审视世界或事物的存在状况。泰勒斯、赫拉克利特等古希腊自然哲学家看世界的方法就具有明显的经验主义特征。泰勒斯从观察水为生命之源的经验事实中提出了将水视为世界本原的思想。赫拉克利特则从观察事物皆有冷热之分的经验事实中提出了将火视为世界本原的思想。

什么是经验？它是感知，即感性知识；或者说，它是感觉，即通过感官接触世界或事物而形成的觉知。经验只能产生于人生阅历中，因此，它的产生需要时间。那些生活经验丰富的人往往是人生阅历丰富的人，而人生阅历只能在时间中积累而成。所谓人生阅历，就是人生经历。中国人对经验的认识和理解是非常深刻的，因而形成了"读万卷书，行万里路"的经典名言。在时间中经历人生，既意味着亲身经历，也意味着借鉴他人的人生经验；既是积累直接经验的过程，也是积累间接经验的过程。阅人无数，经事无数，人生才有经验。经验就是我们人类对一定的对象所形成的感知或感觉，它说明我们看到、听到、嗅到、体味到或触摸到某个对象的觉知状态。经验可以积累也可以传承，可以是个体的也可以是集体的，所以能够在人类中代代相传。

经验不一定可靠，但它是人类生存或生活必不可少的重要依据，因此，它的价值不容低估。现实中的很多人单凭经验就能成为成功人士，例如，缺乏理论素养的工匠完全可能借助于丰富的技术性经验而成为能工巧匠。正因为如此，尽管经验并不总是能够将我们引向真理，但我们总是对它抱持着一定的敬畏之心。尊重有经验的人自古以来被人类普遍视为一种美德，"经验之谈"也常常被人们作为真理来对待。

需要指出的是，经验是通过人类的记忆能力得到保存的。人类如果没有记忆能力，那么就不能将自己因为看到、听到、嗅到、体味到或触摸到某个对象而形成的感知或感觉保留下来，故而经验也就无从谈起。经验必须以记忆为基础，具有记忆能力，我们人类才拥有了经验。因此，我们可以通过"经验"这一概念来认识、理解和把握人类的记忆能力。从经验主义的角度看，记忆本质上是人类所能拥有的一种知觉或感觉。英国经验主义者休谟在界定"记忆"这一概念时，就明确地将它理解为一种知觉或感觉。他认为，一个印象出现在我们心中之后，完全可能作为观念复现于我们心中，并且能够保持与它初次出现时大体相当的活泼性。休谟将人类复现印象的这种官能称为记忆。[1]

道德经验是人类经验中的一个特殊领域。所谓道德经验，就是人类的道德生活经验，就是人类对自己的道德生活经历的感知或觉知。在道德生活中，人类所经历的道德认知、道德情感、道德意志、道德信念和道德行为都可能成为人类道德经验的内容。我们可能将自己或他人已有的道德认知、道德情感、道德意志、道德信念和道德行为等当成道德生活经验来加以认可与接受，并使之成为我们进一步推进道德生活的重要依据。

要认识、理解和把握道德经验，我们也需要求助于自己的感知或感觉能力。具体地说，我们需要借助于自己感知或感觉道德生活的能力。不过，道德生活不是具体的"物"，不具有可感知的物性，因此，我们不能像感知或感觉物那样去体会它的存在。可以确定的是，我们的道德生活是通过我们的道德认知、道德情感、道德意志、道德信念和道德行为的实在性来彰显其存在的实在性的，因此，我们仍然可以借助于自己的官能来认识、理解和把握它的存在。在道德生活中，我们能够对包括自己在内的人类的道德认知、道德情感、道德意志、道德信念和道德行为有所感知或感觉，即一些哲学家所

---

[1] 休谟. 人性论：上册. 关文运，译. 北京：商务印书馆，1997：20.

说的"道德感",并在此基础上形成越来越丰富的道德经验。

道德经验也必须建立在记忆基础之上。人类记忆的内容非常丰富,但并非所有的记忆内容都有资格充当道德经验的基础,因此,我们有必要将记忆区分为两种:一是与道德经验有关的记忆,二是与道德经验无关的记忆。前一种记忆就是我们所说的道德记忆。从经验主义的角度看,道德记忆是人类道德生活经历在人脑中复现的印象。我们在道德生活中经历了某种道德认知、道德情感、道德意志、道德信念和道德行为,并且在脑海里形成了某种印象,但这种印象并没有因为时间的推移而消失,而是在某个时间点又在我们的脑海里出现了,从而形成了我们特有的道德记忆。

以经验主义方法来认识、理解和把握道德记忆,就是运用经验归纳的方法来解释或说明我们自身的道德记忆能力。具体地说,我们可以借助于自身所具有的道德感,对自己或他人的道德生活经历进行观察,并在此基础上形成一个个具体的印象。但如果仅仅达到这种程度,那么我们对人类道德生活的印象就是分散的,甚至是杂乱的,因此,我们需要对它们形成一般性印象。一旦形成这种一般性印象,就不仅说明我们对道德生活形成了感知或感觉,而且为我们建构一般性道德记忆创造了条件。我们的道德记忆既可能是零散的,因而是杂乱的,也可能是一般性的,因而是系统化的。

在现实中,很多人就仅仅从经验主义层面来看待自己过去的道德生活经历。他们拥有道德记忆,但他们的道德记忆在很多时候表现为一个个具体的道德生活印象。他们拥有丰富的道德生活经历,那些经历通过他们的记忆能力得到了保存,并且一次又一次地再现,因而形成了一定的道德记忆。这样的道德记忆可能是杂乱无章的,但仍然能够成为人类推进道德生活的依据。如果一个人对这些杂乱无章的道德记忆进行系统化的处理,并且形成系统化的道德经验,那么他就能在道德记忆的基础上过上具有较高道德经验水平的道德生活。

人类道德生活需要道德经验的支撑,但由于道德经验并不总是可靠,所以人类如果仅仅依靠基于道德经验而形成的道德记忆来谋求道德生活,那么就难以过上理想的道德生活。基于道德经验而形成的道德记忆能够在多大程度上引导人类道德生活,这在很大程度上取决于人类所拥有的道德记忆在多大程度上达到了完善。上一代人留给下一代人的道德记忆不一定是完整的,我们在当下形成的道德记忆也可能以这样或那样的方式消失，因此，我们通过由道德经验建构的道德记忆所能获得的道德生活经验不可能满足我们过理想道德生活的所有要求。作为道德动物，我们人类不能满足于基于经验性道德记忆的道德生活水平。

二、理性反思与道德记忆

除了基于经验而过感性生活之外，人类还具有理性反思能力。理性反思是一种思辨能力。所谓思辨，是指缜密的思想构思、严密的逻辑建构和系统的理论推演。理想的思辨应该体现为思想的连贯性、逻辑的自洽性和理论的系统性。具体地说，思辨不仅要求思想者能够熟练地运用抽象概念进行思维，而且要求思想者建构经得起批判的思想体系、逻辑体系和理论体系。近代德国理性主义哲学家康德将思辨性视为理论哲学的根本特征，并称理论哲学为思辨哲学。

理性反思要求思想者摆脱经验主义思维方式，即摆脱一切从经验出发的思维方式。强调理性反思的哲学家认为，理性反思的最高境界是沉思。沉思不仅是纯粹的思维，而且是超越性思维。它使思维者暂时性地摆脱了一切经验的影响，甚至使思维者暂时性地超越了现实世界。在沉思境界中，思维者简直是外在于存在世界的存在者，他的思想达到了真正的自由，能够自由地驰骋或飞翔，并且能够带给思维者悠然自在的感觉。在理想化的理性反思中，思想的连贯性、逻辑的自洽性和理论的系统性实现了高度统一。这种状态只能见诸形而上学思维之中，因而只有少数哲学家能够达到。

理性反思具有批判性。它不是那种日常的、随意的思维，而是一种深刻的批判性思维。批判性思维的一个重要特征是它的辩证性。它不会将思维的对象作为一个静止的东西来对待，而是将其视为一个动态的对象。它也不会不加分析地坚持关于思维对象的成见，而是会基于怀疑的方法来重新确立真理。最重要的在于，它以体现思维的逻辑性、系统性和完整性为目的。在理性反思中，思维者对一切对象的思考都表现为一种批判性思索。

用理性反思的方式来认识、理解和把握道德记忆，必然要求我们超越经验主义思维，同时展现理性主义的形而上学思维。这意味着：

首先，我们应该看到经验主义方法的局限性。如果我们满足于用经验主义方法来认识、理解和把握道德记忆，那么我们就会寸步难行，因为我们当中的绝大多数人对自身的记忆思维活动了解甚少，对道德记忆的了解更是不足，只有专业的心理学家才真正了解人类记忆的奥秘。事实上，心理学家对道德记忆的认识、理解和把握也存在争议。弗洛伊德认为人类的潜意识中充满着记忆的内容，而荣格则喜欢将记忆的内容纳入"无意识"这一概念的框架内来加以解释。我们不得不承认，纵然我们希望运用经验主义方法来认识、理解和把握道德记忆，我们也将面对巨大的困难。我们如果不是心理学家，那么就难以探知道德记忆的奥秘。

我们如果坚持用经验主义方法来认识、理解和把握道德记忆，那么往往就只能获得有关道德记忆的碎片化经验。具体地说，我们会知道"我们记住了一个个涉及善恶价值认识、价值判断、价值定位和价值选择的道德生活经历"，但却难以对"我们为何能够记住那些经历""我们是如何记住那些经历的"之类的重要问题做出解答。用经验主义方法，我们能够将一堆堆道德生活经历堆积在自己的脑海里，但无法对它们进行合乎理性的分类和整合，因而呈现在我们面前的道德记忆是杂乱无章的。

其次，虽然我们难以从经验主义的角度对道德记忆形成清晰的认识、理解和把握，但是我们仍然凭借人生经验对道德记忆的实在性持有确定的信念。我们能够记住发生在自己或他人身上的善恶经历，并确信那些经历的真实性，这几乎是不证自明的事实。这一事实与"我们相信自己有记忆能力"的事实一样真实，因而是不容置疑的。

作为记忆思维活动的一种特殊表现形式，道德记忆是我们人类拥有道德生活的一个重要标志。我们之所以称自己为道德动物，在很大程度上是因为我们记得我们人类世世代代都过着道德生活。对于我们人类来说，道德身份具有传承性。我们的先辈一直过着实实在在的道德生活，并且给我们留下了丰富的道德记忆，这为我们坚持过道德生活提供了历史基础和依据。我们的道德记忆是实实在在的，因此，我们有理由相信自己应该延续先辈的道德生活方式。

最后，在充分认识道德记忆的实在性的基础上，我们可以对我们人类的道德记忆能力进行批判性考察。这意味着我们应该回答如下三个问题：

第一，道德记忆是我们人类普遍具有的一种能力吗？

人类喜欢以"道德人"自居。所谓"道德人"，就是具有道德本性的人，就是讲道德的人，就是具有道德生活能力的人。道德是人类基于自身的社会本性给自己提出的规范性要求。它既是外在的，也是内在的。外在的道德是社会对人类提出的道德规范要求，内在的道德是社会要求的道德在人类身上得到内化的结果。

拥有道德记忆是人类具有道德生活能力的重要表现。人类的道德生活能力表现在三个方面：一是能够记住过去的道德生活经历，二是能够在当下的道德语境中做出理性的选择，三是能够对未来的道德生活怀有乐观的期待。也就是说，具有道德生活能力的人类不仅能够在过去过道德生活，而且能够在现在和未来过道德生活。

作为道德动物，人类普遍有能力记住自己曾经拥有的道德生活经历。我们是通过道德记忆展露这种能力的。道德记忆是我们道德人格的重要内容。我们人类的道德生活总是从过去的道德生活经历延续而来。能够记住过去的道德生活经历，这表明我们拥有道德记忆能力。一个正常的人应该具有正常的道德记忆能力。如果一个人不能记住自己的道德生活经历，那么他就无法找到在当下和未来继续过道德生活的历史依据。

人类的道德记忆能力具有人际差异性，但这并不影响人类普遍具有道德记忆能力。我们的道德记忆能力是由我们的记忆能力决定的。只要具有记忆能力，我们就不可能将自己的道德生活经历排除在记忆之外，道德记忆能力的实在性就必须得到肯定。

可以根据人类的本性、人格和能力来确认人类的道德记忆能力。确认这一点，不仅有助于我们更深刻地认识、理解和把握道德记忆的实在性，而且有助于我们更全面地认识、理解和把握道德记忆的内涵、要义与存在价值。我们人类的道德生活是以道德记忆为前提和基础的。正如我们一直所强调的那样，人类之所以愿意一代又一代地坚持过道德生活，部分是因为我们的先辈一直过着道德生活，并且给我们留下了可资借鉴的道德记忆。

不过，我们也不得不承认，认识人类的道德记忆能力并非易事。既然经验主义方法并不总是有效，那么我们就必须求助于理性主义方法。

人类拥有两种眼睛：一种是肉眼，另一种是心眼。我们用肉眼看有形的东西，用心眼看无形的东西。无形的东西是隐藏于事物背后或我们心灵之中的东西，因而是肉眼无法把握的，只能通过心眼来探视。心眼即心灵之眼，即柏拉图所说的"灵魂之眼"。由于我们拥有这两种眼睛，所以我们才将存在世界区分为"有形的世界"和"无形的世界"，哲学里也才有了关于这两个世界的持久争论。

道德记忆具有记忆的一般特性。作为人类记忆思维活动的一种重要表现形式，道德记忆本质上属于意识形态的范围。这一事实一方面揭示了道德记忆的性质，另一方面也说明了我们认识、理解和把握道德记忆具有一定的困难。除非我们找到它作为一种意识形态而存在的内在规律性，否则，我们就难以知道它的存在状态。从这种意义上说，探析道德记忆的存在状态是必要的。

那些处于我们内在心理世界的东西都是无形的，因而我们只能借助于心眼来把握它们。作为一种记忆思维活动，道德记忆是隐藏于我们心理世界之中的东西，因此，它是无形的，并且具有难以捉摸的特性，但这绝不意味着我们无法探知它的奥秘。事实上，我们人类不仅具有道德记忆能力，而且具有审视道德记忆的能力。如果说道德心理具有实在性，那么道德记忆就应该被视为这种实在性的一个重要内容。在我们人类的道德心理活动中，道德记忆占据着不容忽视的重要地位。我们借助于自己的记忆能力，记住了我们曾经拥有的道德生活经历，从而使道德记忆的存在变得实实在在。

第二，如果道德记忆是我们人类普遍具有的一种能力，那么它是一种无限度的能力，还是一种有限度的能力？

与人类所能拥有的整体记忆能力一样，道德记忆能力在人类身上的发挥只能是这样一种情况：主体（人类）总是希望它是一种无限度的能力，能够帮助主体记住过去的一切道德生活经历，但由于主观或客观的原因，它只能帮助主体记住那些经历中的一部分内容，它有时甚至会有选择地进行遗忘，因为它的容量是有限的。

我们不得不承认，人类既是一种有记忆能力的动物，也是一种容易患健忘症或遗忘症的动物。正如美国记忆学专家丹尼尔·夏科特（Daniel L. Schacter）所说："记忆信息随着时间的流逝而开始遗忘。"[①] 健忘或遗忘是

---

① 丹尼尔·夏科特. 记忆的七宗罪. 李安龙，译. 北京：中国社会科学出版社，2003：20.

记忆的一个严重缺陷,"它每时每刻都在悄无声息地发生着:曾经鲜活的记忆随着新经历的到来而迅速褪色"①。德国哲学家艾宾浩斯对健忘或遗忘问题进行了深入的心理学研究,并提出了著名的"遗忘曲线"理论,认为人类的遗忘速度早期会很快,后期则会变慢。

健忘或遗忘现象的存在至少说明人类的记忆能力是有限度的。人类不可能记住自己经历的一切。作为记忆思维活动的一种特殊表现形式,道德记忆也是有限度的。人类过去的道德生活经历纷繁复杂,甚至杂乱无章,会随着时间的流逝而被遗忘。事实上,道德记忆还与主体的愿望、需要等主观因素有关。人类可能拥有非常丰富的道德生活经历,但并不一定希望将它们全部记住。我们可能更希望记住那些印象深刻的道德生活经历。那些给我们留下深刻印象的道德生活经历往往是重要的经历。至于那些无关紧要的道德生活经历,我们完全可能用遗忘或健忘的方式予以对待。

第三,如果道德记忆是一种有限度的能力,那么决定其限度的因素有哪些?

哪些因素能够决定道德记忆的限度?对该问题进行解答,对于我们认识、理解和把握道德记忆的理论意涵、存在价值等都是有价值的。

研究决定道德记忆的因素就是研究道德记忆的条件。显然,只要具备所需要的条件,道德记忆就会发生。如果不具备所需要的条件,那么道德记忆就不会发生。因此,只要能够确认那些决定道德记忆的因素,我们就能找到决定道德记忆限度的因素。

决定道德记忆的首要因素是人类的记忆能力。人类是道德记忆的主体。我们的记忆能力直接决定我们的道德记忆状况。医学家早就发现,人类的记忆能力是参差不齐的,有些人天生记忆能力较强,另一些人则天生记忆能力较差。如果我们天生具有较强的记忆能力,那么我们显然就更容易记住过去的道德生活经历。如果我们天生记忆能力较差,那么我们当然就更难记住过去的道德生活经历。我们中的一些人之所以记不住过去的某些道德生活经历,完全可能是因为他们根本就没有能力记住它们。相比之下,我们中的有些人之所以对某些道德生活经历念念不忘,完全可能是因为他们本身就具有

---

① 丹尼尔·夏科特. 记忆的七宗罪. 李安龙,译. 北京:中国社会科学出版社,2003:20.

很强的记忆能力。从这种意义上说，如果我们要具有很好的道德记忆，那么我们首先就必须具有较强的记忆能力。

道德记忆也受到主体之主观意向性的影响。我们能够记住哪些道德生活经历，这在一定程度上取决于我们试图记住它们的主观意向性。一般情况是，我们往往更愿意记住那些让我们愉快的道德生活经历，而不太愿意甚至不愿意记住那些让我们不愉快的道德生活经历。让我们愉快的道德生活经历往往是那些被我们自身或其他人予以道德肯定的经历。例如，我们曾经帮助过某个需要帮助的人，这种经历能够带给我们快乐，因而更容易被我们记住；相反，如果我们做了不道德的事情，那些事情本身是不愉快的，那么我们就倾向于淡化有关它们的记忆。有些让人不愉快的道德生活经历也可能永久地留在我们的道德记忆之中，但从我们自身的角度来看，我们并不希望记住它们，因为这样的记忆可能带给我们深深的痛苦。

另外，道德记忆还取决于对象留给我们的印象是否深刻。客观地说，凡是我们拥有的道德生活经历都会在我们的道德记忆世界留下印象，但不同的道德生活经历所留下的印象是有深浅之分的。有些道德生活经历对于我们来说无关紧要，因此，我们对它们的印象就不可能很深刻，我们对它们形成的道德记忆也不可能特别深刻。例如，我们某个时候在公交车上给某个老人让了座，我们如果觉得这只是举手之劳，那么就完全可能马上将它遗忘。然而，有些道德生活经历不仅给我们留下了深刻印象，而且让我们代代相传。例如，"司马光砸缸"的故事就是中华民族代代相传的道德故事。之所以如此，是因为它是中华民族见义勇为的典型事例，被中华民族一代代广为传颂，因而变成了中华民族经久不灭的道德记忆。

上述分析告诉我们，要强化人们的道德记忆，至少可以从三个主要方面用心、用功。其一，应该致力于增强人们的记忆能力，以拓展道德记忆的空间。其二，应该致力于改善人们的主观意向性。具体地说，应该致力于强化人们拓展道德记忆的主观愿望，以使人们通过主观努力提高道德记忆的品质。其三，应该致力于强化对象给主体留下的印象。道德记忆毕竟需要通过主体和对象的关系来建构，强化对象（道德生活经历）在主体脑海里留下的印象，显然有助于改善主体的道德记忆状况。

从理性主义的角度看，道德记忆不是一个仅仅凭借经验就能深刻把握的概念，它的理论意涵、发生机制等只有在系统的理论分析中才能得到揭示。理性主义方法有助于我们看到道德记忆在人类身上的普遍性，有助于我们看到人类在道德记忆能力上的局限性，有助于我们解决如何提高人类道德记忆能力的问题。在我们能够用理性分析的方法来解析道德记忆的时候，我们对它的探究就会变得更加深刻。

三、精神分析与道德记忆

提起"精神分析"这一概念，我们自然会想起弗洛伊德。在弗洛伊德看来，作为一种理论，精神分析的对象是人类的精神或心理生活。具体地说，精神分析旨在分析人类精神或心理生活的结构及功能。

弗洛伊德将人类的精神结构划分为三个部分，即本我、自我和超我。"本我"是人类精神中最古老的部分，它是遗传的，由本能构成，代表精神的最初表现形式。"自我"是本我的一部分经过特别的发展而在本我和外部世界的中间形成的心灵区域，它的核心任务是自我保全。一方面，它可以通过记忆外部刺激、逃避外部刺激、适应外部刺激或改造外部世界来协调"我"与外部世界的关系，以达到自我保全的目的。另一方面，它也可以通过内部协调的方式来实现自我保全的目的："通过取得对本能愿望的控制，通过决定是否允许本能愿望得到满足，通过延缓那种满足，直到外部世界中具备了有利时机实现，否则干脆抑制本能欲望的兴奋。"[①]"超我"是由"自我"分化出的一种精神力量，它是人类在童年时期依赖父母而生活的过程中从父母那里继承来的精神沉淀物，主要表现为类似于父母的人格特征、家庭传统、价值观念等。人类的精神或心理生活就是由本我、自我和超我三个部分相互联系、相互作用与相互影响而形成的一种结构。

弗洛伊德将人类个体视为一种生命有机体。本我的动力反映人类个体的先天需要；自我的职能是寻求最有利于自我保全或危险最小的方法以达到既能使本我的本能需要得到满足，又能使本能与外部世界的要求得到协调；超我的主要作用是对本我的需要进行限制。在弗洛伊德看来，人类个体的精神

---

① 弗洛伊德. 精神分析新论. 车文博, 主编. 北京：九州出版社, 2014：284.

力量源于本能。本能是什么？它体现着作用于人类心灵的肉体欲求。人类具有两种本能，即爱欲本能和破坏本能，前者的目标是"不断地建立更大的统一体，并极力地维护它们——简而言之，是亲和"，而后者的目标是"取消联结，故而带来毁灭"①。也就是说，爱欲本能推动人类个体融入各种各样的统一体，从而使自身变得生机勃勃；破坏本能则旨在推动人类个体发挥破坏作用，从而将勃勃生机变成无机状态。自我必须面对的问题就是如何使人类的本能欲望与外部世界联系起来。当超我形成的时候，人类个体的爱欲本能受到鼓励，而破坏本能则通常受到抑制。

与上述人类精神结构的三个部分相对应，人类具有三种精神品质，即意识、前意识和潜意识。所谓意识，就是哲学家通常所说的那种具有思维能力的意识；或者说，它是我们人类能够意识到的那种意识。前意识是那种处于潜伏状态但可以转换为意识的意识。潜意识是那种真正处于潜伏状态、不可能转换为意识的意识。潜意识与人类精神结构中的本我相对应，因此，本我的主要品质是潜意识性。

要了解本我，就必须深入探察人类的潜意识，而潜意识的材料是潜伏的，它们通常会通过梦的形式表现出来。什么是梦？在弗洛伊德看来，做梦就是在记忆。他说："组成梦的内容的所有材料都是以某种方式来自人的经历，又在梦中浮现或回忆起来，我认为这是不可否认的事实。"② 梦中记忆就是梦的材料。

梦中记忆包含道德记忆。弗洛伊德认为，人在梦中也有道德感；或者说，人的道德人格或道德本性在梦中仍然在发挥作用。他强调人的梦生活具有道德特征，认为与道德有关的梦其实就是在梦中再现过去的道德生活经历。与其他一些精神分析学家一样，他也强调："生活越纯洁，梦也就越纯净；生活越肮脏，梦也就越污秽。"③ 在弗洛伊德眼里，道德对人类生活的稽查作用无处不在，不可避免地会渗透到人类的梦境中。

显而易见，如果做梦是人类精神生活的一种重要表现形式，而梦中也包含道德记忆的内容，那么我们就可以通过释梦的方式来探寻道德记忆的奥

---

① 弗洛伊德. 精神分析新论. 车文博，主编. 北京：九州出版社，2014：286.
② 弗洛伊德. 释梦：上. 车文博，主编. 北京：九州出版社，2014：34.
③ 同②81.

秘。梦的世界是一个隐秘的世界。如果没有精神分析师对其进行深度分析，那么它们的内容就只有做梦者自己知道。不过，凡是有过做梦经历的人大都知道，就如同在日常生活中一样，我们人类在梦中也不会毫无顾忌地做不道德之事。纵然我们在梦中有做不道德之事的想法，我们也不仅会进行掩饰，而且会有羞耻感。如果能够释梦，那么我们就不难发现道德在梦中的稽查作用。

四、实验性研究与道德记忆

关于记忆能否用实验的方法进行验证的问题，心理学界存在争议。记忆是一种极其复杂的心理现象，对它的研究确实具有相当大的难度。如果要对它展开十分科学而细致的实验性研究，其难度更是不容低估。"在艾宾浩斯之前，没有人对它做过十分科学而精细的研究，更有当时的心理学泰斗冯特断言：记忆，是无法用实验的方法进行研究的。"[①]

艾宾浩斯是较早对记忆展开实验性研究的心理学家。他在关于记忆的实验性研究中发现，具有不同文化背景、知识储备和语言能力的人对记忆材料的记忆状况具有很大的差异。于是，他发明了一些无意义音节（如 lef，bok 等），然后将它们用作记忆材料，要求具有不同文化背景、知识储备和语言能力的人来识记它们。通过实验发现，在面对同样的记忆材料时，受试者诵读次数越多，他们的记忆越牢固，因此，记忆效率可以用受试者重复学习所节省的诵读次数或时间来衡量。一般来说，诵读次数越多，重复学习所节省的诵读次数或时间也越多，但如果超过一定的限度，增加诵读次数的效果则呈现出明显的递减趋势。因此，记忆需要重复学习，即复习，但复习也是有限度的，否则，记忆的效率就会下降。艾宾浩斯还在实验中发现，记忆与时间紧密相关，搁置的时间越长，遗忘越多。

英国心理学家弗雷德里克·C. 巴特莱特（Frederic C. Bartlett）是 20 世纪对记忆展开实验性研究的著名学者。他在《记忆：一个实验的与社会的心理学研究》（*Remembering：A Study in Experimental and Social Psychol-*

[①] 赫尔曼·艾宾浩斯. 记忆的奥秘. 王迪菲, 编译. 北京：北京理工大学出版社, 2013；中文译者序 3.

ogy）一书中明确指出："实验方法一旦引进，迟早会不可避免地应用于心理学研究的一切领域。"① 可见，他明确反对艾宾浩斯的记忆实验方法，认为后者发明无意义音节的做法脱离了实际。他聚焦于研究日常生活中的记忆，运用接近日常生活的图画和故事，采用"描述""重复再现""象形文字"等方法来研究记忆发生的过程，认为记忆不仅反映主体对"痕迹"的"重新兴奋"，更重要的是体现主体的主观建构能力。巴特莱特对记忆的实验研究主要是从社会心理学的角度展开的。他发现并强调了记忆主体在记忆过程中的能动性和创造性，并且发现了人类心理活动的整体性特征。

上述西方心理学家对"记忆"展开的实验性研究对我们探究道德记忆的奥秘无疑是有启发意义的。他们的研究成果至少推动了我们深入思考人类能否对道德记忆展开实验性研究的问题。

在我们看来，既然道德记忆是人类记忆思维活动的一种重要表现形式，那么我们就有理由相信对其展开实验性研究的可行性。艾宾浩斯、巴特莱特等心理学家的实验成果已经为这种信念提供了合理性基础。问题在于：我们如何将实验的方法引入道德记忆研究领域？道德记忆更多表现为一种社会心理，它会借助个体道德记忆和集体道德记忆的具体形式表现出来。对此进行实验性研究既是可能的，也是有意义的。一旦能够借助有效的实验来认知道德记忆，我们对它的认识、理解和把握就必将得到极大的深化。

---

① 弗雷德里克·C. 巴特莱特. 记忆：一个实验的与社会的心理学研究. 黎炜，译. 杭州：浙江教育出版社，1998：5.

第五章

道德记忆的存在形态和分类

　　道德记忆是作为记忆的一个组成部分而存在的，因此，它的存在形态是记忆。这不仅意指它最重要的功能是刻写和再现人类道德生活经历，而且意指它只能作为主观印象而存在。道德记忆具有实在性，但这是指它是一系列关于道德生活经历的实际印象。它以印象的形式存在，但这并不意味着所有的道德记忆具有完全相同的存在形态。对此，我们需要从不同的角度来审视和考察，然后在此基础上对道德记忆进行必要的分类。

一、基于主体区分的道德记忆分类

　　人类的存在具有二重性。一方面，我们作为人类个体即个人而存在，因为"全部人类历史的第一个前提无疑是有生命的个人的存在"[①]；另一方面，我们又作为社会人而存在，因为"人的本质不是单个人所固有的抽象物，在其现实性上，它是一切社会关系的总和"[②]。人类的个体性和社会性并不是截然分开的，而是同时并存于每一个人身上。处于社会状态中的人类总是同时以"个人"和"社会人"这两种主体身份来从事一切活动。

　　道德记忆是人类特有的一种思维活动。人类是自身道德生活的主体，也是自身道德记忆的主体。由于人类的存在具有二重性，所以道德记忆的主体

[①] 马克思恩格斯文集：第1卷. 北京：人民出版社，2009：519.
[②] 同①501.

必然有两种，即以个体身份存在的人和以社会人身份存在的人。前者的现实表现形式是个人；后者的现实表现形式是集体，集体是人类的社会性得以形成和彰显的直接现实。正是基于这种认识，我们将人类的道德记忆区分为个体道德记忆和集体道德记忆。

个体道德记忆主要是关于个人道德生活经历的记忆，它是在记忆的个体框架内发生的记忆。作为参与人类社会生活实践的现实主体，个人不仅对人类道德生活的方式和内容有最直接、最深入的体会，而且对它们有最广泛、最深刻的记忆。我们每一个人所经历过的道德生活都会以某种形式存留于自己的脑海里，并且会以各种各样的方式不停地再现，就仿佛一切正在眼前发生一样。这就是个体道德记忆展开的方式。

个体道德记忆与个人道德生活的过去相联系。由于不同的人具有不同的道德生活条件或背景，个人道德生活状况往往具有人际差异性，个人因此而建立起来的道德记忆就会不可避免地因人而异。如果一个人生活在道德状况良好的社会，耳濡目染的主要是人们向善、求善和行善的事实，那么他的道德记忆就往往更多地装载着美好、光明的东西。如果一个人生活在道德状况很差的社会，人们向恶、求恶和作恶的事情比比皆是，那么他的道德记忆就必然更多地承载着丑陋、阴暗的东西。

"存在着一个所谓的集体记忆和记忆的社会框架；从而，我们的个体思想将自身置于这些框架内，并汇入到能够进行回忆的记忆中去。"[①] 人类道德记忆不仅会通过"我"、"你"或"他"的个体性记忆活动来进行，而且会通过"我们"、"你们"或"他们"的集体性记忆活动来展开。集体道德记忆与个体道德记忆的主体是不同的：它的主体是一个由众多个人组成的集体，而不是某个人类个体，即个人。个体道德记忆是一个人的记忆活动，而集体道德记忆是众多的人以集体的方式展开的记忆活动。

集体道德记忆的根本特征在于它的集体性。个体道德记忆发生在人类个体（个人）的记忆活动中，因此，它具有个体性特征。个体道德记忆的发生与发展取决于个人道德记忆的意向性、目的性和能力状况，即在个体道德记忆的框架内，记忆的内容与方式均取决于个人记忆活动的意向性、目的性和

---

① 莫里斯·哈布瓦赫. 论集体记忆. 毕然，郭金华，译. 上海：上海人民出版社，2002：69.

能力状况。相比之下，集体道德记忆是在集体层面展开的，它展现的是一个集体性道德记忆框架，它的内容与方式取决于集体道德记忆的意向性、目的性和能力状况。

无论在个体层面展开还是在集体层面展开，人类道德记忆都和人类思维活动的意向性、目的性和能力密切相关。人类道德记忆的意向性是指它总是指向一定的对象，而它的目的性是指它总是体现主体的某种目的。人类进行道德记忆活动，不仅是为了通过回忆的方式使自己的道德生活经历在脑海里再现出来，而且是为了通过再现过去的道德生活经历为现在和未来的道德生活提供经验与教训。与其他的记忆思维活动一样，人类不可能仅仅出于回忆的目的而进行道德记忆活动。我们普遍懂得"以史为鉴"的道理。我们不仅不希望自己的道德生活经历被遗忘，而且希望从过去的道德生活经历中吸取有益的经验与教训。

个体道德记忆的意向性基于个人的需要、愿望、偏好和价值观念而形成。由于不同的人对道德生活的需要、愿望、偏好和价值观念不尽相同，所以个人记忆道德生活的意向性是有差别的。有些人可能更多地关注人类如何借助于仁爱美德来建构和谐的人际关系，所以他们的道德记忆主要是关于人类相互友爱、相互合作和相互帮助的记忆；有些人可能更多地关心如何借助于个人的公正美德来维护分配正义，所以他们的道德记忆主要是关于人类努力协调利己和利他的关系的记忆；有些人可能更多地注意不同道德文化背景对个人道德生活的影响，所以他们的道德记忆主要是关于道德文化比较的记忆。当然，个体道德记忆的核心内容是关于个人在人类道德生活中如何表现其所思所想和所作所为的记忆。个人对自身在人类道德生活中的所思所想和所作所为有最深刻的认识、理解和感受，因此，最容易将"亲自"经历的道德生活储存在自己的道德记忆之中。

人类集体也有道德记忆的意向性，它基于集体的需要、愿望、偏好和价值观念而形成。由于人类集体可以通过家庭、种族、宗教、组织、团体、军队、阶级、国家等多种形式表现出来，所以集体道德记忆的意向性必定具有多元性和复杂性。一个家庭的集体道德记忆的意向性显然不同于一个种族的集体道德记忆的意向性。一个军队的集体道德记忆的意向性显然不同于一个阶级的集体道德记忆的意向性。不同人类集体的道德要求是不同的，它们对集体道德记忆的要求也是不同的。例如,一个家庭的主要道德要求是家庭成员之间的和睦,因此,它的集体道德记忆侧重于反映家庭成员记忆它追求人际和睦的良好家风;一个种族的主要道德要求是种族成员之间的团结,因此,它的集体道德记忆侧重于反映种族成员记忆它崇尚内部团结的优良传统;一个教会的主要道德要求是信徒对神的虔诚,因此,它的集体道德记忆侧重于反映它的信徒忠诚于神的美好故事。当然,有道德理性的人类集体也注重借助于它们的集体道德记忆来反省它们违背道德要求的"过去"。

由于个体道德记忆和集体道德记忆均基于人类记忆思维活动的意向性而产生,所以人类道德记忆通常表现为一种选择性记忆活动。这主要指,在进行道德记忆思维活动的时候,人类个体和集体会对记忆的内容与方式做出基于自身的需要、愿望、偏好和价值观念的选择。有些个人或集体可能仅仅愿意记住自己乐于回忆的道德生活经历。一般来说,个人往往乐于牢记曾经做过的善事或好事,而对于曾经做过的恶事或坏事,则可能故意忘记。集体也一样。例如,在当今日本,很多右翼分子和军国主义者正试图通过否认、篡改甚至美化侵略历史等伎俩来推动日本民众"集体"地忘记日本在第二次世界大战中烧杀抢掠的丑恶历史,以将南京大屠杀等历史从其集体道德记忆中抹去。他们的根本目的是,将当今的日本民众推上"集体失忆"的轨道,使其集体道德记忆具有更多的道德合理性内容,从而为日本军国主义的复辟提供道德合理性辩护。对此,世界各国不能不予以高度警惕。

二、基于目的性区分的道德记忆分类

记忆包括三个基本环节,即"记"、"存"和"忆"。"记"就是人们通常所说的识记环节,它是人类展开记忆过程的开端,其主要功能是识别和记住一定的信息,并形成一定的印象。"忆"就是人们通常所说的回忆或回顾,它是人类展开记忆过程的终端,其主要功能是再现基于识记而形成的印象。"存"就是人们通常所说的存储,它是介于"记"和"忆"之间的中间环节,其主要功能是储存人类基于识记而形成的印象,并为人类回忆或回顾那些印象提供材料。一个完整的记忆过程必须由这三个环节整合而成。"记"是记忆的前提和基础,"存"是记忆的内在要求和必要条件,"忆"是记忆的结果或效果。三个环节相互联系,相互影响,环环相扣,相辅相成,都是构成记忆必不可少的要件。

上述分析告诉我们,记忆是一个复杂过程。它不仅涉及人类与自我、外界的关系,而且涉及记忆本身的发生机制。显而易见,只要不具备一个方面的条件,记忆过程就无法完成。我们不禁要问:人类为什么要记忆?对该问题的解答要求我们考虑人类展开记忆的目的性,即考虑人类在记忆时是否带着一定的目的。一般来说,人类的记忆有时是基于明确的目的而展开的,有时则是无目的的。基于这种认识,记忆可以区分为有意识的记忆和无意识的记忆。

有意识的记忆指有特定目的的记忆,它的展开就是为了完成既定的目的;或者说,有意识的记忆是在特定目的的支配下进行的。记忆明确的目的性决定了人类建构记忆的兴趣、态度和方式。由于具有明确的目的,人类的记忆往往表现为一个积极主动的编码过程。一方面,人类对"记忆什么"有深刻的认知和兴趣;另一方面,人类对"怎样记忆"也有积极的态度。"记忆什么",意指人类对记忆的内容有确定的认知;"怎样记忆",意指人类对记忆的方法有明确的选择。在学校的课堂教学中,教师通常要求学生运用有意识的记忆来听课,他们往往会设定明确的记忆目的,并提供明确的记忆方法。

无意识的记忆指没有特定目的的记忆,它的展开不是为了完成既定的目的,而是通过自然而然的方式完成的。具体地说,在无意识的记忆过程中,人类没有明确的目的,更不用在特定目的的支配下来完成记忆。在现实生活中,无意识的记忆是经常可见的。例如,有些人无意中听到别人说了某句话,之后就将那句话记住了。我们有时并没有带着明确的目的看电影或听音乐,但我们将其中的故事情结、对话、歌词、韵律等记住了。所有这些都属于无意识的记忆的范围。

人类的道德记忆也可以区分为有意识的道德记忆和无意识的道德记忆。前者指具有特定目的的道德记忆,后者指没有特定目的的道德记忆。人类对其道德生活经历的记忆有时是通过有意识的道德记忆获得的,有时是通过无意识的道德记忆获得的。

在人类社会中，人们的很多道德记忆是通过有意识的道德记忆建构的。这主要是通过系统化的道德教育来达到的。人类社会有普遍重视道德教育的传统。道德教育的一个重要内容就是要求人们向人类的道德记忆学习。人类的道德记忆中有大量道德原则、道德故事和道德真理，它们是当代人类向往、追求和践行道德的历史依据，因此，绝大多数社会都会对自己的成员进行系统化的道德教育。它们试图通过有目的的道德教育来推动人们建构有意识的道德记忆。

无意识的道德记忆在人类社会也很常见。人类向往、追求和践行道德的传统优势有时是通过无意识的方式变成人们的道德记忆的。例如，一个人可能有意拒绝接受他所在社会的道德文化传统，但他由于自出生之日起就一直生活在该社会的道德文化传统之中，所以就会不可避免地在无意之中受到它的深刻影响。我们不难想象，一个社会长期流传的道德原则、道德故事和道德真理很容易对生活于该社会之中的每一个人产生潜移默化的影响。

三、基于时间区分的道德记忆分类

"我们识记过的所有内容，如果顺其自然，随着时间的消逝都会被逐渐遗忘，这是众所周知的事实。"[①] 人类在时间中记忆，也在时间中遗忘。时间是人类记忆的一个必要条件，也是衡量记忆的一个重要标准。作为记忆的一种特殊形式，道德记忆无疑也必须在时间中展开，时间是限制人类道德记忆的一种必要的规定性。

心理学家往往以时间的长短为标准，将记忆区分为瞬时记忆、短时记忆和长时记忆。瞬时记忆指保持时间为 0.25～2 秒的记忆。在瞬时记忆中，外来信息仅仅在人们的记忆世界短暂保留，给人以稍纵即逝的感觉，故而它又被称为感觉记忆。由于时间短暂，瞬时记忆往往在人们不经意间发生、延续和结束。短时记忆是保持时间在 1 分钟之内的记忆。一些西方心理学实验研究表明，人们在记忆的时候，如果不允许复述，那么他们识记的内容在 18 秒后的正确率通常会下降到 10% 左右，大约在 1 分钟之内就会衰退或消失。

---

① 赫尔曼·艾宾浩斯. 记忆的奥秘. 王迪菲, 编译. 北京：北京理工大学出版社，2013：98.

正因为如此，有些人将短时记忆称为工作记忆。它是一种为当前工作服务的记忆，主要适合于满足人们在工作状态下短暂识记某些信息的现实需要。长时记忆是指保持时间超过1分钟的记忆。在长时记忆中，外来信息得到比较充分的加工和处理，因而能够在人脑中保持较长时间。一般来说，瞬时记忆和短时记忆的信息容量相对较小，而长时记忆的信息容量相对较大；关键是长时记忆所接受、存贮和加工的信息通常经过了复杂的意义编码，这是它能够延续较长时间的根源之所在。

人类道德记忆也可以依据时间的长短区分为瞬时道德记忆、短时道德记忆和长时道德记忆。人类的道德生活经历都是发生在时间中的经历，在时间上可长可短，给人类留下的道德记忆也有深浅之分。基于时间的长短对道德记忆进行分类，既有助于我们深入认识道德记忆与时间的紧密关联，也有助于我们深入把握道德记忆存在的特征和规律。

瞬时道德记忆是指那些在人类不经意间发生、给人类留下短暂印象的道德生活经历。在现实生活中，我们可能在某个特殊语境下突然在瞬间回想起自己在公交车上给某个老人让座的事情，但那种记忆仅仅在我们的脑海里一闪而过；我们也可能在某个特殊语境下触景生情，突然回想起自己在某个时候做过的恶事，但那种记忆也仅仅在我们的记忆世界里一划而过。瞬时道德记忆在我们的记忆世界里存留的时间很短暂，通常在不经意间发生，因而在很多时候并不会受到我们的重视。

短时道德记忆在人类生活中也有很多事例。有时候，我们会对自己的某个道德生活经历进行短时间的回忆。例如，我们曾经或许在一次过马路时搀扶过一个孕妇，或许为某个受到领导冤枉的同事做过辩护，或许资助过某个有经济困难的学生，等等，这些道德生活经历完全可能以道德记忆的方式再现于我们的脑海，但由于我们仅仅是偶然想起它们，所以我们只是在一定的语境下用1分钟左右的不长时间对它们进行了回忆。

长时道德记忆是那种延续时间超过1分钟、给人留下深刻印象、让人难以忘怀的道德记忆。在我们每一个人的生活中，总有一些道德生活经历让人经久难忘，甚至终生难忘。有些人将他们小时候听到的"司马光砸缸"的故事终生珍藏于脑海，有些人将"岳飞精忠报国"的光荣事迹铭刻于心，有些人对自己行过的善念念不忘，有些人对自己做过的恶事耿耿于怀，有些人将自己所在民族倡导的某个道德原则长期保留在自己的道德记忆之中,有些人经常将自己经历过的某次道德反思拿出来回忆。

人类的道德记忆是关于人类过去的道德生活经历的记忆。人类会用多长时间来回忆那些过去的道德生活经历,这取决于多种因素。过去的道德生活经历五花八门,它们给人类留下的印象深浅不一。因此,人类在回忆它们的时候会投入长短不等的时间。个人的性格因素也不容忽视。那些喜欢留恋过去的人进行道德记忆的时间可能会比较长,而那些喜欢关注现在和当下的人进行道德记忆的时间则可能会比较短。人们在回忆过去的道德生活经历时还可能受到现实语境的影响。有些人是在工作的过程中突然回想起了过去的某个道德生活经历。那个道德生活经历对于他来说很重要,他也希望用较长的时间来回忆它,但受到工作职责的限制,他只能用瞬时道德记忆的方式对那个道德生活经历进行短暂的回忆。受到某个突发事件的影响,一个人正在进行的长时道德记忆也完全可能被迫中断。

四、基于内容区分的道德记忆分类

人类道德生活的内容十分复杂,涉及道德认知、道德情感、道德意志、道德信念和道德行为。因此,如果说道德记忆是关于人类道德生活经历的记忆,那么它就应该涵盖人类道德生活经历的方方面面。有些道德记忆可能涉及人类道德生活经历的全部内容,有些道德记忆可能仅仅涉及人类道德生活经历的局部内容。基于这种认识,我们可以将人类的道德记忆区分为道德认知记忆、道德情感记忆、道德意志记忆、道德信念记忆和道德行为记忆。

道德认知是人类道德生活的首要内容。人类之所以愿意一代又一代地坚持过道德生活,其原因之一是人类对道德的内涵、特征、本质、功能、价值等有深刻的认知。道德认知是人类获取道德知识的必要手段,是人类对道德达到真理性认识的必经之地。人类自古以来一直在努力拓展有关道德的认知,并因此而形成了丰富多彩的伦理思想和理论。人类社会的伦理思想和理论日积月累,这是人类在道德认知方面不断提高和进步的集中表现。过去的道德认知是构成人类道德生活经历的一个重要内容,它们会作为人类道德记忆的组成部分而代代相传。

人类道德生活的另一个重要内容是道德情感。道德情感是人类对待道德这种社会规范的态度，它是通过人类对道德规范的兴趣、感受等表现出来的。人类普遍具有道德情感，但不同的人所具有的道德情感是不同的。那些具有道德情感的人会以服从道德规范的要求为荣，并能够从中获得快乐；而那些没有道德情感的人则会以服从道德规范的要求为耻，并从中仅仅获得痛苦。人类在道德生活中往往会经历快乐或痛苦的情感，并且形成快乐或痛苦的道德记忆。对于有些人来说，过去的道德生活经历是快乐的回忆；而对于另一些人来说，过去的道德生活经历则可能是痛苦的回忆。道德记忆能够记载与再现人类过去的道德生活经历带给人类的快乐和痛苦。

对于人类来说，过道德生活是一个意志抉择问题。道德要求人们能够站在他人或社会的角度看待问题，特别是看待个人与他人、个人与集体的关系问题，有时甚至要求人们做出利益上的牺牲。因此，道德生活考验人们的意志。只有那些意志坚强的人才能勇敢地面对来自道德的考验和挑战。意志薄弱的人往往在面对道德考验和挑战时显得犹豫不决，甚至懦弱无能。道德意志反映人类在被要求服从道德要求时的意志力状况，反映人类的道德勇气状况。在人类社会发展史上，不乏为讲道德而勇往直前的人，也不乏在道德面前畏缩不前的人，这些都会作为人类道德记忆的内容而留存。

道德信念是人类对道德的实在性和真理性所持的信念。有道德信念的人相信道德的实在性，并相信道德真理的存在。没有道德信念的人怀疑，甚至否定道德的实在性和道德真理的存在。道德信念是人类愿意过道德生活的一种强大精神力量。那些拥有道德信念的人容易向往、追求和践行道德，而那些没有道德信念的人则难以向往、追求和践行道德。道德记忆中的很多内容是关于人类道德信念状况的。例如，由于坚信日本在第二次世界大战期间侵略他国是合乎道德的行为，当今日本的很多右翼分子和军国主义者总是试图为日本在第二次世界大战期间对人类犯下的滔天罪行进行道德辩护。

人类道德生活最终必须落实到人的行为上。道德行为是人类用实际行动落实其道德认知、道德情感、道德意志和道德信念的表现，是人类道德生活的落脚点，是人类道德生活得以完成的标志。正因为如此，拥有良好道德文化传统的社会都会强调道德行为的重要性，都会要求人们用实际的道德行为来证明他们向往、追求和践行道德的真诚性。在人类社会发展史上，有很多言行合一的道德故事，也有很多言行不一的道德故事，并且作为人类道德记忆的内容而在人类社会传播。

从内容方面来看，人类道德生活具有不容忽视的复杂性。人类既可能分别对自己过去的道德认知经历、道德情感经历、道德意志经历、道德信念经历和道德行为经历形成道德记忆，也可能对所有这些道德生活经历形成综合的道德记忆。道德记忆能够让我们看到人类道德生活内容的复杂性。道德记忆是映照人类道德生活内容的一面镜子。凡是人类经历的道德生活内容，都可能成为道德记忆的内容。人类经历的道德生活内容不可能被历史尘封，而是会在人类道德记忆的映照下一次又一次地再现。从这种意义上说，当今日本的很多右翼分子和军国主义者试图抹杀日本在第二次世界大战期间所犯下的滔天罪行永无成功的可能，因为它们早已作为人类道德记忆的内容而存在。这样的道德记忆是不容许任何人以任何方式予以随意否定的。

五、基于存在特征区分的道德记忆分类

在心理学研究中，有些心理学家根据人类记忆的存在状态将记忆区分为内隐记忆和外显记忆。所谓内隐记忆，是指"在不需要意识或有意回忆的情况下，个体的经验自动对当前任务产生影响而表现出来的记忆"；所谓外显记忆，是指"当个体需要有意识地或主动地收集某些经验用以完成当前任务时所表现出来的记忆"[①]。外显记忆可能是人们比较容易理解的一个概念，它表现的是这样一种记忆状态：在个体需要记忆某个东西的时候，记忆的内容或对象就好像存在于个体的意识之中一样，个体可以知觉到它的存在，并且能够调动它。相比之下，理解内隐记忆就比较困难。或许我们可以这样来描述它的存在：在我们有意识地回忆某个东西的时候，我们根本无法从自己的意识中知觉到一个记忆对象的存在，但这并不意味着它真的不存在，而是仅仅意指它存在于我们的潜意识或无意识之中；它只会通过梦等特殊形式来

---

① 杨治良，郭力平，王沛，等. 记忆心理学：第 2 版. 上海：华东师范大学出版社，1999：203.

显示自身的存在。正因为如此，德国心理学家艾宾浩斯说："已经消逝的心理状态，虽然它们自己完全无法回到意识中来，或至少在一定的时间内无法回来，但我们还是可以找到确凿的证据，证明这些心理状态仍然是存在的。"[1] 内隐记忆就是这样的心理状态。

根据心理学家对内隐记忆和外显记忆的区分，我们可以将道德记忆划分为两类，即内隐道德记忆和外显道德记忆。内隐道德记忆是隐藏于我们的潜意识或无意识之中的道德记忆；相比较而言，外显道德记忆是存在于我们的意识之中的道德记忆。我们每一个人都有非常丰富的道德生活经历，也都有非常复杂的道德记忆，但并非所有的道德记忆都具有外显性。有些道德记忆仅仅以隐秘的方式存在于我们心理世界的潜意识或无意识之中。

要理解内隐道德记忆，我们可以参照弗洛伊德的精神分析学理论。弗洛伊德曾经指出："组成梦的内容的所有材料都是以某种方式来自人的经历，又在梦中浮现或回忆起来，我认为这是不可否认的事实。"[2] 弗洛伊德认为梦具有记忆功能。他相信，梦是以现实为依托而形成的一种记忆形式，梦现象可以被还原为记忆现象，因为它"可以根据本身的需要拥有那些白天根本不进入记忆的内容"[3]。通过梦的形式表现的记忆是内隐性的记忆，因为"梦可以给知识或记忆提供根据，而这些知识或记忆在清醒时我们却没意识到它［们］的存在"[4]。他尤其强调，人类所做的很多梦是对童年生活经历的复现。

对于我们来说，梦无疑既是一种熟悉的现象，也是一种神秘的现象。一方面，我们几乎每一个人都有做梦的经历，因此，梦对于我们来说并不陌生；另一方面，我们所做的许多梦都是神秘莫测的，其中很多内容都是难以解释的。尤其令我们费解的是，我们在梦中也有强烈的道德感。道德不仅在我们的现实生活中发挥作用，而且在梦中支配着我们。因此，我们即使处于私密的梦中，也必须做遵循道德的人。弗洛伊德等心理学家坚信，人的道德本性在梦中依然存在。因此，一个人的生活越纯洁，他的梦就越纯洁；一个

---

[1] 赫尔曼·艾宾浩斯. 记忆的奥秘. 王迪菲, 编译. 北京：北京理工大学出版社, 2013：4.
[2] 弗洛伊德. 释梦：上. 车文博, 主编. 北京：九州出版社, 2014：34.
[3] 同[2]35.
[4] 同[2]37.

人的生活越肮脏，他的梦就越肮脏。①

做梦就是在记忆。在借助于梦的形式进行记忆时，我们的梦常常包含一些与道德有关的内容。我们在现实中的道德生活经历完全可能进入我们的梦中，即我们的梦记忆中。在梦中，那些隐藏于我们潜意识之中的道德记忆完全可能以令我们费解的意象的形式呈现出来。通过梦的形式展现的道德记忆也是关于我们过去道德生活经历的记忆。我们在童年时期行的善或作的恶可能不再作为外显道德记忆而存在，但它们完全可能作为内隐道德记忆而存在，并且在适当的时候通过梦的形式得到再现。

外显道德记忆是包括常人在内的所有人都容易理解的记忆，而内隐道德记忆则恐怕只有心理学家或至少具有心理学知识的人才能理解。对这两种道德记忆进行区分的意义在于，它能够让我们看到道德记忆在存在形态方面的复杂性。我们很多人在审视和分析道德记忆的时候，可能仅仅看到外显道德记忆的实在性，而我们一旦获得一些心理学知识，就会懂得这样一个事实，即道德记忆也可能以隐性的方式存在。以这种方式存在的道德记忆就是我们很多人并不熟悉的内隐道德记忆。

六、基于存在性质区分的道德记忆分类

人类在很早以前就发现了自身记忆能力的有限性，并想方设法提高自己的记忆能力。可以想象的是，有些人的记忆能力相对较强，有些人的记忆能力则相对较弱；记忆能力相对较强的人到了一定年龄之后会出现记忆力衰退的现象，而记忆能力相对较弱的人通过勤用脑、多复习等方法也可以使自己的记忆力得到提高。然而，无论如何想方设法，人类的自然生命所蕴藏的记忆能力都是有限的。每个人的生命都是有限的，有限的生命不可能催生无限的记忆力；如果没有一定的辅助手段来保留人类记忆世界的内容，那么曾经进入人类记忆世界的一切就必定会随着人类生命之灯的熄灭而灰飞烟灭。这无疑是人类生存的事实，也是人类在生存过程中不得不着力解决的一个难题。作为存在世界中唯一有理性认识、判断和选择能力的存在者，人类不可

---

① 弗洛伊德. 释梦：上. 车文博，主编. 北京：九州出版社，2014：81.

能满足于每一代人都必须重新开始的生存状态,一定会千方百计将自己已有的生存经历变成可以代代相传的记忆。这样做既可以给后人的生存提供可以借鉴的经验和教训,也可以降低人类生存的成本。

上述分析说明,我们可以根据人类记忆存在的根本性质将记忆区分为自然记忆和人工记忆。自然记忆是人类的自然生命所具有的记忆能力。人工记忆不是人类自然生命所具有的记忆能力,而是人类借助于外物而表现出来的记忆能力。原始社会的人类有结草为记的做法。发明文字以后,借助于文字来记忆人类生活经历是人类拓展记忆的惯常做法。尤其在发明造纸术之后,人类借助于文字来拓展记忆就变得更加便利。时至今日,人类借助于外物来拓展记忆的方法更是达到了让人类自身感到惊奇的地步。计算机、智能手机等现代科技产品的出现,不仅使人类拓展记忆的方法变得更加灵活,而且使人工记忆在人类生活中变得至关重要。在当今社会,记忆平均化趋势日益明显。由于计算机、智能手机等现代科技产品的介入,自然记忆能力相对较强的人和自然记忆能力相对较弱的人在记忆能力方面的差距正在不断缩小。

用区分自然记忆和人工记忆的做法来对道德记忆进行分类也是行得通的。拥有自然生命的人类无疑是道德记忆的常见主体,但同样毋庸置疑的是,人类具有的自然道德记忆能力是有限的。人类发现自身的自然道德记忆能力是有限的,就必定会发展自己的人工道德记忆能力。这就为人类拥有人工道德记忆提供了机会,道德记忆也因此而有了自然道德记忆和人工道德记忆的区分。

人工道德记忆是人类借助于外物来表现的道德记忆。人类借助于外物来彰显其道德记忆的方式多种多样,常见的有:

一是建筑。建筑是人类传承道德文化的一种重要载体,也是人类延伸其道德记忆的一种重要手段。通过修建纪念馆、历史博物馆、自然博物馆、教堂、祠堂等建筑物以及给这些建筑物配置绘画、书法、雕像、牌匾等装饰物,人类能够保留一些关于过去道德生活经历的道德记忆。

二是书籍。书籍是人类传承思想、知识和理论的一种有效方式。在电脑、手机等现代科技产品出现之前,书籍是人类建构人工道德记忆的最重要的手段。人类社会发展史上出现的道德人物、道德故事等一旦进入书籍,就可以在人类社会代代相传。

三是音像。电影、唱片等音像产品也是人类传承道德记忆的一种常用工具。电影是人类喜闻乐见的一种娱乐方式，也是人类传承道德记忆的一种重要方式。一部电影可以再现历史上的道德人物和道德故事，也可以记载当下的道德人物和道德故事。一个道德人物或道德故事一旦被拍成电影，就可以在人类社会长久流传。

四是电视。在当今世界，电视已经成为每家每户必不可少的家电设备。它不仅可以给人们提供大量的最新资讯，而且能够通过播放文艺节目、公益广告、影视作品等方式传承人类的道德记忆。人们通过电视既可以了解人类过去的道德生活经历，也可以了解人类当下的道德生活状况。在当今世界，电视播放的所有节目在录制之后都可以长久保存，这就为电视成为人类延伸其道德记忆的方式创造了条件。

五是网络。网络对人类的影响与日俱增。很多人每天都要与网络打交道，他们通过网络了解世界发展动态，进行人际交往和交流，开展国际贸易，发表自己的观点，等等。总之，网络在人类生活和工作中的地位越来越重要。在当今世界，不懂网络的人会被视为落后于时代的人。正因为如此，如何利用网络平台来传承人类道德记忆就成为一个时代课题。

记忆自古以来一直是人类关注和研究的一个重要论题，特别是进入现当代之后，随着精神分析学的兴起，有关记忆的研究更是引人注目。然而，我们也不得不承认，人类在研究记忆方面所取得的理论成果迄今为止还存在很多不确定性。正如艾宾浩斯所说："由于我们关于记忆、复现和联想的过程的知识很不确切，很不具体，现代的关于这些过程的理论对于适当地了解这些过程也就很少有价值。"[①] 人类对记忆展开的研究至今还有很大的拓展空间。

借助于外物来拓展人类道德记忆的空间非常广阔。从长远来看，由于人类的自然道德记忆能力总是有限的，所以借助于外物来传承人类道德记忆的方法将变得越来越重要。在当今世界，人类对外在科技手段的依赖越来越严重，人类依靠外物来传承道德记忆的意愿也越来越强烈。

---

① 赫尔曼·艾宾浩斯. 记忆. 曹日昌，译. 北京：北京大学出版社，2014：1.

七、基于道德类型区分的道德记忆分类

道德记忆是关于人类道德生活经历的记忆。人类道德生活经历首先表现为人类对道德的认知。道德是一种复杂的社会现象,但纵观人类道德生活发展史,我们人类所能拥有的道德无外乎两种:一是人际道德,二是生态道德。前者将道德主要归结为一种能够有效规约人际关系的非强制性社会规范,而后者将道德主要归结为一种能够有效规约人与自然之关系的非强制性社会规范。这种区分并不意味着人际道德与生态道德截然不同,但它为我们认识、理解和把握道德的结构体系、适用范围、功能、实践路径等提供了一条路径。

要研究道德记忆的分类问题,我们也不能不考虑道德的类型划分。既然道德可以区分为人际道德和生态道德,那么我们当然就可以将道德记忆区分为人际道德记忆和生态道德记忆。当然,这种区分并不意味着我们要将人际道德记忆和生态道德记忆视为截然不同的东西,但它能够推动我们更深刻地认识、理解和把握道德记忆的内涵。

人际道德记忆是关于人际道德生活经历的记忆。生活于社会中的人类必须以个体的形式存在,但这并不意味着人类是"孤立的个体"。我们既与熟人打交道,也与陌生人打交道。在与人打交道时,我们不仅相互交往、相互交流,而且共同遵守社会约定俗成的行为原则和规范,其中居于基础地位的是道德原则和规范。我们在一定的道德原则和规范的支配下生活,既在彼此之间建立了比较稳固的人际道德关系,也为社会建立了必要的人际道德秩序。在人类社会,每一代人都拥有自己的人际道德。当上一代人将他们所拥有的人际道德刻写进其道德记忆,并将它们传给后代人时,人际道德记忆就应运而生了。

生态道德记忆是关于生态道德生活经历的记忆。人类不仅彼此打交道,而且与自然环境打交道。自然环境是人类的生命支持系统,为人类提供原始的资源供应。人类在自然环境中生存、发展,与自然环境命运与共、同生共荣。在自然界,人类只能以"自然之子"的身份存在,而且必须给予自然充分的尊重、热爱和保护。生态道德就是基于人类尊重、热爱和保护自然的思

想观念与行为方式而产生的。不同时代的人类对待自然环境的道德态度不尽相同，所以因此而形成的生态道德具有历史性和时代性特征，但每个时代的人类都或多或少地在倡导和弘扬某种形式的生态道德，并且都会将自己的生态道德生活经历刻写成生态道德记忆。

  人类的存在具有社会性，也具有自然性。在作为社会性动物存在的时候，人类拥有人际道德和人际道德记忆。在作为自然性动物存在的时候，人类拥有生态道德和生态道德记忆。人际道德记忆是人类坚持不懈地弘扬人际道德的历史合法性和合理性的资源，而生态道德记忆是人类坚持不懈地弘扬生态道德的历史合法性和合理性的资源。

第六章

道德记忆的主要特征

我们在把道德记忆视为记忆的一个特殊领域时，就必须对这两个相关概念进行必要的区别。道德记忆既具有特殊性特征，也具有一般性特征。一方面，它在人类记忆世界中具有相对的独立性，并且与各种非道德记忆形态相区别；另一方面，它并没有脱离人类记忆世界而成为一种完全独立的记忆形态，故而具有记忆的一般性特征。

一、探察道德记忆特征的必要性

人类善于用概念思维。建构概念是人类思维的起点，也是人类拥有理念的起点。概念是帮助人类思维的工具。人类用概念指称事物，不仅使事物具有名称，而且使事物具有意义。在人类诞生之前，世界是无概念的世界，既无名，也无意义；在人类出现之后，世界才逐渐变成一个有名、有意义的世界。概念是人类生活的基本条件，也是人类生活必不可少的基本内容。人类生活在概念之中。

人类社会从古至今涌现了一批又一批伦理学家。不同的伦理学家所建构的伦理思想和理论不尽相同，但他们在有一点上是殊途同归的：他们都试图证明道德现象是社会现象中相对独立的一种现象；或者说，他们都试图证明道德生活是人类生活领域中相对独立的一个领域。他们将"道德现象"或"道德生活"从人类社会现象或社会生活中抽离出来，对其展开了深入系的研究，并建构了各种各样的伦理思想和理论体系。

提出"道德记忆"这一概念是必要的，也是有意义的。在人类发明的各个学科领域，人们都会基于一些总概念而建构一系列子概念。例如，在"思维"这一总概念之下，哲学家普遍倾向于提出与使用"理性思维"和"感性思维"这两个子概念。在"记忆"这一总概念的框架内，人们至少可以提出两个子概念，即"道德记忆"和"非道德记忆"。前者指与道德相关的记忆，后者指与道德无关的记忆。

人类是追求和讲究秩序的存在者。人类喜欢将自己置身于其中的外部世界清理得井然有序，也喜欢将自己的内在心理世界梳理得井井有条。作为记忆动物，人类具有很强的记忆能力。这意味着人类能够记住很多东西，但如果不对自己记住的东西进行分类，那么人类所能得到的就一定是一个混乱不堪的记忆世界。我们可以从多种多样的角度来梳理自己的记忆世界。将我们的记忆世界区分为"道德记忆"和"非道德记忆"这两个维度，有助于梳理甚至建构记忆世界的秩序。

在将"道德记忆"作为一个概念提出的时候，我们就不仅不能将它与一般意义上的"记忆"概念混为一谈，而且必须深入发掘和揭示它的独特性。探察道德记忆的一般性和特殊性特征，是我们深入系统地认识、理解和把握"道德记忆"这一概念的内涵与要义所必须经历的一个重要环节。

二、道德记忆的一般性特征

记忆是道德记忆的根；或者说，道德记忆是在记忆之根上长出的一根树枝。无论多么茂盛，它永远都只是记忆的一种表现形式。它不可避免地具有人类记忆思维的一般性特征。具有一般性特征的道德记忆可以在人类解释记忆的一般框架之内得到解析。

1. 道德记忆具有意向性

"意向性"是西方哲学中的一个常见概念。探讨意向性问题甚至是胡塞尔现象学的首要主题。在胡塞尔看来，"意向性"是主体在"我思"的时候"对某物的意识"[1]。也就是说，它是"我思"的一种特性，它说明主体在思

---

[1] 胡塞尔. 纯粹现象学通论. 李幼蒸，译. 北京：商务印书馆，1996：210.

维的时候总是针对一定的对象——这样的对象可能是某个物体，可能是某种事态，也可能是别的东西。人类主体在思维的时候一定在意识着某个对象，那个对象也一定被主体意识着。显然，"意向性"是指人类意识活动呈现对象的能力，它是主体和客体达到融合的有效途径。

意识或思维的意向性不同于意识或思维的目的性。前者说明人类的意识或思维活动总是针对某个特定的对象，而后者说明人类意识或思维活动总是具有某个特定的目标。更进一步说，前者照亮人类意识活动的对象世界，并建立主体和客体之间的联系；后者澄明人类意识活动的目标指向，并成就人类意识活动的终极效果。意向性是一个说明主体-客体关系的概念，而目的性是一个说明人类意识活动的目标性的概念。

记忆是人类思维活动的一种重要表现形式，因此，它不可避免地具有意向性特征。正如胡塞尔所说，每一种记忆思维活动都有某种被记忆之物存在。① 在人类的记忆思维活动中，总有某个或某些对象被记忆；人类的记忆总是关于一定对象的记忆。何谓人类记忆的对象？它是通过人类的各种生活经历来表征的。人类的生活经历很复杂，但可以被归纳为生活认知、生活情感、生活意志、生活信念和生活行为这五个维度。人类记忆的对象要么是关于这五个维度的局部记忆，要么是关于它们的整体记忆。

作为人类记忆的一个重要内容，道德记忆必然具有意向性特征。它的对象是人类的道德生活经历。道德生活经历是人类生活经历的基本内容，它也有五个维度，即道德生活认知、道德生活情感、道德生活意志、道德生活信念和道德生活行为。人类道德记忆要么是关于这五个维度的局部记忆，要么是关于它们的整体记忆。

局部道德记忆是人类对其道德生活经历的某一个维度形成的记忆。这种道德记忆仅仅是对人类道德生活经历的部分记忆，因此，它展现的是人类道德生活经历的局部画面，而不是人类道德生活经历的整体画面。

局部道德记忆可能是关于人类道德生活认知的记忆。人类道德生活建立在道德理性的基础之上。道德理性既是一种实践理性，也是一种理论理性。作为一种理论理性，道德理性是一种反思能力，它说明人类能够在一定的理

---

① 胡塞尔. 纯粹现象学通论. 李幼蒸，译. 北京：商务印书馆，1996：224.

论高度上认识、理解和把握道德生活的真谛。人类对道德生活的认知既可能是一个经验归纳的过程，也可能是一个演绎推理的过程，它的现实表现是人类能够借助于具体的概念、判断、命题、理论等来表达自己对道德生活的认识、理解和把握。这种认知活动给人类提供两种道德知识，即感性道德知识和理性道德知识。人类对其道德生活认知的记忆就是关于这两种道德知识的记忆。

局部道德记忆可能是关于人类道德生活情感的记忆。人类道德生活涉及人类的道德情感状况。所谓道德情感，是指人类对待道德或道德生活的情感态度。人类要么热爱道德或道德生活，要么憎恨道德或道德生活，要么对道德或道德生活采取一种超然的价值中立态度，这些事实映照的就是人类的道德情感状况。在人类的道德生活经历中，人类对待道德或道德生活的情感态度不仅占据着不容忽视的重要地位，而且是人类局部道德记忆的重要对象。人类道德记忆的对象有时就是人类对道德或道德生活的爱恨情感。

局部道德记忆可能是关于人类道德生活意志的记忆。道德生活时刻考验着人类的意志力。道德意志坚强的人能够勇敢地维护道德的尊严，并且敢于跨越道德生活的障碍和困难；道德意志薄弱的人不敢维护道德的尊严，在道德生活的障碍和困难面前畏缩不前。人类道德生活经历有时是通过人类的道德意志力状况来体现的。人类在道德生活中的勇敢表现或懦弱表现会在人类的道德记忆中留下印记，并且可能成为人类局部道德记忆的对象。

局部道德记忆可能是关于人类道德生活信念的记忆。人类的道德生活信念就是人类的道德信念。从道德信念的角度看，人类可以区分出道德实在论者、非道德实在论者和道德虚无主义者。道德实在论者把道德看成人类社会中的一种实在力量，认为道德事实是客观存在的，强调道德真理能够有效地引导人类的行为。非道德实在论者仅仅将道德看成一种主观性事实，认为道德只能以相对真理的形式来影响人类的行为。道德虚无主义者则从根本上否认道德事实和道德真理的存在。人类的道德记忆有时反映的是人类相信或者不相信道德实在性的事实。

局部道德记忆可能是关于人类道德行为的记忆。人类道德生活的落脚点是道德行为。道德行为是人类道德生活的侧重点，也是人类道德生活经历的关键之所在。一个人在道德生活中实际做了什么，这不仅说明他能或者不能将他的道德生活认知、道德生活情感、道德生活意志和道德生活信念转化为实际行动，而且会在他的道德记忆中留下最深刻的印象。在道德生活中，一个人用实际行动完成了什么，这既可能让他感到光荣或羞耻，也可能是他常常回忆的内容。道德行为常常成为人类局部道德记忆的对象。

拥有局部道德记忆是人类进行道德记忆思维的常见形式。对于绝大多数人来说，道德生活是碎片化的、零碎的。这并不意味着道德生活本质上是这种状态，而仅仅意味着道德生活因为难以得到绝大多数人的整体性反思而"显得"碎片化、零碎化。现实中的绝大多数人仅仅作为普通人而存在，他们不得不花费大部分时间来谋求生计，能够进行理性反思的时间微乎其微。在忙于生计的现实生活中，他们只能在闲暇时对他们的道德生活经历进行零零碎碎的局部性回忆。

当然，人类也可能对自己的道德生活经历形成整体性道德记忆。这是指，人类可能对自己的道德生活认知、道德生活情感、道德生活意志、道德生活信念和道德生活行为形成整体的道德记忆。这种道德记忆实质上是一种道德生活史记忆，反映的是人类对其道德生活经历的全景式记忆。这种道德记忆可能是一个人对其道德生活进行的阶段性回忆或回顾，也可能是一个人对其道德生活进行的总结性回忆或回顾。对于个人来说，前一种整体道德记忆可能发生在他人生的某个年龄点，后一种整体道德记忆只能发生在他临终前。然而，无论以何种形式出现，整体道德记忆都是一种全景式道德记忆扫描。

人类的现实存在具有个体性。作为个体而存在的人类既是一个生命实体，也是一个精神实体。他的生命实体和精神实体融为一体，相互依存，相互制约。个人生命实体存在的前提是必须具备正常的思维能力。虽然个人的思维是由他的生命实体决定的，但它是澄明生命的力量。如果没有思维对生命的澄明，那么个人的存在就必定陷入黑暗之中。正因为如此，笛卡尔提出了"我思故我在"的命题。

笛卡尔所说的思维是人类个体（个人）拥有的一种属性。笛卡尔并不否认人类个体的生命实体，他只是特别重视思维（精神）在个人生命实存中的重要性。他强调："思维是属于我的一个属性，只有它不能跟我分开。"[①] 在

---

① 笛卡尔. 第一哲学沉思集. 庞景仁，译. 北京：商务印书馆，2017：28.

笛卡尔看来，思维意味着个人"在怀疑，在领会，在肯定，在否定，在愿意，在不愿意，也在想象，在感觉"①，因此，它是一种能够澄明个人生命实存的东西。思维在笛卡尔的哲学中是通过"我思""你思""他思"来表现的。

将思维归结为人类个体（个人）的一种属性，这不仅要求我们把个人视为思维的基本主体，而且要求我们从个人角度来认识和理解思维的意向性。如果说思维会不可避免地表现为"我思""你思""他思"的事态，那么思维的意向性就会不可避免地表现为"我的意向性""你的意向性""他的意向性"。胡塞尔所说的意向性就是这种类型的意向性。在现象学的框架内，思维或能够思维的主体只能是人类个体，即个人。

作为人类个体思维活动的一种重要表现形式，记忆不仅是关于感觉经验的记忆，而且是关于思维的记忆。感觉贯通个人与外部事物的联系，使外部事物成为个人的感性认识对象，并且使之成为个人的记忆对象。不过，个人并不仅仅记忆自己通过感官接触到的外部事物，还记忆自己的思维活动。记忆个人的思维活动也是记忆的重要机能。也就是说，记忆的意向性既是外向的，也是内向的。对外的时候，它以个人身外的事物（包括他自己的外在行为）为记忆对象；对内的时候，它以个人内在的思维过程和内容为记忆对象。

个体道德记忆是人类个体思维框架内的一个特殊领域，是人类个体作为道德记忆主体而拥有的道德记忆。它的意向性也具有上述两个维度，即外向的维度和内向的维度。一方面，它以个人的道德生活经历和他人的道德生活经历为记忆对象；另一方面，它也以个人内在的道德思维为记忆对象。对于个人来说，道德生活经历既是他人的或社会的，也是自我的。

个体道德记忆发生在人类个体的大脑系统里，但它的对象来源是复杂的。它必须以他人和自己的道德认知经历、道德情感经历、道德意志经历、道德信念经历和道德行为经历为记忆对象，因此，它的对象世界涵盖了人类道德生活的方方面面。人类所能拥有的道德生活经历都可能成为人类个体道德记忆的对象。个体道德记忆的意向性是一幅非常复杂的图景。

---

① 笛卡尔. 第一哲学沉思集. 庞景仁，译. 北京：商务印书馆，2017：29.

个体道德记忆的意向性状况取决于四个因素。一是个人的道德生活经历。不同的人往往拥有不同的道德生活经历。拥有不同道德生活经历的人必定拥有不同的道德认知、道德情感、道德意志、道德信念和道德行为，也必定拥有不同的道德记忆对象世界。二是个人的道德思维能力。道德思维能力的强弱会深刻影响个人的道德记忆对象。一个仅仅拥有普通理性思维能力的人往往从经验层面建构他的道德记忆对象世界，而一个具有哲学理性思维能力的人则可能从道德形而上学层面建构他的道德记忆对象世界。三是个人的道德需要。每个人的道德需要并不相同。有些人需要利己主义道德，有些人需要利他主义道德，还有些人需要利公主义道德。不同的道德需要建构出不同的个体道德记忆对象世界。四是社会道德状况的好坏。每个人的道德生活都深受各种集体的影响。如果一个人从属于一个道德状况良好的集体，他在集体生活中遭遇的多为好人好事，那么他就必定更多地倾向于记住那些具有善性的对象。如果一个人从属于一个道德败坏的集体，他在集体生活中遭遇的多为坏人坏事，那么他就必定更多地倾向于记住那些具有恶性的对象。

个体道德记忆的主体是单数形式的"我""你""他"，因此，它实质上总是表现为"我的道德记忆""你的道德记忆""他的道德记忆"。个体道德记忆具有人际差异性，因为每个个体都有自己的道德记忆对象。不同的人类个体拥有不同的道德记忆意向性，因此，人类个体的道德记忆世界总是存在这样或那样的差异。

胡塞尔对意向性问题深有研究，但他的研究仅仅局限于人类个体（个人）的意向性。事实上，人类不仅作为个体而存在，而且作为集体而存在。作为个体而存在的人类是具体的，因而容易被人类自身理解；作为集体而存在的人类是抽象的，因而难以被人类自身理解。

塞尔认为："许多动物，尤其是我们人类，具有显示集体意向性的能力。"[①] 在塞尔看来，包括人类在内的许多动物不仅能够采取集体行为，而且能够拥有共同的信念、欲望和愿望。他进一步说："除了个体意向性之外，集体意向性也是存在的。"[②] 在塞尔的理论框架内，意向性不仅可以表现为"我的意向性""你的意向性""他的意向性"，而且可以表现为"我们的意向

---

① John R. Searle. The Construction of Social Reality. New York：The Free Press，1995：23.
② 同①.

性""你们的意向性""他们的意向性"。

塞尔的观点是站得住脚的。马克思主义哲学认为，人的存在具有二重性。一方面，人类总是以具体的个体或个人而存在；另一方面，人类总是以抽象的社会人或集体人而存在。所有人都是个体性和社会性的统一体。由于人类总是同时以个体和集体的身份而存在，所以人类的意识意向性或思维意向性就必然存在两个维度，即个体性维度和集体性维度。基于这一认识，我们不仅可以把道德记忆区分为个体道德记忆和集体道德记忆，而且可以将道德记忆的意向性区分为个体道德记忆的意向性和集体道德记忆的意向性。前者指个体道德记忆总是针对一定的对象，后者指集体道德记忆总是针对一定的对象。

集体道德记忆的对象既可能是人类的集体性道德生活经历，也可能是人类的个体性道德生活经历。前一种情形指人类作为某种形式的集体而拥有的道德生活经历可能成为人类进行集体性道德记忆的对象。例如，一个民族可能集体性地将它的成员所公认的传统美德作为其民族道德记忆的对象，因此，中华民族拥有自己的民族性传统美德，其他民族也拥有自己的民族性传统美德。后一种情形指人类中某个或某些个体的道德生活经历可能成为人类进行集体性道德记忆的对象。例如，司马光砸缸救同伴既是司马光本人的道德生活经历，也是中华民族的集体性道德生活经历，因此，它不仅一直保留在中华民族的集体道德记忆之中，而且被中华民族代代相传。又如，雷锋的道德生活经历不仅属于雷锋本人，而且属于整个中华民族，因此，它是中华民族的集体道德记忆难以抹去的对象。

一个人类集体之所以成为一个集体，不仅是因为它的成员以家庭、企业、社会组织、民族和国家等集体形式结合在一起生活，而且是因为它的成员常常拥有共同的生活经历。在他们共同的生活经历中，道德生活经历占据着最广泛的内容。他们共同经历大量的善，也共同经历大量的恶。那些被他们共同经历的善恶往往成为他们集体道德记忆的对象。中华儿女曾经同仇敌忾、团结一致地打败过日本侵略者，他们在抗日战争期间追求民族大义和奋勇抗敌的道德生活经历就永远保留在中华民族的集体道德记忆之中。

一个人类集体之所以愿意将它的某个或某些成员的道德生活经历作为其集体道德记忆的对象，这既可能是因为他或他们的道德生活经历具有典型性、代表性和象征性，也可能是因为他或他们的道德生活经历具有警示性、告诫性和启发性。在一个人类集体中，那些受到人们普遍称赞的个人道德生活经历往往容易受到人们普遍的道德肯定，并且容易被人们作为珍贵的集体道德记忆对象而受到重视和保存；相反，那些受到人们普遍谴责的个人道德生活经历则往往容易受到人们普遍的道德否定，但为了给后人提供历史教训，人们也愿意将它们作为集体道德记忆的对象加以重视和保留。

集体道德记忆的意向性也取决于四个因素。一是集体的道德生活经历。不同的集体往往拥有不同的道德生活经历。拥有不同道德生活经历的集体必定拥有不同的道德认知、道德情感、道德意志、道德信念和道德行为，也必定拥有不同的道德记忆对象世界。例如，一个企业和一所大学的道德记忆对象世界肯定不同，美利坚民族和中华民族的集体道德记忆对象世界也必定存在显著差异。二是集体的道德思维能力。一个集体能够展现多强的道德思维能力，这会深刻地影响它的道德记忆对象世界的建构。三是集体的道德需要。不同集体的道德需要并不相同。不同的集体道德需要建构出不同的集体道德记忆对象世界。四是个人道德状况的好坏。个人道德状况的好坏对集体道德记忆的意向性能够产生不容忽视的影响。在一个人们普遍向善、求善和行善的社会里，集体往往容易形成以善性为主导的道德记忆对象世界；而在一个人们普遍向恶、求恶和作恶的社会里，集体往往容易形成以恶性为主导的道德记忆对象世界。

个体道德记忆和集体道德记忆的意向性之间存在一种辩证关系。一方面，个体道德记忆的意向性主要与个人的主观愿望、需要和偏好有关，集体道德记忆的意向性主要与集体的主观愿望、需要和偏好有关。例如，一个人在做了某件好事之后是否愿意记住它，这完全是个人的事情；同样，一个集体基于它的集体性愿望、需要和偏好进行的道德记忆有时也完全可能不顾及个人的道德需要。另一方面，个体道德记忆的意向性与集体道德记忆的意向性又是相互联系、相互影响的。这是指，个体道德记忆的意向性可以上升为集体道德记忆的意向性，而集体道德记忆的意向性必须通过个体道德记忆的意向性来表现自身。世界上既不存在完全脱离集体的个体道德记忆，也不存在完全脱离个人的集体道德记忆。

道德记忆是人类以个体或集体的方式存在而拥有的道德记忆。无论以个体道德记忆的方式存在，还是以集体道德记忆的方式存在，它都会指向一定的对象。只要人类道德记忆指向一定的对象，它就具有了鲜明的意向性。由于具有意向性特征，人类道德记忆总是关于一定对象的记忆。具体地说，它总是关于人类道德生活经历的记忆。人类的道德生活经历既可能是个体的，也可能是集体的。个体和集体的道德生活经历都可能成为人类道德记忆的对象。

人类道德记忆的意向性建立在人类本身的道德生活需要的基础之上。人类的道德生活需要很复杂，但归结起来无非两个方面。一方面，人类希望实现善的最大化；另一方面，人类希望实现恶的最小化。人类总是表现出趋善避恶的整体趋势，但由于善恶总是相比较而存在，所以人类的道德生活其实只能是善恶并存、善恶斗争的状态。因此，人类的道德记忆要么保留人类个体尽力趋善避恶的道德生活经历，要么保留人类集体尽力趋善避恶的道德生活经历。人类在道德生活中经历了什么，人类的道德记忆就保留什么。

意向性是连接道德记忆主体和客体的纽带。道德记忆的主体只能是人类，但其主体性总是针对一定的对象。道德记忆主体的主体性和道德记忆对象的客体性通过人类道德记忆的意向性发生关系，并在人类的思维活动领域形成一个相对独立的道德记忆世界。道德记忆世界是作为道德记忆对象的人类道德生活经历投射到人类记忆思维中而形成的一个主观世界。正因为如此，人类所能拥有的道德记忆无论是个体性的还是集体性的，本质上都是主观的。

主观的道德记忆有强弱之分，这既取决于"人类"这一道德主体的意向性状况，也取决于"道德生活经历"这一客体对人类记忆思维的刺激或影响程度。意向性强的人类主体容易记住过去的道德生活经历，意向性弱的人类主体不容易记住过去的道德生活经历。意向性强意味着人类的道德记忆能够较多地专注于一定的对象，对象因此而容易成为人类道德记忆的内容；相反，意向性弱则意味着人类的道德记忆只能较少地专注于一定的对象，对象因此而难以成为人类道德记忆的内容。那些刺激性或影响性强的道德生活经历容易被人类记住，而那些刺激性或影响性弱的道德生活经历则不容易被人类记住，甚至很容易被人类遗忘。

将胡塞尔等西方哲学家使用的"意向性"概念引入有关道德记忆的研

究，这是必要的。它不仅可以让我们了解人类道德记忆思维的意向性特征，而且可以让我们在一定程度上看到人类道德记忆思维的发生机制。道德记忆是人类凭借其记忆能力再现其道德生活经历的一种思维活动。

研究人类道德记忆的意向性是我们把握人类道德记忆内容的必经之地。只有先明白人类道德记忆总是针对一定对象的，我们才能知道人类道德记忆世界的具体内容。在存在世界，只有人类具有道德生活经历，因而也只有人类具有道德记忆。道德记忆是人类不同于其他动物的一个重要标志，是人类具有道德生活能力的一个重要表现。人类不会轻易遗忘自己的道德生活经历，而是将自己的道德生活经历保留在自己的记忆世界，这不仅使人类的历史记忆中具有了道德记忆的内容，而且使人类的道德动物身份具有了历史基础。道德记忆是人类确立其道德身份的一种有效途径。

研究人类道德记忆的意向性有助于我们把握人类道德记忆活动的内容、方式、本质和特征，有助于我们了解人类道德思维的逻辑理路和内在规律，有助于我们分析人类道德生活与其道德记忆能力之间的紧密关联性，有助于我们探察个体道德生活与集体道德生活之间的相通性和差异性，因而具有不容忽视的理论意义和现实价值。研究道德记忆的意向性是我们探究人类道德记忆活动不能忽略的一个重要内容，因而应该成为道德记忆理论研究的一个重要主题。

2. 道德记忆具有选择性

在试图将过去的道德生活经历留存在道德记忆之中时，我们通常无法做到面面俱到。这一方面是因为我们的道德记忆能力是有限的，另一方面是因为我们的道德记忆具有选择性特征。

要深入认识、理解和把握道德记忆的选择性特征，首先应该认识、理解和把握记忆的选择性与选择性记忆，而要做到这一点，我们又需要对"选择"和"选择性"这两个概念有自己的界定。

"选择"是对某种可能性的认可、确认和挑选，但它必须以丰富的可能性为前提。只有在至少存在两种可能性的语境下，选择才是必要的。如果只存在一种可能性，那么选择就无从谈起。选择就是将某种可能性从至少两种可能性中挑选出来并使之变成现实性的过程。一个选择一旦发生，一种可能性就会消失，同时一种现实性就会形成。

选择与理性有关。它必须基于一定的理性认识能力、理性判断能力和理性选择能力，因此，它是人类特有的一种生存能力。非人类的动物只能在本能的驱动下生存；它们在本质上只能被选择，因为它们没有能力抵制和反抗自然的控制与支配。在自然王国，非人类的自然存在物是没有选择能力的，它们的生存并不具有选择性。

选择性是人类特有的一种生存特征。人类社会生活中充满着各种各样的选择。选择性就产生在人类不断进行生活选择的过程中。有时候，选择性是一种非此即彼的事态。这是指，摆在一个人面前的是 A 和 B 两个选项，他要么只能选择 A，要么只能选择 B。例如，一个人要么选择在某个地方出场，要么选择不在某个地方出场。有时候，选择性是一种允许多项答案的事态。例如，对于一个穷人来说，"鱼和熊掌不可兼得"可能是一个事实；但对于一个富人来说，同时拥有鱼和熊掌则完全可能。总之，选择性意味着人类能够对其生存的可能性进行挑选。

人类之所以能够对其生存的可能性进行选择，是因为人类是一种目的性动物。人类不像其他动物那样仅仅本能地、盲目地生存着，而是总带着一定的目的生存着。事实上，人类总是从自身的目的出发来试图改造世界。人类还具有其他动物并不具备的价值认识、价值判断和价值选择能力。因此，人类不仅能够依据一定的价值标准对各种各样的可能性做出优劣好坏的价值认识和判断，而且能够对自认为最有价值的可能性进行认可、确认和挑选，最后将它们变成现实性。正因为如此，西方存在主义哲学家们普遍认为，人类不是一种自在的存在者，而是一种自为的存在者，因为人类能够对自己的生存状态进行选择。

需要指出的是，选择是人类的专利，但它对于人类来说通常不是一件容易的事情。人类具有选择的自由，但这种自由并非一种绝对自由。人类做的所有选择都不可能完全建立在个人的主观性基础之上，它们会受到自然规律和社会发展规律无处不在的制约。换言之，人类并不具有不受任何限制的绝对自由。尤其重要的是，人类做的所有选择都具有伦理意义，它们甚至可能对整个社会的发展进程产生深远的伦理影响。因此，在生活语境要求人类必须做出某种选择的时候，人类往往是非常谨慎的。

选择性可以极大地拓展人类的生存空间，可以使人类的生存方式富有创造性，可以使人类的生存内容变得丰富多彩。因此，我们不可以将人类的生存与非人类存在者的生存相提并论。人类就是人类，人类与存在世界的其他存在者有着根本性的区别。非人类存在者只能是它们自身，这是由它们的内在本质决定的。然而，选择性也是对人类生存活动的一种限制性。由于具有选择能力，人类必须对自己做的所有选择承担责任。

  人类生活充满着选择性。我们可以选择思维一个对象，也可以选择不思维一个对象；我们可以选择做某件事，也可以选择不做某件事；我们可以选择从事某种职业，也可以选择不从事某种职业。生活即选择。一个人只要活着，就得不断地选择。选择性是人类生活的一个重要特征。

  人类的记忆活动也具有选择性特征。虽然人类具有记忆能力，但这并不意味着人类能够记忆所有事情，更不意味着人类愿意记忆所有事情。人类往往有选择地记忆一些东西，有选择地忘记一些东西，从而使其记忆活动表现出选择性特征。对于人类来说，记忆什么或不记忆什么，这通常取决于人类的生活需要或目的。有些人是为了通过考试这个目的，才去死记硬背一些课本知识；有些人是为了交往的目的，才努力记住另一个人的相貌；有些人则出于自身的偏好，去背诵一些诗词。如果某个东西与人类的生活需要无关，或关系不紧密，那么人类通常是不会设法记忆它的。不难想象，每天都有很多陌生人从我们身边经过，但我们在大多数时候都没有试图记住他们。

  具有选择性特征的人类记忆被称为选择性记忆。选择性记忆是指主体对对象的记忆是有所选择的。主体之所以选择记住某个对象，这既有客观原因，也有主观原因。从客观方面看，只有与主体有关的对象才能成为记忆的内容，与主体无关的对象客观上不会成为记忆的内容。这就好比这样一种情况：我们可能记住一本自己读过或别人介绍的书的内容，但不可能记住一本自己从未读过或从未听别人介绍过的书的内容。从主观方面看，主体记忆能力、记忆愿望的强弱等主观性因素会深刻影响记忆的选择性。一个对象是作为信息进入人类记忆世界的。在信息输入阶段，主体对语言和文字信息的记忆具有较高的难度。一般来说，主体很少能记住接收到的具体词句信息，而只能概略性地记住其大体意思，因此，要实现对词句的记忆，主体往往需要反复背诵。主体记忆图像信息的情况也是如此。主体往往很容易或很愿意记住那些印象深刻的精彩画面，而不容易或不愿意记住那些印象不深刻的不精彩画面。

由于具有选择性特征，人类记忆活动的实际情况是这样的：进入人类记忆世界的信息量很大，但真正被人类记住的对象却是有限的；或者说，留在人类记忆中的信息量通常少于人类从外界接收到的信息量，人类有时甚至有意迫使自己遗忘某些信息。如果我们每一个人都能记住进入记忆世界的所有信息，那么我们记忆世界的容量该有多大啊？

需要指出的是，并非所有人类记忆活动都是选择性的。有些记忆是自然而然地产生的，它无须任何人为的选择。人类能否记忆某个对象，从根本上说取决于该对象给人类留下的印象。对象留给我们的印象有深浅或强弱之分。有些对象给我们留下了深刻或强烈的印象，我们自然而然就容易长久地记住它们。有些对象给我们留下的印象比较肤浅或不强烈，故而我们就很难长久地记住它们。记忆有自然记忆和人工记忆的区分。前者指人类借助自然记忆能力建构的记忆，后者指人类通过人为努力刻写的记忆。

理解选择性记忆的一种有效方式是理解选择性失忆。选择性失忆可能发生在我们每一个人身上。我们的现实生活都是快乐和痛苦交织的。我们都经历过难以数计的快乐，也都经历过不少痛苦。快乐的事情留给我们的是快乐的记忆，痛苦的事情留给我们的是痛苦的记忆。我们每一个人在一生中都会经历很多不如意的事情，其中一些很快就被我们淡忘了，另一些则可能成为我们挥之不去的记忆。有些人在经历了一些耻辱、愤怒、委屈的事情之后，那些东西就每时每刻都在反复折磨着他们的精神，使之不断游走在精神崩溃的边缘。在这种情况下，选择性失忆是一种自我解脱甚至自我保护的方式。从心理学的角度看，选择性失忆是人类在心理世界拥有的一种防御机制。它指的是，在一种记忆变成了主体难以承受的巨大负担时，他的潜意识就会帮助他卸掉它，这就会形成所谓的选择性失忆。不过，选择性失忆并不意味着主体真正卸掉了那个记忆。那个记忆可能作为一种隐性的东西存在着，仍然会作为主体的潜意识内容而发挥作用。

选择性失忆可能是一种疾病。经过治疗，选择性失忆现象可以逐渐消失，但如果某件事对主体有非常严重的心理影响，主体也可能陷入永久的选择性失忆。在现实生活中，很多人有选择性失忆的愿望。由于遭受到重大挫折，又不想让那些挫折折磨自己，有些人就会产生选择性失忆的愿望。然而，现实情况通常是，如果我们不是医学上的选择性失忆症患者，那么我们是很难有选择地遗忘或忘记那些让我们感到不愉快的记忆的。也就是说，我们如果是正常人，那么就很难选择性失忆。虽然选择性失忆是有选择性的，但它实际上是"被动的"。所谓的"选择性"，是指我们可以有选择性地忘记一件事情，但这并不影响我们对其他事情的记忆，而不是指我们可以主动选择遗忘的内容。人类记忆世界是一个神秘领域，它有自身的规律性，因此，纵然我们具有选择性失忆的强烈愿望，我们也不一定能实现这样的愿望。那些进入人类记忆世界的东西是难以被遗忘的；或者说，一个对象一旦变成我们记忆的内容，我们就很难依靠主观努力将它遗忘。从这种意义上说，记忆比遗忘更容易。

作为人类记忆思维活动的一种特殊表现形式，道德记忆也具有选择性特征。这是指，虽然人类具有道德记忆能力，但是这并不意味着人类能够记忆自己的所有道德生活经历，更不意味着人类愿意记忆自己的所有道德生活经历。人类往往有选择地记忆一些道德生活经历，有选择地忘记一些道德生活经历，从而使其道德记忆表现出选择性特征。

道德记忆的选择性具有一定的客观性。道德主体的道德生活经历是复杂的，而他们的记忆容量是有限的，因此，要他们记住过去的全部道德生活经历从客观上讲是不可能的。正因为如此，人类保留的道德记忆在内容上总是少于人类实际的道德生活经历。这也意味着，人类过去的道德生活经历只能通过我们的道德记忆在有限的程度上得到再现，而不可能被完全复制。

人类道德记忆的选择性更多地与人类的道德生活需要或目的有关。一般来说，绝大多数人容易或愿意记住那些让自身觉得光荣的道德生活经历，而不容易或不愿意记住那些让自身觉得可耻的道德生活经历。

亚里士多德曾说："一切技术、一切研究以及一切实践和选择，都以某种善为目标。"[①] 亚里士多德并不假设人性本善，但他揭示了人类普遍趋善避恶的情感态度。道德生活是人类在趋善避恶的过程中形成的一种生活方式。人类并不是仅仅依靠本能生活的低等动物。我们与其他动物的一个根本区别在于，我们拥有道德理性，能够对自己和周围世界的存在状态做出深刻

---

① 亚里士多德. 尼各马科伦理学. 苗力田，译. 北京：中国社会科学出版社，1999：1.

的道德价值认识、道德价值判断、道德价值定位和道德价值选择。由于具有道德理性，我们能够为自己立法，从而使我们的所思所想和所作所为都服从一定的道德法则。所谓道德法则，就是人类测度善恶的准则。

区分善恶是人类道德生活的核心内容。人类总是用善恶来标示自己的生活，因此，我们的所思所想和所作所为都会被人为地打上善恶烙印。对于人类来说，只有合乎一定道德法则的思想和行为才是善的，与道德法则背道而驰的思想和行为都是恶的，明辨善恶是人类具有道德品质的根本标志。正因为如此，人类普遍相信善是一种值得追求的好东西，而恶则是一种让人厌恶的坏东西。

善带给人类荣耀，恶带给人类耻辱，这是人人皆知的道理。趋善避恶是人之常情。纵然某个人心里想着作恶或实际作了恶，他都不会轻易承认。正因为如此，有些人在想作恶或实际作了恶的情况下，总是千方百计为自己辩护。这种人并不一定没有荣辱感。他们的问题不在于他们是否具有荣辱感，而在于他们在利用道德为自己的恶行辩护。他们不是在做真正意义上的道德合理性辩护，而是在进行诡辩。如果一个人心里想着作恶或实际作了恶，并想方设法为自己辩护，那么他一定是一个道德上的伪君子。

由于上述原因，人类往往愿意记住自己向善、求善和行善的道德生活经历，而不愿意记住自己向恶、求恶和作恶的道德生活经历。这种情况的现实表现是：如果一个人在生活中做了善事，那么他不仅更容易记住它们，而且往往会在他人面前以此为荣地讲述它们；如果一个人在生活中做了恶事，那么他不仅会有意或无意地忘记它们，并且会对他人掩饰或隐瞒它们。正因为如此，当一个人在我们面前回忆他的道德生活经历时，我们听到的主要是他如何向善、求善和行善的故事或往事，而不是他向恶、求恶和作恶的故事或往事。

与个人一样，人类集体往往愿意记住它向善、求善和行善的故事或往事，而不愿意记住它向恶、求恶和作恶的故事或往事。正因为如此，日本的右翼分子和军国主义者总是想方设法将日本过去的战争罪行从其集体道德记忆中抹去。他们深知自己拥有一段让他们深感耻辱的历史，但他们并没有用真诚的态度去反思那段历史，而是采用回避甚至否定的态度来对待它。在当今日本的右翼分子和军国主义者那里，道德记忆的选择性可谓体现得淋漓尽致！

由于道德记忆具有选择性，人类的道德记忆世界或多或少具有一些神秘性。一个人或集体到底在他或它的道德记忆世界装入了善还是恶，有时只有他或它自己才知道。每一个人和集体的道德记忆都同时包含善与恶的内容，但人们往往愿意记住那些被称为善的内容，而不愿意记住那些被称为恶的东西。这样一来，人类在展现其道德世界的内容时，所努力呈现的东西就不一定是真实的。

选择性显然是人类这种道德生活主体赋予其道德记忆的一种特性。人类的道德价值观念时刻左右着人类的道德记忆行为。显而易见，要记住什么或忘记什么，这从根本上取决于人类本身。人类拥有什么样的善恶观念，就会用什么样的态度来对待它们。人类的善恶观念和人类对待善恶的态度会通过人类的道德记忆得到如实反映。

道德记忆的选择性实质上反映的是人类对待善恶的态度。人类普遍愿意记住那些能够带给自己快乐或愉悦的道德生活经历，但人类并没有绝对的能力拒绝那些带给自己痛苦或苦难的道德生活经历。对于有些人来说，遗忘自己过去作的恶是比较容易的；而对于另一些人来说，这可能是非常艰难的事情。在现实生活中，很多人会对自己过去的作恶耿耿于怀，甚至愧疚终生。一个人完全可能因为在小时候有一次盗窃行为而终生感到耻辱、愧疚。一个人也完全可能因为冤枉了另一个人而终生感到愧疚、懊悔。之所以如此，说到底是关于恶的道德记忆在发挥作用。

人类在道德记忆对象或内容的选择方面并不具有绝对的自主性。我们不可能随心所欲地选择道德记忆的对象或内容。在很多时候，我们是在被动地记忆。过去的道德生活经历一旦进入我们的记忆世界，我们就会不由自主地受到它们的支配。我们可以将一些无关紧要的道德记忆遗忘，但很难将重要的道德记忆遗忘。一个作恶多端或恶贯满盈的人是不可能将他所作的恶全部遗忘的，也不可能完全不受良心的折磨。在现实生活中，那些以坑蒙拐骗、杀人越货为生的人不可能过上宁静的生活，因为他们的内心世界不可能风平浪静。纵然没有人知道他们的所作所为，他们自己的道德记忆也会时不时地跳出来提醒他们。

当一种道德记忆对于一个人来说成为一种无法承受的压力时，有些人就可能患上选择性道德失忆症。它是选择性失忆症的一种重要表现形式。道德失忆症患者会有选择地遗忘他们过去的道德生活经历,但这并不意味着他们能够真正遗忘。他们通常是出于自我保护、自我解脱的目的才这样做的。为了让自己摆脱道德上的谴责,他们选择了遗忘。

道德记忆是人类道德生活的一个重要内容。它就如同一面镜子,既映照人们过去的道德生活经历,也警示人们现在和未来的道德生活。由于具有道德记忆,人类在过去经历的道德生活不会因为时间的推移而灰飞烟灭。对于人类来说,过去的道德生活经历是活的,因为它们可以一次又一次地再现。正因为如此,人类一直有重视道德记忆的传统。以道德记忆为参照,向道德记忆学习,是人类代代相传的一种美德。

3. 道德记忆具有延展性

人类是存在世界的奇迹。我们从动物界脱颖而出,具有人之为人的本性、思维方式、智力商数和行为特征,并因此而不断创造出生命的奇迹。我们总是试图超越自身的局限性,并努力实现生命的超越性价值。我们知道时空对生命的限制,因此,我们想方设法穿越它们。我们总是从过去、现在和未来这三个维度来定义生命的意义与价值。对于我们来说,生命既是有限的,也是无限的。我们的生命具有延展性。

人类生命的延展性可以通过多种多样的方式来体现。一个人可以通过无限的想象力拉近自己与一个相距遥远的人的距离,可以借助形而上学思维方式抵达存在世界的边沿,可以凭借技术发明极大地提高自己的计算能力,可以通过阅读了解人类祖先的生活,可以凭借语言进行广泛而深刻的交流。对于人类来说,生命的价值就在于它的延展性。很多人都有做"超人"的愿望,德国哲学家尼采所说的"超人"是人类普遍追求的理想。

人类生命的延展性从根本上说是其精神的延展性。人类精神世界不仅具有其他动物无法与之相提并论的知觉系统,而且具有它们无法与之同日而语的记忆系统。前者是一个开放性极强的功能系统,对一切感知和经验开放,是人类感知存在世界的必要手段,但它并不记录人类对存在世界的感知和经验;后者也是一个开放性极强的功能系统,对一切感知和经验开放,但它的主要功能是记录人类对存在世界的感知和经验。弗洛伊德将这两个系统称为人类心理仪器具有的两个强大系统,即"知觉意识系统"和"记忆系统"。

在他看来，这两个强大系统的有机结合使人类的心理或精神变得无比强大。

不过，无论人类的知觉系统和记忆系统多么强大，它们的功能都是有限的。从知觉方面说，人类难以穷尽存在世界的存在奥秘。人类的知觉系统以追求真理为根本目的，但这并不意味着它必定或很容易达到关于真理的认识。人类迄今为止仍然在真理问题上争论不休的事实说明，真理不容易把握，知觉并不能轻易将我们引领到真理的殿堂。从记忆方面看，人类不可能记住自己的所有生活经历。人类记忆系统的主要功能是将自己知觉到的各种生活经历记录下来，并使之成为可以回顾的东西，但这并不意味着人类能够将自己知觉到的所有生活经历都储存在记忆系统中。人类每天都在记忆某些人和事，但同时也在遗忘某些人和事。人类的知觉系统和记忆系统都不是绝对保险的系统。

人类的知觉系统和记忆系统是相互关联的。如果没有知觉，那么我们的记忆就没有材料；同样，如果没有记忆，那么我们的知觉就不可能得到留存。只有实现知觉和记忆的有机结合，人类才算拥有健全的心理或精神。然而，如果这种结合仅仅发生在个人的内在心理世界，那么它就必定会因为个人生命的结束而终止。人类克服这种局限性的方法是通过外在结合的方式来延展其知觉和记忆的功能。智能机器人、智能手机、智能电脑等的发明更多地反映了人类试图延展其知觉能力的努力，书面书写方法、储存器等的发明则更多地反映了人类试图延展其记忆能力的努力。人工智能和人工记忆就是这样应运而生的。

人工智能是人为建构的一种智能，人工记忆则是一种人为建构的记忆。作为自然人而存在的人类拥有自然的知觉能力和记忆能力，但这两种能力并不是绝对可靠的，因此人类不得不发明各种人工手段来弥补其不足。人类发明文字、书籍、影像、雕塑等的根本目的是将自己的知觉和记忆保留下来，使之成为可以代代相传的生活经验和教训。人类的生命既是有限的，也是无限的。人类个体的生命可能在任何时候终止，但人类的整体生命可以不断延续。

人工记忆是人类克服其记忆局限性的有效手段。人类拥有记忆能力，但人类的记忆能力并非绝对可靠，因此，人类不得不发明各种各样的人工记忆手段。人类所具有的自然记忆是内部记忆，人工记忆则是外部记忆。所谓外部记忆，就是人类借助于纸、笔、电脑等外在手段进行记忆的方式。"我们正生活在外部记忆的时代。"① 对于当代人类来说，博闻强记已经不再具有传统意义上的重要性，最重要的是必须擅长利用各种外在手段来延伸自己的记忆。"对很多人来说，计算机就是他们记忆的延伸，就像眼镜是视力的延伸一样。"② 外部记忆的盛行不仅在很大程度上改变了人类记忆的传统自然方式，而且使许多人产生了严重依赖外部记忆的问题。在内部记忆占主导地位的传统社会，人类往往借助口头的方式来表达其记忆的东西，但到了外部记忆流行的今天，越来越多的人必须依靠外部手段才能进行口头表达。在当今社会，许多人之所以必须看着文本才能演讲，就是因为他们不再进行内部记忆，而是严重依赖外部记忆。

外部记忆是人类内部记忆的延伸。人类既需要内部记忆，也需要外部记忆。内部记忆是自然而然的，外部记忆则是人工的。从道德记忆的情况来看，人类对其道德生活经历的记忆也必须同时依靠内部记忆和外部记忆。一方面，我们可以借助自然记忆能力来回顾自己的道德生活经历，并通过口头的方式将自己的道德生活经历传达给周围的人；另一方面，我们也可以利用撰写历史书、传记、小说等形式将自己的道德生活经历记录下来，并代代相传。内部记忆和外部记忆都是人类传承道德生活经历的有效手段。

人类借助外部记忆手段传承道德生活经历的做法使人类道德生活史具有丰富多彩的内容。司马迁的《史记》记载了我国从上古传说中的黄帝时代到汉武帝太初四年间的社会发展史，特别是记载了中华民族在那样一个历史时期的道德生活史，因此，它是当代人类了解那个历史时期的中华民族道德生活史的必读史书。"司马光砸缸"的道德故事之所以能够在我国经久不衰，其重要原因之一是，国人将它变成了可以代代相传的书面故事。人类的内部道德记忆是具有局限性的。为了克服这种局限性，我们不能不借助各种形式的外部道德记忆。

人类外部道德记忆的一种重要方式是建筑。这一点在我国建筑中尤其明显。在中国传统建筑中，人们不仅依据自己特有的风水观和审美观来建筑，而且依据自己的道德价值观来建筑。在中国建筑艺术中，人们不仅追求天、

---

① 杜威·德拉埃斯马. 记忆的隐喻——心灵的观念史. 乔修峰, 译. 广州：花城出版社，2009：39.
② 同①.

地、人合一的哲学境界，而且普遍喜欢用牌匾、对联等具有伦理意蕴的物品装饰建筑。中国的牌匾、对联等都是内含道德要求的物品。在封建社会的官府衙门，"明镜高悬""清正廉明"等牌匾是必不可少的物品。

"书写是人类最早的助记方式，很适合用来比喻记忆。"① 古代的书写主要是借助纸和笔来进行的，而现当代的书写主要是借助电脑来进行的。无论采取何种形式，书写的主要功能之一都是帮助人类延伸记忆。书写也是人类延伸其道德记忆的主要手段。正因为如此，外部道德记忆实质上就是书写记忆。它借助外部手段和书写的方式使人类的道德记忆得到延伸。

4. 道德记忆具有共享性

人类经历道德生活，并希望记住自己的道德生活，但人类并非仅仅为了记住自己的道德生活经历才进行道德记忆。如果愿意，我们可以与他人分享自己所能记住的所有道德生活经历。这就使得人类道德记忆具有共享性特征。

根据历史唯物论观点，人类能够拥有两种产品：一是物质性产品，二是精神性产品。这两种产品都是由具体的人创造的，但这并不意味着它们只能由创造它们的人占有。人类创造的物质性产品和精神性产品确实涉及产权问题，但产权是可以转让的。道德和法律对产权的保护主要是确认与尊重主体对产品的创造权，但如果主体自愿通过某种方式将其产权转让给其他人，道德和法律也会予以保护。

黑格尔就认为，精神性产品也可以让渡给别人。② 道德记忆是人类能够拥有的一种精神性产品。它既可能属于某个人类个体，即个人，也可能属于某个集体，如国家。道德生活经历本身是客观的，但一旦成为人类道德记忆的内容，就变成了主观的精神性产品。无论个体道德记忆还是集体道德记忆，它们都是人类凭借其记忆能力创造的精神性产品。它们或者是关于个体性或集体性道德价值观念的记忆，或者是关于个体性或集体性道德行为的记忆。人类可以占有它们，也可以转让它们。占有它们是权利，转让它们也是权利。事实上，除非人类刻意将某个道德记忆作为私有产品而加以保留，否

---

① 杜威·德拉埃斯马. 记忆的隐喻——心灵的观念史. 乔修峰，译. 广州：花城出版社，2009：48.

② 黑格尔. 法哲学原理. 范扬，张企泰，译. 北京：商务印书馆，1961：59.

则，一旦公开，它就会在人类社会传播，并且变成人人共享的公共性产品。

人类的很多道德记忆是通过书籍来承载和传承的，其共享性很容易被人们理解。"司马光砸缸"的故事之所以能够进入中华民族的集体道德记忆，从根本上说得归功于那些将它变成书面道德记忆的人。人类可以通过口口相传的方式来传播一个感人的故事，但这种方式的传播功能和范围是很有限的。因此，口口相传的故事到了一定的时候就会被人们遗忘。用书面形式来传承、传播故事的效果就不一样。它不仅可以将人们重视的道德记忆刻写成书面形式，而且使之以稳定的形式得以保存和流传。一个道德记忆一旦变成书面内容，就会变成一种可以人人共享的精神性产品。

由于道德记忆具有共享性，所以人类可以相互分享道德记忆。一个人做了善事或看到别人做了善事，他可能形成相关的道德记忆，并且与他人分享；一个人做了恶事或看到别人做了恶事，他也可能形成相关的道德记忆，并且也可能与他人分享。道德舆论就是在人们相互分享道德记忆的过程中逐步形成的。人们可以将自己记忆中的道德生活经历一传十、十传百，甚至使之达到众所周知的程度。在现实生活中，一个人做了善事，他的善举会被人们知道；一个人做了恶事，他的恶行更容易被人知道。我国早就有"好事不出门，坏事传千里"的说法。之所以如此，是因为人们都具有道德记忆能力，不仅能记住周围的人所做的事情，而且会将记住的事情传播开来。

共享性是人类建构集体道德记忆的前提条件。一个人的道德记忆一旦在一个集体中传播开来，它就完全可能变成一种集体道德记忆。集体道德记忆往往建立在个体道德记忆的基础之上。具体地说，它建立在个体道德记忆的共享性基础之上。集体道德记忆是由具有共享性的个体道德记忆整合而成的。如果道德记忆不具有共享性，那么人类就不可能拥有集体道德记忆。

共享性更是人类集体道德记忆的本质特征。所有集体道德记忆都是共享性道德记忆。集体道德记忆就是一个集体的所有成员共同拥有的道德记忆。生活在同一个集体中的人会有很多共同的道德生活经历，也有更多的机会分享各自的个体性道德生活经历，因而形成丰富多彩的集体道德记忆。

为了将自身的发展建立在历史合理性基础之上，每一个集体都会强调其集体道德记忆的共享性，并且会要求它的所有成员将共享性集体道德记忆代代相传。一个集体之所以得以建立，集体道德记忆的联结作用是不容忽视的。由于共享一些集体道德记忆，一个集体的成员在道德思维、道德认知、道德意志、道德信念和道德行为方式上比较接近，也更容易结成命运与共的伦理共同体。

道德记忆从来不拒绝共享。一些道德记忆之所以变成隐私性的东西，是因为它们的主体具有拒绝共享的主观愿望。如果一个人做了不道德的事，他就完全可能将它隐藏在内心深处。如果他拒绝共享，那么我们就难以知道其道德世界的奥秘。这种现象在人类社会比比皆是，但它们并不能否定道德记忆的共享性，而是仅仅说明了这样一个事实：人类道德记忆的共享性完全可能因受到人类主观性因素的影响而遭到破坏。

5. 道德记忆具有阶级性

在阶级社会中，人们的道德生活会被打上阶级差别的烙印，属于不同阶级的人对道德生活的认知与评价不同，这种不同必然会留在人们的记忆里，道德记忆的阶级性特征因此而形成。无论个体道德记忆还是集体道德记忆，它们都具有阶级性特征。探析道德记忆的阶级性特征，有助于推动人们更加深入地审视和考察道德问题，尤其是能够推动人们警惕阶级对道德记忆的操控问题。在探析道德记忆的阶级性特征时，我们要注意到它与道德记忆的普遍性特征的关系，因为这涉及对道德文化传统的批判与继承问题。

道德具有鲜明的阶级性特征。道德的阶级性特征是指："阶级社会的各种道德体系，都是从一定阶级的利益和要求中产生的，都是为特定阶级的利益和要求服务的，因而总是一定阶级所具有或承认的道德意识和道德行为体系。"[1] 自从人类进入阶级社会以后，道德的阶级性特征便表现出来：从站在不同的阶级立场及维护不同的阶级利益出发，一个人与另一个人、一群人与另一群人的道德观念有十分明显的不同，有的甚至是互相矛盾的。恩格斯反对一切普遍有效、终极不变的道德教条，他说："如果我们看到，现代社会的三个阶级即封建贵族、资产阶级和无产阶级都各有自己的特殊的道德，那么我们由此只能得出这样的结论：人们自觉地或不自觉地，归根到底总是从他们阶级地位所依据的实际关系中——从他们进行生产和交换的经济关系中，获得自己的伦理观念。"[2] 恩格斯的这段话对什么是道德的阶级性特征

---

[1] 罗国杰. 中国伦理学百科全书. 长春：吉林人民出版社，1993：172.
[2] 马克思恩格斯选集：第3卷. 3版. 北京：人民出版社，2012：470.

以及道德为何会具有这样的特征做了集中的诠释。

既然道德具有阶级性特征，那么人类的道德记忆就必然会被打上阶级性的烙印。按照一般的理解，道德记忆是人们对过往道德生活经历的记忆。"人类道德生活经历是通过明辨善恶和趋善避恶的历史事实来标示的，因而道德记忆实质上就是关于善恶的历史记忆。"[①] 在实际的道德生活中，站在不同的阶级立场，人们对善恶有不同的理解。另外，人们还深信，这种理解对指引未来的道德生活及维护未来的阶级利益至关重要。因此，人们做出一种选择，即把这种对善恶的理解放在记忆中储存下来，以便对未来的道德生活与阶级利益有所服务。我们把这种从不同的阶级立场出发对善恶具有不同的记忆并以此来维护不同的阶级利益的情况称为道德记忆的阶级性特征。

个体道德记忆的阶级性特征主要表现在以下两个方面：一方面，对站在不同阶级立场上的不同个体而言，其道德记忆会有所不同，例如，对同一件事情，在属于不同阶级的个体的记忆中可能有不同的道德认知或评价；另一方面，即便是同一个人，在阶级身份转变后，对过去某些事情的道德记忆也会随之改变，例如，以前记得是"善"的事情，或许现在看来是"恶"的，反之亦然。

关于个体道德记忆之阶级性特征的表现，我们可以举出一例予以说明。陈忠实的小说《白鹿原》里有"修祠堂"和"砸祠堂"两个场景。身为一族之长，白嘉轩倾力修葺宗族祠堂。在他的记忆里，祠堂是神圣高洁的场所，每次走进祠堂，他想到的都是祖宗的仁义与功业，想到的都是祖宗"见善必行，闻过必改"的道德教诲，想到的都是"如何光宗耀祖，不辱没祖先名声"。然而，在白家长工之子黑娃的记忆中，宗族祠堂却是压迫人、羞辱人的地方。"黑娃领头走进祠堂大门，突然触景生情想起跪在院子里挨徐先生板子的情景……又触生出自己和小娥被拒绝拜祖的屈辱。他说：'弟兄们快点动手，把白嘉轩的这一套玩艺儿统统收拾干净，把咱们的办公桌摆开来。'"[②] 进入祠堂，黑娃想到的是在这里失去做人尊严和权利的那些痛心之事，一怒之下，便带头把"白嘉轩的这一套玩艺儿"和"仁义白鹿村"的石碑以及篆刻在墙壁上的"乡约"条文砸得稀巴烂。以上两个场景表明，乡

---

① 向玉乔. 国家治理的道德记忆基础. 光明日报，2016-06-22（14）.
② 舒乙. 陈忠实文集：下. 北京：华夏出版社，2000：200.

绅地主阶级和被压迫的农民阶级对同一个祠堂的道德记忆有很明显的不同：前者视祠堂为"仁义教化"之地，后者视祠堂为"不仁不义"之地；一个要"修祠堂"以维系家族的长盛不衰，一个要"砸祠堂"以使被压迫的人们得解放。黑娃用"咱们的办公桌"取代"白嘉轩的这一套玩艺儿"，其实就是要中断乃至清洗白嘉轩关于祠堂的道德记忆。

集体道德记忆的阶级性特征主要表现在：一个阶级可能要求从属于它的所有人集体地坚持一些阶级性很鲜明的道德原则和规范。哈布瓦赫对集体道德记忆的阶级性特征有较为集中的关注。在专门研究集体记忆的著作——《论集体记忆》一书中，哈布瓦赫详细考察了贵族阶级、老资产阶级（主要指较早富裕起来的城市商人、城市手工业者、工厂主等群体）、新资产阶级（主要指从事股票交易、放贷收贷、金融投资等职业的群体）等不同阶级对财富的不同道德记忆：在贵族阶级的记忆中，财富是君王对自己祖先忠诚、勇敢等品德的奖赏，祖先在传递血脉的同时把财富及这些品德也传递了下来；在老资产阶级的记忆中，财富是自己通过勤劳、节俭、禁欲、敬业而创造的；在新资产阶级的记忆中，财富与自己善抓机会、适应变化、灵活机动等美德分不开。对财富的道德记忆是使财富合法化及受尊重的重要依据，不同的阶级对财富有不同的道德记忆，阶级之间的相互攻讦在所难免。比如，在安分守己、勤勉工作、审慎经营的老资产阶级眼里，到处冒险、投机取巧、薄利多销的新资产阶级是"不道德的化身"，而在新资产阶级眼里，"老富人"的道德品行不再是"受到尊敬的东西"。[①]

哈布瓦赫在《论集体记忆》一书中没有提到工人阶级对财富的道德记忆。与贵族阶级、资产阶级对财富的道德记忆不同，工人阶级认为"劳动创造财富"并且"劳动光荣"，因而热爱劳动、勤奋劳动、创新劳动等是工人阶级最为珍视的道德品质。在中国这个社会主义国家，工人阶级对财富的道德记忆已经成为中国人民关于财富的主流道德记忆。因此，以下话语自然就深深地留在了当代中国人的道德记忆里："在我们社会主义国家，一切劳动，无论是体力劳动还是脑力劳动，都值得尊重和鼓励；一切创造，无论是个人创造还是集体创造，也都值得尊重和鼓励。全社会都要贯彻尊重劳动、尊重

---

① 莫里斯·哈布瓦赫. 论集体记忆. 毕然，郭金华，译. 上海：上海人民出版社，2002：254-258.

知识、尊重人才、尊重创造的重大方针，全社会都要以辛勤劳动为荣、以好逸恶劳为耻，任何时候任何人都不能看不起普通劳动者，都不能贪图不劳而获的生活。"①

假如我们不强调道德记忆的阶级性特征，那么我们就只能有一种道德记忆，即适用于"一切人、一切民族、一切时代"的"道德记忆"。这不仅不符合事实，还会产生另外一些问题：究竟哪个个体或哪个阶级的道德记忆最真实、最全面、最深刻？什么样的道德记忆才能合法地代表所有其他个体或其他阶级的道德记忆？等等。

个体往往是站在一定的阶级立场上建构道德记忆的，其道德记忆往往具有"阶级局限性"，这是不能否认的事实。不过，也正是这个事实提醒人们，并不存在最真实、最全面、最深刻的唯一的道德记忆。某一阶级个体所记得的所谓真实的善、整全的善、圆满的善等，自然会受到隶属于另一阶级的其他个体的质疑，两者甚至还可能就他们所记得的"善"进行争执。不同阶级的个体对所记之"善"的争执有助于人们远离道德认知上的"先入之见"、"一孔之见"或"唯我独见"，有助于推动人们深入思考何谓真实的善、整全的善、圆满的善。这种争执对于提高全社会的道德认知水平意义重大。譬如，对于中华传统道德生活，站在不同的阶级立场上，张之洞与胡适就有不同的记忆：前者更多记得中华传统道德生活之精华部分，故而主张"中学为体"；而后者更多记得中华传统道德生活之糟粕部分，故而主张"全盘西化"。他们不同的记忆激发了人们对中华传统道德生活的热烈讨论，这种讨论有助于人们整体看清及理性看待中华传统道德生活的"善美"之处与"丑恶"之处，进而有助于推动人们增强继承、转换、发展中华道德文化传统的自觉和自信。

在谈到集体道德记忆的时候，我们也应该意识到：没有一个阶级的道德记忆是最真实、最全面、最深刻的，"另一阶级的道德记忆"对"这一阶级的道德记忆"总有参照、补充、纠正等价值；只有结合不同阶级的不同道德记忆，我们才可以全面客观地进行道德认知与道德评价。现在的问题是，在阶级社会中，不同阶级的不同道德记忆并不总是能够和谐共存。

---

① 习近平. 在庆祝"五一"国际劳动节暨表彰全国劳动模范和先进工作者大会上的讲话. 人民日报，2015-04-29（02）.

在研究集体记忆时，哈布瓦赫认为，社会更倾向于给那些对其贡献更大、影响更大的阶级记忆留下存储空间。社会对各个阶级记忆不均匀分配存储空间的事实意味着：某些阶级的记忆有被社会"澄显"的可能，而另一些阶级的记忆则有被社会"遮蔽"乃至"遗忘"的可能。在阶级社会中，占统治地位的阶级自然是"影响力"最大的阶级，因而其记忆往往被社会"澄显"为主流记忆。为了维系统治的合法性、稳固性、永久性，统治阶级乐见此种情况，并趁势声明自己的记忆是唯一真实、全面、深刻的记忆，统治阶级利用其他各种便利和优势（比如宣传和教育），清理社会其他阶级的记忆，向社会其他阶级灌输自己的记忆，进而牢牢掌握对社会其他阶级的统治权力。

譬如，在资产阶级的记忆里，财富是自己勤劳节俭、禁欲上进、灵活经营的结果，穷人之所以穷，乃是其懒惰、享乐、愚蠢的结果。当资产阶级把对财富的上述道德记忆变为社会的主流记忆后，一些受其压迫、剥削的工人也相信，自己之所以贫穷，是因为"德不如人"，即自己身上根本不具备资产阶级所提倡的那些"美德"。很显然，工人阶级的这种认识是资产阶级操纵其道德记忆的结果。为了改善工人阶级的生活境况，首要的就是重现工人们被遮蔽、被清理的道德记忆，使他们真正回忆起并意识到：自己的辛苦劳动创造了大量财富，自己之所以穷困，并不是因为自己"懒惰、愚蠢"，而是资产阶级剥削所致，是不公平、不合理的社会制度所致，改变贫穷境况的唯一出路就是坚定地和资产阶级做斗争，推翻资本主义制度。在《英国工人阶级状况》一书中，恩格斯就是要通过大量的实例和数据唤醒英国工人被压迫与求解放的记忆。恩格斯指出："英国工人在这种状况下是不会感到幸福的；处于这种境况，无论是个人还是整个阶级都不可能像人一样地思想、感觉和生活。因此，工人必须设法摆脱这种非人的状况，必须争取良好的比较合乎人的身份的地位。如果他们不去和资产阶级本身的利益（它的利益正是在于剥削工人）作斗争，他们就不可能做到这一点。"①

在《记忆的伦理》一书中，玛格利特说："问题不是集体记忆是否被操控了，它事实上总是被操控。"② 研究道德记忆的阶级性特征，我们的目的

---

① 马克思恩格斯文集：第1卷．北京：人民出版社，2009：448．
② 阿维夏伊·玛格利特．记忆的伦理．贺海仁，译．北京：清华大学出版社，2015：89．

是揭示以下意义或启示：没有一个阶级可以宣称拥有最真实、最全面、最深刻的道德记忆，各种阶级道德记忆的合理争鸣，有助于人们更为全面地看待道德问题，但实际情况却是某个阶级的道德记忆容易被另一个阶级所操控，而这种操控又为阶级压迫提供了便利；反而思之，打破阶级压迫的一个有效方法就是释放受压迫阶级被操控的道德记忆，使其意识到打倒压迫、解放自己的道德合理性。

道德记忆的阶级性特征是阶级利益在人们意识形态中的反映。在人类历史上，总有阶级及其代表宣扬自己的道德记忆最真实、最全面、最深刻，把自己说成人类道德记忆之普遍性的代表，用自己的记忆来代替其他阶级及其成员的记忆，以此形成对其他阶级及其成员的压制、压迫。在这样的情况下，我们应该强调道德记忆的阶级性特征。

三、道德记忆的特殊性特征

作为"记忆"这一总概念的子概念，"道德记忆"肯定无法脱离"记忆"的总体框架而独善其身，但它也具有自己的独特形态和内涵。它以既不同于"记忆"也不同于"非道德记忆"的方式存在，因而凸显出一定的特殊性特征。

1. 道德记忆是关于人类道德生活经历的记忆，而不是关于人类非道德生活经历的记忆

人类生活经历丰富多彩，内容复杂。我们生活着，就是在经历着，但并非一切经历都可以归结为道德生活经历。在现实中，我们的很多生活经历与道德无关，因而不能被称为道德生活经历。与道德无关的生活经历也可能进入我们的记忆世界，但它们不是道德记忆涵盖的内容，我们因此而刻写的记忆也不能被称为道德记忆。这不仅要求我们深入认知道德生活经历与非道德生活经历的区别，而且要求我们严格区分道德记忆与非道德记忆。

道德生活经历是人类进行道德价值认识、道德价值判断、道德价值定位、道德价值选择和道德价值实现的生活经历。道德价值不是"是然"价值，而是"应然"价值，它是通过善恶来标示的。也就是说，它是人类用自己建构的善恶标准来确立的价值。因此，人类道德生活经历就是人类进行善

恶认识、善恶判断、善恶定位、善恶选择和善恶实现的过程，其实质则是人类尽力趋善避恶的过程。人类将自己趋善避恶的生活经历刻写成记忆的内容，道德记忆因此而形成。

并非人类所经历的一切都具有道德性质。人类生活经历无非包括所思所想和所作所为两个维度。如果人类的所思所想和所作所为确实具有善恶性质，则它们是道德生活经历，因此而形成的记忆属于道德记忆的范围。然而，人类的很多所思所想和所作所为并不具有善恶性质。例如，一个人睡觉的时候选择头朝东或朝西，这完全属于与道德价值无关的日常行为，不能被贴上或善或恶的标签。一个人如果记住了自己与道德无关的日常行为，那么就会形成相关的记忆，但它们是与道德无关的日常记忆，即非道德记忆。

道德记忆不同于非道德记忆。道德记忆是以人类道德生活经历为前提和基础的，而非道德记忆是以人类非道德生活经历为前提和基础的。道德生活经历和非道德生活经历都是日常的，但它们之间的区别很显著。道德生活经历是人类受到道德支配的生活经历。在道德生活经历中，道德不仅在场，而且对人类的所思所想和所作所为发挥着极其重要的支配作用。非道德生活经历则是人类不受道德支配的生活经历。在非道德生活经历中，道德不在场，对人类的所思所想和所作所为不施加任何影响。道德记忆和非道德记忆就是基于这两种不同的生活经历而形成的两种截然不同的记忆形式。

道德记忆并不涵盖人类生活经历的全部。它仅仅将那些与善恶有关的生活经历记录下来，使之在人类记忆世界占据相对独立的位置。人类的道德生活经历并不排斥其非道德生活经历，也不会拒绝与非道德记忆为伍；因此，一个具有道德记忆的人完全可能拥有非常丰富的非道德记忆。我们绝对不能想当然地认为，充斥人类记忆世界的东西全部是与善恶有关的道德记忆。道德记忆与非道德记忆相区别，并且具有特定的内涵。

2. 道德记忆是人类特有的道德思维能力，它与人类的非道德思维能力有着根本性的区别

人类具有政治思维、经济思维、道德思维等多种思维能力。在这些思维能力中，政治思维和经济思维属于非道德思维的范围。政治思维聚焦于政治制度的有效设计和安排，它追求政治价值（政治利益）的最大化；经济思维则聚焦于经济运行体制的设计和安排，它追求经济价值（经济效率）的最大

化。与这两种思维不同,道德思维聚焦于道德生活秩序的建构,追求道德价值的最大化。由于内涵不同,且具有不同的价值目标,所以政治思维、经济思维和道德思维之间很容易形成张力。

道德记忆是道德思维的一种重要表现形式。它是一种以回顾道德生活经历为主要内容的道德思维方式。因此,它本质上不是一种创造性道德思维,而是一种反思性道德思维;或者说,道德思维本身并不创造人类道德生活经历,而只是将人类的道德生活经历再次进行梳理或整理的过程。在道德记忆展开的时候,我们主要是在回顾或回忆自己曾经有过的道德生活经历。浮现在道德记忆中的道德生活经历也不同于过去实际的道德生活经历,因为它们不再是现实的,而只是一个个主观印象。

作为一种反思性道德思维,道德记忆的展开并不仅仅是再现过去的道德生活经历,更重要的是对过去的道德生活经历进行批判性考察。人类在进行道德记忆的时候,都不是在简单地回顾或回忆,而是在"以史为鉴"。道德记忆虽然并不创造人类道德生活经历,但却具有增强人类道德智慧的功能。道德记忆既给人类提供道德生活的成功经验,也给人类提供道德生活的失败教训。通过从道德记忆中吸取道德生活的经验和教训,人类的道德智慧就会增加。

人类道德智慧大都是从道德记忆中吸取的。对于个人来说,既可以通过从自己的个体道德记忆中吸取道德生活的经验和教训而获得更多的道德智慧,也可以从各种集体道德记忆中吸取道德生活的经验和教训而获得更多的道德智慧。道德智慧反映人类对客观伦理的认识、理解和服从。一个具有道德智慧的人就是懂伦理、守伦理的人。很多人就是在道德记忆展开的过程中增加道德智慧的。

政治思维和经济思维往往聚焦于现实的利益算计,通常表现为利己主义思维或实利主义思维,因而缺乏道德思维的崇高性和超越性,并且往往是短视的。人类会将自己的政治生活经历和经济生活经历纳入记忆之中,因而形成所谓的政治记忆和经济记忆,但这两种记忆带给人类的多为利益算计的经验和教训。马基雅维利的《君主论》是一部关于政治记忆的著作。作者基于对封建专制的政治记忆,赤裸裸地提出了君主应该像狮子一样威猛、像狐狸一样狡猾的政治思想。在中国,那些研究厚黑学的政客则往往为政治领域的厚黑术辩护，从而形成了以追求"厚黑"为目标的政治思维。当人们以记忆的方式体现政治思维和经济思维的时候，他们的记忆世界就充斥着政治利益、经济利益算计的经验和教训。

道德思维要求人类超越单纯的政治利益、经济利益算计，追求崇高的道德价值。人类对道德价值的追求与政治利益、经济利益的考虑有关，但绝对不等同于后者。由于与人类的政治利益、经济利益直接相关，所以人类对道德价值的诉求才获得了现实性。然而，人类的道德价值诉求并不是以实现现实的政治利益、经济利益为根本目的的。道德价值是人类在承担道德责任的过程中产生的价值。在人类必须承担的道德责任中，最基本的责任是尊重人之为人的高贵性或尊贵性。人之为人的高贵性或尊贵性就是人类特有的尊严，而它首先是通过人类对物的优越性和占有权体现出来的。道德思维反对政治思维和经济思维对政治利益、经济利益的过分强调，要求将人类自身真正置于高于物的位置上来尊重。

作为道德思维的一种重要表现形式，道德记忆是一种强调道德价值的思维。在展开的时候，它本质上是对人类道德生活经历内含的道德价值的再追求。在道德记忆中，人类展现的是道德思维能力，而不是政治思维能力或经济思维能力。道德记忆往往因为主体追求道德价值而变得崇高。它推动人类在记忆中超越政治利益、经济利益算计，追求崇高的道德价值。

3. 道德记忆不一定是价值中立的，它在很多时候具有善恶价值取向

从理论上说，只要一个人具有记忆能力，他就会记住自己的生活经历。事实亦如此。在现实中，我们不仅会记住那些让我们感兴趣的大事，而且会记住那些微不足道的小事。正因为如此，在弗洛伊德的精神分析学理论里，人类记忆的内容既有我们能够意识到的东西，也有我们不能意识到的东西。前者处于我们的意识中，因此，我们知道它们的存在；而后者往往被我们的潜意识容纳，因此，除了通过有效的释梦，我们根本不知道它们的存在。这意味着我们所有的生活经历其实都会以某种方式存在于我们的记忆中。

非道德记忆是价值中立的，因为它与善恶价值取向无关。我们记住了一棵树或一个动物的形象，这当然无所谓善恶。与此不同，人类道德记忆往往并不是价值中立的。道德记忆往往不是一个价值中立的记忆世界，而是一个有善有恶的价值世界。一方面，在刻写道德记忆时，我们都会将记忆的内容

区分为两个部分：一部分是关于善的道德生活经历的记忆，另一部分是关于恶的道德生活经历的记忆。从这种意义上说，道德记忆世界具有善恶的严格区分。另一方面，我们会用约定俗成的普遍道德原则和规范来评价或衡量我们刻写在道德记忆世界中的内容：那些能够得到普遍道德原则和规范肯定与认同的道德生活经历进入我们的道德记忆世界之后，往往会被我们视为善的东西；相反，那些无法得到普遍道德原则和规范肯定与认同的内容进入我们的道德世界之后，往往会被我们视为恶的东西。

与社会中的善恶一样，道德记忆世界中的善恶是人类建构出来的。作为道德动物，人类不仅在外部社会建构善恶，而且在内心世界建构善恶。这两种善恶并不是截然不同的，而是相互贯通、相辅相成的。我们内在具有的善恶是我们心灵拥有的善恶理念，它们可以外化为外部社会的善恶。也就是说，我们的内心世界拥有多少善恶，我们置身于其中的外部社会就有多少善恶。人类刻写道德记忆的过程实质上就是人类建构善恶的过程。在刻写道德记忆的过程中，我们总是带着一定的道德价值观念。我们会将那些与自己的道德价值观念相符的内容视为善的，而将那些与自己的道德价值观念不符的内容视为恶的。在刻写这些内容时，我们就有意无意地区分了善恶。

由于具有善恶区分，道德记忆才具有鲜明的选择性特征。我们每一个人都倾向于记住善的道德生活经历，而不愿意记住恶的道德生活经历。善的道德生活经历让我们愉快，所以我们欢迎它们进入自己的道德记忆。恶的道德生活经历让我们痛苦，所以我们不欢迎它们进入自己的道德记忆。在刻写道德记忆的时候，我们必须时刻面对善恶认识、善恶判断、善恶定位和善恶选择的问题。道德记忆问题涉及我们如何在记忆中对待善恶的问题。

在刻写道德记忆内容时，有些人更多地接纳了善的道德生活经历，但也有一些人更多地接纳了恶的道德生活经历。前一种人往往更多地看到了包括其自身在内的人类积极向善、求善和行善的道德生活经历，因此，他们的道德记忆世界更容易被善充满；后一种人往往更多地看到了包括其自身在内的人类向恶、求恶和作恶的道德生活经历，因此，他们的道德记忆更容易被恶充斥。道德记忆能够在很大程度上决定我们对现实社会的评价。如果我们的道德记忆世界被善的道德生活经历主导，那么我们往往就会将自己生活于其中的社会视为良善社会；如果我们的道德记忆世界被恶的道德生活经历主导，那么我们往往就会将自己生活于其中的社会视为邪恶社会。

4. 道德记忆是人类道德生活史的一面镜子，能够在很大程度上反映人类道德生活的历史状况

人类道德生活经历具有历史性，是构成人类道德生活史的基本史料。能够成为人类道德生活史内容的东西都必须依靠人类道德记忆的刻写功能。没有经过道德记忆刻写的道德生活经历是无法进入人类道德生活史的。正是从这种意义上说，一部人类道德生活史实质上是一部关于人类道德记忆的历史。

研究道德记忆就是研究人类道德生活史。这种研究属于历史记忆研究的范围，但它仅仅是其中的一个重要内容，而不是全部内容。历史记忆是一个外延更加宽广、内涵更加丰富的概念。它是关于整个人类社会发展历程的记忆，而道德记忆仅仅是关于人类道德生活经历的历史记忆。

道德记忆是人类道德生活史的一面镜子。透过这面镜子，我们可以看到人类道德生活的历史状况。人类从古至今所构成的丰富多彩的道德生活经历，通过道德记忆的刻写而变成了人类道德生活史。人类所能拥有的道德生活史在内容上能够达到的丰富程度，从根本上取决于人类刻写道德记忆的能力。远古时代的人类是有道德生活的，但由于主要依靠口口相传的简单方式刻写道德记忆，他们留给我们的道德生活史料是非常有限的。直到发明了印刷术之后，人类刻写道德记忆的能力才得到根本性提高，前人留给后代的道德生活史料也才变得越来越丰富。显然，人类刻写道德记忆的能力直接决定着人类建构道德生活史的能力。

道德生活史就是一幅人类道德生活的历史画卷，它由人类道德记忆刻写而成。在这幅画卷中，有人类向善、求善和行善留下的痕迹，也有人类向恶、求恶和作恶留下的痕迹。善恶交错是它的底色。人类尽力趋善避恶，但从来没有真正根除恶，因而只能在善恶交错的语境中前行。这就是人类借助其道德记忆能力所刻写的道德生活史的真实画面，也是人类道德生活从古至今的真实状况。

人类需要历史，更需要历史感。历史感就是一种人类能够找到历史根基的感觉。虽然它会让我们有一种拖着历史前行的感觉，但它带给我们的绝不

是一种包袱感，而是一种历史充实感。这在人类道德生活领域的体现是，通过建构道德生活史，我们才能在道德生活领域找到应有的历史感，而这只能依靠我们的道德记忆能力来获得。

要了解人类道德生活史，就必须研究人类的道德记忆。每一个人类个体都有自己的个体道德记忆，每一个人类集体也都有自己的集体道德记忆。这两种道德记忆交融的结果就是整个人类的集体道德记忆。人类同住一个"地球村"，人性和人心相通，命运息息相关，从来就同属于人类命运共同体，并且共享专属于人类的集体道德记忆。研究这种集体道德记忆，既有助于当代人类了解人类道德生活史，也有助于推动当代人类在共同的集体道德记忆和道德生活史的基础上结成命运与共的伦理共同体。

第七章

道德记忆的价值维度

没有记忆，人类就没有历史。没有道德记忆，人类就没有道德生活史。人类是记忆动物，也是道德动物。这不仅指人类普遍具有记忆能力和道德本性，而且指必定存在人类的记忆能力与其基于道德本性的道德生活相互联系、相互结合、相互贯通的空间。人类的道德生活经历一旦进入人类的记忆范围，道德记忆便作为人类记忆世界的一个重要领域而存在。由于具有道德记忆能力，发生在过去的人类道德生活经历才不会因为时间的推移而完全消逝。道德记忆将人类道德生活经历刻写在我们的记忆世界之中，能够对"道德"这一社会规范在人类社会的存在状况和人类道德生活施加广泛而深刻的影响，从而使自身彰显出不容忽视的存在价值。

一、道德记忆与道德的生命力

道德在人类社会的存在是以自身强大的生命力作为基础和前提条件的。道德的生命力是指道德维持自身存在和发展的能力。作为一种非强制性社会规范，道德发端于原始社会，继而在奴隶社会、封建社会、资本主义社会和社会主义社会的历史变迁中绵延不绝，这些历史事实证明道德在人类社会具有维持自身存在和发展的强大生命力。

道德的强大生命力基于两个必要条件而形成。一是道德在人类社会的存在必须具有坚实的合法性和合理性基础。只有被人类社会作为合法、合理的社会规范加以肯定和接受的道德才具有旺盛的生命力。二是道德在人类社会必须具有维持其可持续性的有效手段。具有可持续性是道德生命力旺盛的根本标志。

人类社会是道德存在的合法性和合理性来源。道德的生命力源于人类社会的肥沃土壤。只要人类社会存在，道德就存在。人类社会之所以是道德的生命力源泉，是因为道德只能在人类社会的历史和现实中存活与兴盛。人类社会的历史性和现实性是通过社会状态的秩序性来标示的，而社会状态的秩序性只不过是人类的社会本性得到彰显的产物。在人类社会，任何个人都不可能作为绝对孤立的个体而存在，而是必须作为具有社会性的公民或国民而存在；人与人之间不可避免地要结成复杂的社会关系。因此，马克思说："人的本质不是单个人所固有的抽象物，在其现实性上，它是一切社会关系的总和"[①]。在社会状态中，社会关系的客观性塑造人类的社会本性。道德本性只不过是人类社会本性的一个重要内容，它将人类变成道德动物。这意指，只要人类生活在社会状态中，人类的道德本性就会驱使人类遵循和服从道德的规范性要求；换言之，人类在社会状态中生存和发展的历史与现实就是人类不断遵循和服从道德的规范性要求的历史与现实；只要人类存在，人类社会就存在；只要人类社会存在，道德就存在；只要人类社会不消亡，道德就不会消亡。

作为一种社会规范，道德无疑是人类的一种发明。人类发明道德规范的根本目的是将自身参与社会生活的行为纳入有利于建构社会秩序的轨道。在原始社会，虽然并不存在国家秩序的建构问题，但社会秩序的建构问题在氏族部落是存在的。每一个氏族部落都依靠氏族成员之间的血缘关系而建立，部落酋长既是政治权威，也是道德权威。氏族部落的所有成员都遵循约定俗成的氏族性道德规范。例如，每一个氏族部落都将共同劳动和共享劳动成果当成每个成员都必须严格遵守的道德原则。进入文明社会之后，国家的出现使道德治理在国家治理和社会治理中获得了越来越重要的地位，道德规范的重要性也因此而变得更加突出。道德存在的合法性和合理性就是由它本身在人类社会中日益重要的地位来确立的。纵观人类社会发展史，道德是任何一

---

① 马克思恩格斯文集：第1卷. 北京：人民出版社，2009：501.

个社会都必不可少的一种基础性社会规范，其功能就是为人类社会的存在和发展建构基本的伦理秩序。

  道德为人类社会建构的伦理秩序往往具有持久的稳定性。伦理秩序主要是通过人与人之间的伦理关系来体现的。在人类社会，父子关系、母子关系、兄弟关系、姐妹关系、师生关系、朋友关系等既是事实性关系，也是具有伦理意蕴的关系。例如，一个人一旦作为另一个人的父亲而存在，他就应该对后者承担付出父爱的道德责任；同样，一个人一旦作为另一个人的儿子而存在，他就应该担负敬重后者的道德责任。几千年来，虽然人类社会经历了复杂的历史变迁，但是人与人之间的基本伦理关系并没有发生根本性改变。父子关系、母子关系、兄弟关系、姐妹关系、师生关系、朋友关系等人伦关系内含的道德价值和意义一直保持着相对的稳定性。

  道德在人类社会的存在具有经得起人类道德生活实践检验的合法性和合理性基础。虽然不同时代的道德规范并不完全相同，但是不同的道德规范在不同时代都发挥了不容忽视的历史作用，并且都为人类社会的进步和发展做出了贡献。人类社会发展的历史经验告诉我们，道德是推动人类社会进步和发展的必不可少的条件与手段，它的存在对于人类社会来说具有十分重要的道德价值。道德依赖于社会而存在，并且在人类社会中彰显自身存在和发展的强大生命力。

  道德在人类社会维持其可持续性存在的有效手段是人类的道德记忆。道德记忆是人类道德生活的"过去"得以留存和再现的唯一有效途径，也是道德这一社会规范能够在人类社会生生不息的根本原因。由于道德记忆能够实实在在地发挥作用，所以人类道德生活的"过去"不是"死"的历史，而是具有旺盛生命力的历史。如果说道德是一种具有旺盛生命力的社会规范，那么道德记忆就是它的旺盛生命力得以延续的必要条件。

  人类的道德记忆可以追溯到原始社会。恩格斯指出，在人类进入文明社会之后，"旧氏族时代的道德影响、传统的观点和思想方式，还保存了很久才逐渐消亡下去"[①]。这一方面说明原始社会存在氏族性道德规范，另一方面说明氏族性道德规范对人类进入国家状态之后的生活产生了久远的影响。

---

① 马克思恩格斯文集：第4卷. 北京：人民出版社，2009：135.

之所以如此，是因为人类社会生活在以文明的方式展开的前提下，也要在很大程度上依靠道德记忆的刻写与道德的伦理支持。对于人类来说，原始社会的消逝是历史的必然，但走出原始社会进入文明的历史进程后，道德记忆是人类社会生活实践的重要思想资源之一，人类在文明状态下的各种活动并不能排除一定的道德记忆通过历史向现实施加形形色色的影响。可见，文明状态下的人类生活从一开始就建立在一定的道德记忆的基础之上。

道德记忆不仅使人类过去的道德生活经历能够得到留存和传承，而且能够为人类坚持不懈地过向善、求善和行善的道德生活提供重要理由。人类之所以一代又一代地坚持讲道德，其重要原因之一是人类具有丰富多彩的道德记忆。前人趋善避恶的道德生活经历，既为后人坚持过道德生活提供了历史经验和教训，也为后人坚持过道德生活提供了重要理由。我们不难想象，当代人类遵守道德的一个重要原因是人类的先辈一直在遵守道德。

人类与其他动物的一个重要区别在于，后者仅仅活在现在和当下，而人类除了活在现在和当下之外，还必须活在过去和未来。过去、现在和未来是人类建构的时间概念，但它们并不是仅仅表达时间事实的概念，而是还富含伦理意蕴的概念。人类的存在只有通过过去、现在和未来三个维度来体现才是完整的，因此，这三个时间维度就是人类塑造人格必不可少的东西。对于人类来说，拥有过去、现在和未来都是其人之为人的道德权利。占有三个时间维度是人类神圣不可侵犯的权利。

"执古之道，以御今之有。"[①] 道德记忆是当代人类坚持过道德生活必不可少的历史合法性和合理性基础。前人过道德生活留下的善恶经验和教训是通过人类的道德记忆来传承的，它们都能给当代人类的道德生活提供有益启示。历史不拒绝人类的记忆，所以才成为历史。人类不拒绝历史记忆，所以才成为有根的存在者。因为具有记忆能力，人类才能记住和不断回顾自己的历史。人类"对记忆的需求是对历史的需求"[②]，而历史反映的只能是人类过去的生存经历。人类过去的生存经历不仅作为历史事实而存在，而且作为善恶事实而存在。前人总是带着一定的道德价值观念进入他们的生存状态，后人也总是会用自己的道德价值观念对前人的生存经历做出或善或恶的价值

---

① 老子. 饶尚宽, 译注. 北京: 中华书局, 2006: 34.
② 阿斯特莉特·埃尔. 文化记忆理论读本. 冯亚琳, 主编. 北京: 北京大学出版社, 2012: 100.

判断，这就使人类的历史记忆往往具有道德记忆的性质。前事不忘，后事之师。前人在道德生活方面留下的善恶记忆是当代人类坚持不懈地追求和践行道德所必须依靠的珍贵资源。

道德记忆是道德规范在人类社会保持强大生命力的支持系统。如果没有道德记忆的支持，作为社会规范而存在的道德就不可能在人类社会代代相传，而不能代代相传的道德就必定是没有生命力的社会规范。道德在人类社会存在和发展的能力是需要时间来检验的，而能够将道德置于时间天平之上的东西只能是人类的道德记忆。人类建构道德记忆的过程实质上就是人类道德不断改进、不断提高、不断完善的过程。经过道德记忆的建构过程，人类根据不同时代的要求对道德规范进行改进或改造，从而推动道德朝着越来越好的方向发展。道德一直在进步和发展，这从根本上得归功于人类的道德记忆能力。由于具有道德记忆能力，人类在原始社会发明的道德一直在向前推进，一直在朝着越来越好的方向发展。道德记忆是道德能够在人类社会得到保鲜和不断焕发出强大生命力的根本保证。

二、道德记忆与道德文化传统

道德生命力旺盛的另一个重要表现是人类社会具有源远流长的道德文化传统。道德文化传统从何而来？它是人类道德记忆建构的产物。

道德文化传统是人类在长期道德生活中形成的道德思想、道德原则、道德信念、道德理论、道德实践模式等作为其道德记忆的内容而形成的一个文化体系。传承性是道德文化传统的根本特征。之所以如此，是因为道德文化传统只能是发生在过去但能够被人类道德记忆刻写和传承的东西。道德文化传统既可以是民族性的，也可以是国际性的。前者指每一个相对独立的民族或国家都可以基于本国国民的道德记忆而建构民族性道德文化传统，后者指整个人类或国际社会可以基于全人类的道德记忆而建构国际性道德文化传统。显然，无论道德文化传统以何种形式存在，它的建构都必须借助人类的道德记忆能力。

道德文化传统只能在人类的代际传承中形成。如果人类形成的道德思想、道德原则、道德信念、道德理论、道德实践模式等没有代际传承性，那么它们就不可能构成道德文化传统。也就是说，上一代人形成的道德思想、道德原则、道德信念、道德理论、道德实践模式等只有得到后代人的传承，才称得上道德文化传统。道德文化传统的传承性只有基于人类的道德记忆能力才能得到彰显。人类所拥有的各种道德文化传统无疑都具有特定的历史性特征，但它们都只有通过人类道德记忆的刻写和建构才能成为人类文化传统的内容。

人类道德记忆对道德文化传统的刻写和建构并不能仅仅依靠人类的自然道德记忆能力来完成。人类的自然道德记忆能力就是人脑记忆人类道德生活经历的能力。它是一种有限的记忆能力。事实上，我们人类既不可能将自己的所有道德生活经历都刻写到道德记忆世界之中，也不可能将所有被刻写到道德记忆世界之中的东西都建构成我们的道德文化传统。我们的道德记忆具有选择性特征，我们对道德文化传统的建构也具有选择性特征。这是指，我们会依据自身的兴趣、需要等有选择性地记住一些道德生活经历，并将它们建构成自己的道德文化传统。由于对自身自然道德记忆能力的有限性有深刻的认识，我们人类从古至今一直在探寻拓展道德记忆的方法。事实上，为了弥补自然道德记忆能力的不足，我们人类很早就知道借助语言、建筑、文学艺术作品等手段来增强和拓展自己的道德记忆能力。

道德记忆是人类建构道德文化传统的唯一途径，但这一途径是由多种方式汇聚整合而成的。人类的道德记忆可以区分为自然道德记忆和人工道德记忆，因此，我们建构道德文化传统的方式就有两种：一是借助自然道德记忆建构道德文化传统，二是借助人工道德记忆建构道德文化传统。

人类借助自然道德记忆建构道德文化传统的主要方式是口述。所谓口述，主要指人类个体（个人）凭借自己的自然道德记忆能力，用口语将其道德记忆的内容传给后代的方式。在没有文字的历史条件下，人类主要通过口头交流的方式将自己认为重要的道德文化传统记忆传给后代。这种传承方式的有效性取决于人类的自然记忆能力和口语表达能力。由于人类的自然记忆能力和口语表达能力都是有限的，所以仅仅依靠口头交流方式传承的道德文化传统在数量上是非常有限的。

在发明文字之后，书面文字成为人类传承道德文化传统的主要方式。这种传承方式从根本上克服了人类自然记忆能力和口语表达能力的局限性，极大地提高了人类建构和传承道德文化传统的能力。人类在历史中形成的道德文化传统是海量的，人类的自然记忆能力和口语表达能力并不足以将它们毫不遗漏地保留下来，但书面文字可以在很大程度上克服这种局限性。人类道德文化传统一旦能够通过书面文字的形式来传承，它们在人类社会的传播量就会有质的提高。

人类借助文字来刻写有关道德文化传统的道德记忆的最重要的方式是撰写书籍。书籍是文字最好的寓所，一部书籍可以将大量的道德文化传统作为道德记忆保存下来。如果一部书籍并不足以承担将道德文化传统纳入人类道德记忆的任务，那么人类还可以采取出版丛书等方式来增强自己的道德记忆。

进入电子科技时代之后，电脑、手机等电子科技产品的出现不仅对书籍承载人类道德记忆的作用产生了很大冲击，而且极大地拓展了人类借助人工记忆手段来刻写有关道德文化传统的道德记忆的空间。电子科技产品是人类智能得到延展的产物，它们的记忆容量更大。在当今世界，人类通过人工道德记忆手段来建构道德文化传统的能力越来越强，已经远远超过人脑的道德记忆能力。

人类还借助建筑、音乐、绘画、舞蹈等文化形式来传承有关道德文化传统的道德记忆。例如，中华民族一直有在宫殿、衙门、庙宇等公共建筑和私人住宅悬挂牌匾的习俗。在传统社会，牌匾的文字内容主要反映皇帝、政府官吏、出家人和普通老百姓的道德价值观念。皇帝治理朝政的宫殿往往悬挂"正大光明""恩泽四海"之类的牌匾，衙门往往悬挂"清正廉明""大公无私"之类的牌匾，庙宇往往悬挂"佛光普照""普度众生"之类的牌匾，私人住宅则往往悬挂"宁静致远""厚德载物"之类的牌匾。这些牌匾是中华民族刻写道德记忆的一种重要方式，也是中华民族建构道德文化传统的一种重要方式。

人类社会的道德文化传统只有借助人类的道德记忆才能形成和代代相传。可以说，没有道德记忆，就没有人类的道德文化传统。道德记忆既是人类道德文化传统的载体，也是人类道德文化传统的内容。人类的道德文化传统依赖人类的道德记忆而存在，同时又作为人类道德记忆的内容而存在。人类道德文化传统与其道德记忆的关系是内容和形式的关系，两者相互依存，相互影响，相辅相成，相得益彰。

"历史的经验值得注意，历史的教训更应引以为戒。"① 人类不能没有道德文化传统，因为后者是人类将道德生活不断向前推进的历史依据。借助人类的道德记忆建构和传承的道德文化传统，是当代人类追求和践行道德的重要参照与依据。道德记忆不仅使人类坚持不懈地过道德生活的努力具有历史合法性和合理性基础，而且使道德规范能够在人类社会生生不息、绵延不绝。因为有道德记忆，人类才拥有了源远流长的道德文化传统，并且形成了尊重和继承优秀道德文化传统的美德。

三、道德记忆与人的道德责任

道德是人类彰显其社会本质、维持其生活秩序和提升其生活质量所必不可少的手段。它不仅要求人类懂得应该做什么和不应该做什么，而且要求人类对自己的所作所为承担责任。道德向人类提出的责任要求统称为道德责任。对于人类来说，承担道德责任就是对自己已经完成的行为所造成的后果或对自己正在进行的行为所可能造成的后果承担道义上的责任。因此，人类所应承担的道德责任有两种，即回溯性道德责任和前瞻性道德责任。

回溯性道德责任是人类对自己在过去完成的行为所应担负的道德责任，它必须依靠人类的道德记忆来确立。要求人类对过去完成的行为承担道德责任的前提是，人类必须拥有相关的道德记忆，即人类必须记住那些过去的行为。如果我们遗忘了自己在过去完成的行为，那么道德责任就无从谈起。道德记忆不仅是连接人类道德生活的"过去"和"现在"的纽带，而且是推动人类对过去的所作所为承担道德责任的历史依据和重要原因。

道德记忆是唤醒人类对过去的道德责任意识的唯一途径。现实中的许多人就是基于道德记忆而对他们过去的行为承担了道德责任，也有很多人是因为道德记忆缺失而没有对他们过去的行为承担道德责任。例如，一个人可能因为记住了自己在过去向别人借钱并承诺按时还钱的行为而在现在承担了还

---

① 习近平. 习近平谈治国理政. 北京：外文出版社，2014：390.

钱的道德责任，一个人可能因为记住了自己在过去所做的某个承诺而在现在承担了履行诺言的道德责任，一个人也可能因为记住了自己在过去受到他人的帮助而在现在承担了感恩的道德责任，如此等等。人类之所以愿意在现在和当下完成某些道德行为，完全可能是因为受到了相关道德记忆的提醒和驱动。对自己过去的行为承担道德责任是人类的一个重要行为特征。

个体道德记忆是个人对自己过去的行为承担道德责任的依据和原因。个人是其过去的道德生活经历的直接经验者，因而也是其过去道德生活经历的直接责任人。在现实生活中，我们每一个人都应该对自己的过去负责。一个人在过去做的事情不仅会对他自己的生活状况产生深刻影响，而且会影响他人和社会的存在状况。因此，每一个社会都会要求个人对自己的过去承担道德责任。我们不难想象，如果个人不需要对自己过去的所作所为承担道德责任，那么他就完全可能以违背道德的方式生活，为所欲为，不择手段，不计后果。

集体道德记忆是家庭、企业、社会组织、民族和国家等人类集体对其过去的行为承担道德责任的依据和原因。人类的一些过去行为是通过集体形式完成的，因此，它们的道德责任主体是集体，而非个人。例如，德国、意大利和日本法西斯分子在第二次世界大战期间所进行的各种大屠杀本质上具有集体行为性质，它们也已经作为人类集体道德记忆的内容而被保留，这就要求德国、意大利和日本作为集体对自己在第二次世界大战期间犯下的严重罪行承担忏悔、道歉、承诺不再犯等道德责任。

基于道德记忆对过去的所作所为承担道德责任是人类道德生活中的一个常见内容。从伦理学角度看，"过去"对于人类来说并不会真的成为"过去"，因为道德记忆能够将人类道德生活的今天与过去连接起来。由于能够借助道德记忆对自己的过去承担道德责任，所以人类在过去完成的行为通常具有道德价值，人类生活的过去也因此而被赋予了深厚的伦理意蕴。

需要指出的是，道德记忆是推动人类对自己过去的行为承担道德责任的必要条件，而非充分条件。因此，有道德记忆的人并不一定会对他们过去的行为负责。事实上，人类对自己过去的行为不承担道德责任的事情并不少见。个人借债不还、不信守诺言、忘恩负义等行为在任何社会都时有发生，集体否定自己过去的不道德行为和拒绝承担道德责任的事情也屡见不鲜。一些企业拖欠员工的工资，有些国家对本民族所犯的屠杀罪拒绝承认，这样的情况在当今世界均可找到案例。当今日本就没有对自己在第二次世界大战期间对亚洲人民所犯下的侵略罪行进行过真诚的反省和忏悔。今天的日本不仅对过去的侵略历史缺乏反省，而且常常暴露出复辟军国主义的丑恶野心。

道德记忆缺失对于人类来说是可怕的。它不仅意味着人类对自己的道德生活经历缺乏记忆，而且意味着人类可能对自己的过去不承担道德责任。要知道，过去就是过去的现在，现在就是未来的过去。如果人类对自己过去的行为缺乏应有的道德规约，那么其所建构的道德记忆就必定是善恶不分的记忆，对自身现在的行为也必定缺乏道德上的约束。人类一旦拥有不道德的过去，那么其现在和未来就必定很容易被不道德的阴影笼罩。在人类社会，过去、现在和未来是相互联系、相互作用、相互影响的。关于过去的道德记忆直接影响人类在现在和当下的道德生活。

人类与其他非人类动物的一个重要区别在于，人类必须对自己的过去、现在和未来负责，而非人类动物并没有区分过去、现在和未来的思维能力，更不用说为它们在过去、现在和未来所做的事情负责。过去、现在和未来对于人类来说都是具有深厚伦理意蕴的时间概念，因为它们不仅作为人类生存状况的限定条件而存在，而且赋予人类生存状况不容忽视的伦理意义。人类在过去行的善或作的恶都可以通过自己的道德记忆延续到现在，甚至延续到未来，因此，人类必须对自己过去的行为承担道德责任。这是人类同时作为记忆动物和道德动物的一个重要标志。

四、国家治理的道德记忆基础

道德记忆是关于人类道德生活经历或道德生活史的记忆。由于人类道德生活经历是通过人类明辨善恶和趋善避恶的经历来标示的，所以道德记忆实质上是关于善恶的记忆。人类在"过去"经历了善恶，并且将这种经历留存在自己的记忆之中，道德记忆便在人类的记忆世界占据了一席之地。道德记忆的存在价值主要在于，它能够使人类过去的道德生活经历或道德生活史不会因为时间的推移而灰飞烟灭。道德记忆既承载人类个体道德生活的过去或历史，也承载人类集体道德生活的过去或历史。因此，它有个体道德记忆和集体道德记忆的区分。

　　国家治理是人类进入国家状态之后才遭遇的一个问题。原始社会仅仅存在氏族部落管理问题，并不存在国家治理问题。在原始社会，人类以血缘关系为纽带而生活在一起，以氏族部落的方式过着简朴的原始群集生活，每一个氏族部落都按照原始氏族制度来管理，血缘关系的联结力和氏族酋长的权威在部落管理中发挥着举足轻重的作用，管理工作比较简单、容易。进入国家状态之后，人类不再受限于氏族部落的狭窄空间，其生活的交融性、流动性和公共性不断加强，人与人之间的利益矛盾日益尖锐，国家治理也因此而成为紧迫的现实需要。国家治理与氏族部落管理的不同之处主要在于，它不再依靠氏族血缘关系的联结力和氏族酋长的权威来约束人们的思想与行为，而是转而采取公共治理的方式来整治社会秩序。国家治理必须依靠专门的公职人员和公共机构才能进行，对社会秩序的整治具有专门化、公共化、综合化、系统化、规范化等特征，所达到的规模、水平、境界等都与原始社会的氏族部落管理模式有着根本性的区别。

　　国家治理与人类的道德诉求紧密相关。首先，国家治理者总是带着一定的道德价值观念进行国家治理活动。他们或者以"天下为公"的道德价值观念治国理政，或者以"自私利己"的道德价值观念治国理政，或者以其他的道德价值观念治国理政，这会对国家治理的成败产生深刻影响。其次，人类社会约定俗成的道德原则和规范能够对国家治理形成强有力的规范性制约。国家治理不能不遵循人类普遍认可与接受的道德原则和规范；否则，它就不具有道德合理性基础，更不可能得到人们的广泛道德认同。最后，每一个时代的国家治理都是基于人类治理国家的道德记忆而展开的。前人秉承什么样的道德价值观念或道德原则进行国家治理？他们治理国家产生了何种道德效果？……这些都会以道德记忆的方式给后世的国家治理者提供历史参照。

　　在国家治理领域，人类明辨善恶、趋善避恶的道德记忆主要是通过人类关于善治和恶治的记忆来体现的。"善治"是充分彰显善性或道德合理性的国家治理模式。实现国家公共利益和国民幸福的最大化是国家治理的理想境界，也是善治之善得到充分张扬的现实表现。"恶治"是充分暴露恶性或不具有道德合理性的国家治理模式。导致国家公共利益和国民幸福最小化是国家治理的最糟糕的境界，也是恶治之恶达到极致的现实表现。"善治"和"恶治"都是在人类治理国家的历史长河中积淀而成的历史性概念。人类经历过奴隶制国家和封建制国家，目前正处于社会主义国家与资本主义国家并存和争鸣的世界格局中。在不断推进国家治理的社会历史中，人类积累了大量向善、求善和行善的善治经验，也留下了许多向恶、求恶和作恶的恶治教训。

我国在远古时代就流传着不少关于"善治"的佳话。黄帝"普施利物，不于其身。聪以知远，明以察微。顺天之义，知民之急。仁而威，惠而信，修身而天下服"① 所以能够得到老百姓的普遍拥护——"日月所照，风雨所至，莫不服从"②。后来的尧以仁德治理天下，"其仁如天，其知如神。……富而不骄，贵而不舒"，所以百姓"就之如日，望之如云"③。尤其被世人广为传颂的是，他最终将治理天下的大权传给了强调父义、母慈、兄友、弟恭、子孝的舜。尧治理国家可谓大公无私，"终不以天下之病而利一人"④。这是指，尧不愿以损害广大老百姓的利益为代价来使自己一人得利。后来，尧将治理天下的大权交给了德才兼备的舜，舜又将治理天下的大权传给了"其德不违，其仁可亲，其言可信"⑤ 的禹。我国远古时代的黄帝、尧、舜和禹都是"善治"的典范。他们以德垂范，以德服人，以德取人，以德治国，大公无私，因而在国家治理方面给后人留下了难以磨灭的良好道德记忆。

我国历史上也有恶治的事例。秦始皇统一中国为我国社会发展立下了卓越功勋，但他私欲膨胀，以私废公，实行暴政，因而不仅为秦王朝的迅速灭亡埋下了祸根，而且给后人留下了不少恶治的记忆。正如司马迁所说："秦王怀贪鄙之心，行自奋之智，不信功臣，不亲士民，废王道，立私权，禁文书而酷刑法，先诈力而后仁义，以暴虐为天下始。……孤独而有之，故其亡可立而待。"⑥ 其意指，秦始皇怀有贪婪卑鄙之心，自恃才高，不信任功臣，不亲爱百姓，不坚持弘扬仁政的王道，树立私人权威，禁止人们读书，主张

---

① 司马迁. 史记：第1册. 哈尔滨：北方文艺出版社，2007：2.
② 同①.
③ 同①3.
④ 同①5.
⑤ 同①10.
⑥ 同①80.

实行残酷的刑法，崇尚诡诈和暴力，轻视仁义之德，这一切不仅使秦始皇难以得到老百姓的普遍支持，而且预示了秦王朝的快速灭亡。司马迁曾如此感叹："借使秦王计上世之事，并殷周之迹，以制御其政，后虽有淫骄之主而未有倾危之患也。"① 他想强调，如果秦始皇能够以前代的史事为鉴，吸取殷周二朝治国理政的经验，并在此基础上制定正确的治国之策，那么纵然后来出现了骄奢淫逸的君王，秦王朝也不会有倾覆灭亡的危险。

正如氏族管理是决定原始社会状况的最重要的因素一样，国家治理是决定国家状况的关键因素。善的国家治理模式合乎人类对国家治理活动的普遍道德价值认识、道德价值判断、道德价值定位和道德价值选择，它是人类向善、求善和行善的道德价值观念与道德实践能力在国家治理活动中所达到的高度统一。这种国家治理模式在根本性质上是善的或合乎伦理的，因而被称为"善治"。恶的国家治理模式不合乎人类对国家治理活动的普遍道德价值认识、道德价值判断、道德价值定位和道德价值选择，与人类向善、求善和行善的道德价值观念与道德实践能力背道而驰，在根本性质上是恶的或不合乎伦理的，因而被称为"恶治"。"善治"和"恶治"代表着两种截然对立的伦理性质。前者是国家之福、社会之福、国民之福，后者是国家之祸、社会之祸、国民之祸。

总而言之，道德记忆的价值维度不仅在于它让我们人类记住了自己曾经有过的道德生活经历，更重要的在于它是建构人类道德生活的必要条件和重要内容。人类道德生活是由道德规范的强大生命力、道德文化传统、人类承担道德责任的事实等多种要素构成的一个系统，它的形成在很大程度上依赖人类的道德记忆状况。

道德记忆本质上是一种历史记忆，因为它承载的是人类发展史上的是非对错和善恶美丑。然而，道德记忆不仅要求我们记住过去的是非对错和善恶美丑，而且要求我们以史为鉴。只有以史为鉴，我们才能很好地立足于现在和面向未来。我们人类无论以个体的方式存在，还是以集体的方式存在，我们在过去的所作所为都与自己的道德诉求有关，并且会通过道德记忆的途径代代相传。对于我们人类来说，刻写道德记忆本身也是一种道德责任要求。

---

① 司马迁. 史记：第 1 册. 哈尔滨：北方文艺出版社，2007：80.

它要求我们每一个人严肃、认真、负责地对待自己的过去。

　　道德记忆还警示我们,"过去"曾经作为"现在"而存在,"现在"必将成为"过去","将来"也会变成"现在"和"过去"。因此,过去的道德生活经历一旦进入道德记忆,就会作为历史的一面镜子而存在,为我们现在和未来的道德生活提供经验和教训,使我们以史为鉴,在现在和未来越来越好地过道德生活。道德记忆不是人类道德生活中的负担,而是人类之福。它不仅让我们尊重与珍惜过去,而且让我们重视与爱惜现在和未来。

第八章

道德记忆与人类教育

人类是一种目的性动物。人类为着一定的目的而思想，也为着一定的目的而行动，从而在自身的生存状态中形成了一个独特的目的体系。构成这一目的体系的一个重要内容是人类对善的不懈追求。人类坚持向善、求善和行善，努力成为善良的存在者。作为人类活动的一种重要形式，教育在推动人类向善、求善和行善方面发挥着至关重要的作用。

道德教育是人类教育活动的首要内容，更是人类学以成人的必要环节。它最重要的内容是推动人们认识和掌握道德真理，并在道德真理的引导下过上具有道德价值的生活。道德真理在哪里？已经发现的道德真理存在于人类的道德记忆之中。人类教育活动需要以已有的道德真理为前提，而已有的道德真理又必须以人类道德记忆为依托，因此，探析道德记忆与道德教育之间的关系就是必要且重要的。

一、教育与人类对文明之善的记忆

教育的第一个重要任务是唤起人类对文明之善的记忆，并推动人类在这种记忆的驱动下不断向善、求善和行善。

人类是从野蛮走向文明的。野蛮就是自然而然的状态，就是粗野的状态，就是完全遵循自然法则的状态。文明则是对野蛮、粗野和自然法则进行超越而达到的状态。如果说人类在自然界中的出场具有划时代的意义，那么这首先就指人类改变了自然界千篇一律的野蛮状态，用文明之灯淡化了自然界的粗野性，为自然界增添了文明性。文明是人类试图在自然界中确立的一种善。在人类从野蛮走向文明的过程中，教育的作用至关重要。

人类的诞生是自然界最大的奇迹，因为它从根本上改变了自然界完全受"物性"支配的状态，为自然界增添了"人性"的光辉。人性是人类的根本之所在。人类之所以被称为"人类"，是因为人类具有其他自然存在物缺乏的人性。人性即人类的本性，即人类的本质规定性，即人类与其他自然存在物相区别的根本属性。

人性是与物性相比较而言的。人性赋予人类人格，物性则赋予其他自然存在物物格。拥有人格的人类具有尊严，拥有物格的自然存在物仅仅具有价格。不能将具有尊严的人类与仅仅具有价格的自然存在物相提并论。因此，人类是高贵的，人类的高贵性应该受到我们自身的重视和尊重。

人性是一种不断进化、不断发展、不断塑造、不断建构的特性。它肇始于人类在自然界诞生的那个时间点，永远处于进化、发展、塑造和建构的过程中。人性的演化很复杂，但它的总体趋势是清晰的：它是一个抑制恶性、弘扬善性的过程。人类身上总是或多或少地存在一些恶性，但人类一直在努力趋善避恶。人类身上的恶性难以彻底消除，但人类普遍愿意并努力争取变得善良。

与其他自然存在物分离之初，人类身上的恶性还十分严重。人类最早的祖先以群居的方式生活在氏族部落里，但他们的生活方式是蒙昧的、野蛮的。所谓蒙昧，就是人类并没有将自身与其他自然存在物完全区分开来的思维状态。由于蒙昧，他们并不能完全区分人性和物性。所谓野蛮，就是人类在为人处世上仍然与其他动物保持着极大的相似性。由于野蛮，人类最早的祖先与其他动物拥有相似的生活方式。一个明显的例子是，在以蒙昧和野蛮为根本特征的原始社会阶段，乱伦在氏族部落是司空见惯的事情。

作为生物圈中的一员，人类与其他生物一样具有进化性。人类的进化是人类生命和人性的整体进化。人类的生命与人性水乳交融，互为表征，相互支持，共同塑造人类的伟大和高贵。具体地说，人类的生命是具有人性的生命，人性则是人类生命内含的根本属性；人类的进化本质上是人类特有的生命力和人性齐头并进的进化。

人性的进化总体上是沿着向善的方向展开的。从历史唯物主义的角度来看，人性中的恶不可能被根除，因为善恶总是相比较而存在，但人性向善的维度总体上呈现出日益增强的态势。人类社会之所以总体上在朝着越来越好的方向发展，其根本原因就是人性在朝着越来越好的方向改善。在人类刚刚进入文明社会之时，人与人之间相互倾轧的现象非常严重。在奴隶社会，残暴的奴隶主甚至将奴隶当作"活的牲口"来对待。时至今日，虽然欺诈、暴力等现象仍然在人类社会时有发生，但是人与人之间相互尊重、相互关爱、相互帮助、相互促进的事态显然占据着越来越明显的优势。如果我们相信人类社会在朝着越来越好的方向发展，那么我们就应该对人性不断改善的事实抱持坚定的信念。

　　人性的改善需要条件。一方面，社会存在（特别是经济基础）的变化会为人性的改善提供客观基础。社会存在不是一成不变的，受社会存在制约的人性也必定随之变化。另一方面，人类的主观努力也会对人性的改善起到积极的推动作用。人类主观上积极向善、求善和行善，这无疑能够助推人性的改善和提升。

　　在人类致力于改善人性的主观努力中，教育是最有效的方式。教育是人类最重要的发明之一，是人类不断提升自身生命力和生命质量的法宝。没有教育，人类的经验、思想、理论就不可能得到传承；没有教育，人类就不可能拥有其他发明。教育的精义包含两个维度：一是教，二是育。所谓"教"，就是传授经验、思想和理论。所谓"育"，就是孕育人类的精神生命，就是培育人类的文化气质，就是化育人性。

　　人类的生存活动比其他自然存在物复杂得多，这是因为人类必须经过复杂的教育才能过上人之为人的生活。我们难以完整地勾画教育在人类社会诞生时的图景，但我们可以推测或想象它的基本框架。最早的教育应该诞生于原始社会，它大体上沿着两个方向展开。一方面，它注重生存本领的传授。在原始社会，由于生产力水平非常低下，在自然界中谋求生存的活动特别艰难，因此，人类需要不断提高采集和狩猎的本领，而要做到这一点，言传身教就显然是必要的。另一方面，它重视社会规范的传授。原始社会存在原始的社会规范。在氏族部落里，人类不仅依靠血缘关系结成命运共同体，而且依靠氏族性社会规范维持原始社会秩序，而要做到这些，简单的氏族性教育活动就会应运而生。我们可以想象，如果没有一定的社会规范教育，那么氏族部落酋长的权威就必定难以确立，氏族部落内部也必定缺乏最基本的秩序。那些存在于原始氏族部落中的社会规范就是马克思恩格斯所说的"氏族制度"。① 由于原始氏族部落是基于血缘关系建立起来的，所以氏族制度的主要功能是规范人与人之间的亲属关系。恩格斯曾说："由于亲属关系在一切蒙昧民族和野蛮民族的社会制度中起着决定作用，因此，我们不能只用说空话来抹杀这一如此广泛流行的制度的意义。"②

教育的诞生为人性向善创造了必要条件。人类不仅生存着，而且以不断进行自我教育的方式生存着。正因为如此，人类的生命力才是其他自然存在物无法相比的，人类的生命质量在自然界中才是最高的。由于发明了教育，人类会把自己做得好的事情作为成功的经验加以传承，也会把自己做得不好的事情作为教训加以传承，这为人类提升自己的生命活力和生命品质创造了条件，也使人类与其他自然存在物之间的区别变得更加显著。人类在教育中生存，也在教育中变得越来越强大；人类在教育中生活，也在教育中变得越来越高贵。在人类的诸多发明中，教育是让人类自身受益最多的发明。

教育总是处于发展中。它的发展是人类社会发展的一个基本内容。由于教育本质上是人的教育，所以教育发展的状况直接反映人类的发展状况。教育适应人的需要而存在，也适应人的需要而发展。

教育发展的轨迹和内容很复杂，但总体来看它表现为一个逐步大众化的过程。在奴隶社会和封建社会，教育是一种仅仅被统治阶级掌握的社会资源。居于统治地位的奴隶主和封建贵族掌控着社会的教育资源，只有他们才能真正享受教育的权利。虽然那个时代也有思想家倡导"有教无类"③，但是真正能够接受教育的只有特权阶级。教育权利不平等或教育资源分配不公，是奴隶社会和封建社会的一个共同特征。

教育权利不平等或教育资源分配不公的问题是由奴隶社会和封建社会森严的等级制度导致的。在等级社会里，人的社会地位是由财产的多寡决定的。财产多的人成为奴隶主或封建贵族，财产少的人则沦为奴隶或佃农。事

---

① 马克思恩格斯文集：第4卷. 北京：人民出版社，2009：52.
② 同①40.
③ 论语 大学 中庸. 2版. 陈晓芬，徐儒宗，译注. 北京：中华书局，2015：195.

实上，财产的多寡不仅决定人的社会地位，而且决定人参与社会生活的权利。富有的奴隶主和封建贵族凭借雄厚的经济实力掌控着社会生活的主导权，而贫穷的奴隶和佃农则只能被动地参与社会生活。这反映在教育领域，就是教育权利被统治阶级垄断的事实。这种状况直到资本主义社会才被逐渐改变。

资本主义社会仍然是阶级社会，但它在很大程度上提高了人与人之间的平等性。资产阶级建立资本主义社会的一个初衷是摧毁奴隶社会和封建社会的等级观念与等级制度，实现人人平等的社会理想。"平等"是资产阶级推进资本主义社会发展的核心价值观念之一，其首要含义就是强调人与人之间的平等性。在资本主义社会，人类在身份上的平等性不仅成为人们普遍接受的观念，而且通过性别平等、种族平等等形式得到了比较好的体现。

在社会主义社会，由于国家治理权转移到了占人口多数的人民大众手中，人与人之间的平等性变得更加鲜明。社会主义国家的公民具有参与政治生活、经济生活和文化生活的平等权利。如果说"平等"在资本主义社会还更多地体现在理念上，那么它在社会主义社会则更多地落实到了实践层面。社会主义社会不仅将"平等"作为一个概念提出来，而且注重从实践上予以落实，因此，它更好地体现了"平等"在形式性和实质性、理想性和现实性方面的统一。

"平等"是民主的题中之义，也是民主社会的重要特征。只有首先肯定和确立人人平等的事实，一个社会才可能拥有权利平等、机会平等等其他形式的民主。在等级观念盛行、等级制度森严的社会里，"民主"充其量只是一个空洞的概念。资本主义社会和社会主义社会之所以被称为现代民主社会形态，首先是因为它们更多地体现了人与人之间的平等性。

人类在资本主义社会和社会主义社会获得更多平等性的事实在教育领域表现得尤其明显。这两种社会基于人类具有平等身份的事实，肯定和强调人类接受教育的平等权利，并且要求从社会制度上维护这种权利。在社会主义中国，九年义务制教育模式的形成，不仅说明教育在我国受到了高度重视，而且说明我国社会对公民平等教育权利的法理认可。可以说，在"人人平等"理念深入人心的社会主义中国，人们对平等教育权利的价值认同达到了普遍化的程度。

教育本质上是人的教育，因此，人类对教育的认知、理解和把握折射的是人类对自身的认知、理解和把握。如果说教育在从等级社会向民主社会转变的过程中发生了根本性变化，那么这种变化实质上就是人类对自身的认知、理解和把握发生了根本性变化。在等级社会里，人类依据经济条件（财产状态）将自身划分为不同的等级，并且用不同的名称来称呼自己，从而给自己打上了不同身份的烙印。人的身份不同，社会地位就不同，存在的道德价值也不同。等级社会以身份的等级性来评判人的道德价值。民主社会是等级社会的反面。它以人的平等性取代人的等级性，并且强调人在社会地位和道德价值上的平等性。这一点在康德的目的王国论中得到了最经典的表达。康德所说的"目的王国"是由具有理性的人构成的一个联合体："所有的理性存在者都服从这样一个规律：每一个理性存在者对自己和所有其他人，从不应该只当作手段，而应该在任何情况下，也当作其自身即是目的。"① 康德意在强调，人类应该被视为具有同等尊严的存在者，而不是被人为地划分为三六九等；或者说，只有将所有人当作值得同等尊重的对象，人类才能获得人之为人的平等价值。

等级社会的教育是统治阶级的教育，教育权利也只是统治阶级的权利。为了维护统治地位，统治阶级会对人民大众进行愚民式的教化，把有利于统治的道德规范和社会制度规范强加给人民大众，但不会真正赋予人民大众平等的教育权利。现代民主社会从根本上改变了等级社会的教育状况，其主要贡献是在肯定人类平等性的基础上推进了教育的大众化。在现代民主社会，教育不再是一种稀缺的社会资源或社会价值。由于与人类对自身身份的平等性诉求相吻合，现代教育具有更加鲜明的道德合理性，它带给人类社会的善也更加巨大。

教育体现人性的内在需要，也有助于塑造人性之善。教育彰显人类的存在特征，也有助于塑造人之为人的身份。人类在教育中生存，在教育中进化，在教育中发展，在教育中不断提升自己的文明水平。

人类的生存活动比其他动物的生存活动复杂得多。这是因为人类必须时刻保持其生存的文明性，而其他动物仅仅需要在本能的驱动下野蛮地活着。

---

① 康德. 道德形而上学基础. 孙少伟，译. 北京：九州出版社，2007：95.

文明是区分人类和其他动物的根本标志。为了使自身的生存状态具有文明性，人类不仅需要有意地抑制自己的自然本能，而且需要发明道德、法律等各种各样的社会规范来规约自己的行为；或者说，人类必须借助各种各样的社会规范来阻止自己退回到低等动物的野蛮状态。本能地活着是不需要学习的，但文明的生存是需要学习的，因此，人类的生存活动必须建立在学习的基础之上。学习是人类生存的一个必要条件，也是人类生存的一个重要内容。要成为文明人，人类就必须在学习中锤炼自己的人性。

学习的价值有两个维度：一方面，它能够帮助一代又一代的人类获得人之为人的文明性；另一方面，它为人类的教育活动提供了合理性基础。教育总是和学习相比较而言的。既然人类只有通过学习才能成为文明人，那么教育就是人类不可或缺的一项重要活动。教育是人类为了满足自身的学习需要而发明的一项活动。人类需要不断开展学习活动，也需要不断开展教育活动。学习和教育相辅相成，它们不仅共同推动着人类从低级文明走向高级文明，而且催生了人类社会的一种重要职业——教师。教师就是适应人类要求学习和教育的现实需要而产生的一种职业。

教师的职责是教书育人。所谓"教书"，是做人类生存知识的传播者。人类在自然界中生存的过程首先是一个不断积累生存知识的过程。生存知识是指反映存在事实的思想和理论，既可以是经验的，也可以是理性的，其常见形式是科学知识。所谓"育人"，是做人类生存智慧的开发者。人类在自然界中生存的过程还表现为一个不断积累生存智慧的过程。生存智慧是指人类对生存知识给予高度尊重、真诚维护和灵活运用而彰显出来的智力与实践能力。生存智慧是理论智慧和实践智慧在人类身上达到的高度统一。通过教书和育人，人类将自身培养成具有生存知识和生存智慧的存在者。拥有生存知识和生存智慧的人类就是文明的人类。

人类社会不能没有教师。教师是人类文明的重要象征，更是人类文明的重要建构者。正因为如此，中国历来具有敬重教师的优良传统，并一直流传着"一日为师，终身为父"的说法。"师父"这一尊称更是集中体现了中国人对教师的认识、理解和解释。向人传授武艺者，被人尊称为师父；向人传授某种工艺者，也被人尊称为师父。教师者，父亲也。如果说教师必须为人师表，那么这就是指教师应该具有父亲的形象，应该像父亲那样自强不息、勇于担当和富有爱心。为人师表者，当有父爱如山的大气象、大气质和大境界。

教育并不局限于教师和学生之间的关系框架内。它也可以发生在家庭中，因而有家庭教育的存在。它还可以发生在社会中，因而有社会教育的存在。当然，教育在现代社会更多地发生在学校。现代学校高度发达，其实质则是现代教育的发达。在现代社会，教育借助于学校的平台变得越来越系统化、制度化、专门化，并且成为人类推动现代文明进步的最重要的动力源泉。如果没有现代学校和现代教育的突飞猛进，那么现代文明的推进就是难以想象的。

教育总是在进步。总体来看，它的进步是朝着越来越好的方向展开。人类对教育的认识、理解和把握在不断更新。更好的社会存在要求有更好的教育与之匹配。好社会需要好教育，好教育也需要以好社会作为条件。教育的进步体现为教育理念、教育思想、教育精神和教育实践的不断提升，这不仅使教育的品质变得越来越好，而且使教育能够更好地促进人类文明的发展。现代人类文明对教育的依赖更加明显。没有现代教育的快速发展，人类文明就不可能在现代政治、经济和文化领域中得以形成与发展。现代人类文明是以现代教育作为重要基础的。

二、教育与人类对人心之善的记忆

教育的第二个重要任务是唤起人类对人心之善的记忆，并推动人类在这种记忆的驱动下形成人之为人所应有的良心。

教育不仅有助于人类养性，而且有助于人类修心。养性旨在养成人性之善，修心旨在修炼人心之善。人性是人类生存的根本，是人类安身立命之本，因此，养性贵在立本。人心是人类智慧的场域，是人类认识能力的来源，因此，修心贵在富源。只有先立本富源，人类才能真正融入存在世界的存在之流，并且保持人之为人的独特性。

教育的一个重要功能是培养人类的思维，特别是道德思维。道德思维是人类在道德生活语境中运用道德概念、道德命题、道德判断等进行道德生活经验归纳或道德推理的一种思维方式。作为道德动物，我们在道德生活中常常会自觉或不自觉地展开道德思维，这是我们能够过道德生活所必不可少的主观条件。笛卡尔说："我思维多长时间，就存在多长时间；因为假如我停止思维，也许很可能我就停止了存在。"[①] 他意在强调，如果没有必要的思维能力，那么我们就不可能知道自己存在或不存在的事实。同理，如果我们知道自己能够作为道德动物而存在，那么这首先是因为我们具有道德思维能力。

道德思维能力使人类能够在道德生活语境中作为道德主体进行思维。人类不仅对道德生活语境具有敏感性，而且能够进行善恶价值认识、价值判断、价值定位和价值选择。人类的道德思维主要与人类对善恶的认知、理解和把握有关。可以说，道德思维本质上是人类对善恶问题的思维。

由于具有道德思维能力，所以人类形成了一种区分"事实"和"价值"的世界观。具体地说，人类将自己生存于其中的世界一分为二：一个是事实世界，另一个是价值世界。当我们自认为置身于事实世界时，我们将自己的存在视为一种客观的事态；当我们自认为置身于价值世界时，我们将自己的存在视为一种涉及价值认识、价值判断、价值定位和价值选择的事态。前者仅仅说明我们"事实上存在着"。我们像动物那样存在的状态就是我们生活于事实世界的事态。后者说明我们的存在是一个不断进行价值认识、价值判断、价值定位和价值选择的过程。这种基于事实和价值的区分而形成的世界观反映了人类存在的一个重要特征，即人类总是同时生活在事实世界和价值世界：人类不仅事实上存在着，而且要求自己的存在具有道德价值；或者说，人类在作为一种客观事实存在的同时会追问它是不是一种应然事态。

人类思维的问题很复杂，但归结起来无非三个方面：一是真假问题，二是善恶问题，三是美丑问题。求真避假、趋善避恶和尚美避丑是人类社会生活的三个基本内容，也是人类文明的三个基本维度。一部人类文明史实质上就是人类在这三个维度上不断努力的历史。具体地说，人类文明就是人心不断求真、求善、求美的结果。由于人类对真、善、美的追求无休无止，所以人类文明的发展就是一个永不停止的过程。人类的道德思维就是求善的思维，就是对善的心灵的追求。

---

① 笛卡尔. 第一哲学沉思集. 庞景仁, 译. 北京：商务印书馆, 2017：28.

人类通过对善的心灵的追求而使自身具有"善心"。"善心"即善良的心灵，它是人类过道德生活的必要条件。一个人拥有善良的本性，就具有过道德生活的根基；但如果缺乏"善心"，就必定缺乏向善、求善和行善的主体自觉性。正因为如此，中国儒家伦理历来强调，人类在道德生活中应该首先做到心诚、心敬、心善。以孝敬父母的情况为例。儒家相信只有心诚、心敬、心善的人才能真正做到孝敬。孔子早就说过："今之孝者，是谓能养。至于犬马，皆能有养。不敬，何以别乎？"[①] 其意为，现在的所谓孝，是指能够供养父母就可以了；狗和马也能做到这一点；如果没有孝敬之心，人类供养父母的做法就与狗和马没有什么区别。

心善的人才能真心实意地向善、求善和行善。心不善的人也可能做具有道德价值的事情，但他们的行善之举难以恒久。他们完全可能出于一时的怜悯或实利考虑而做具有道德价值的事情，而一旦生活境况发生变化，他们就完全可能将一切道德价值追求抛于脑后。相比之下，心善的人不仅更容易向善、求善，而且更容易将他们的内在善心外化为善行。无善心的人难以向善、求善和行善，而要有善心的人不向善、求善和行善也难。

"善心"可能源自善良的人性，但后者并非它的可靠来源，因为人性具有可变性。这就是孔子强调"性相近也，习相远也"[②] 的原因。要推动人类形成向善、求善的道德思维，道德教育的作用不容低估。训练人类的道德思维是道德教育的一个重要功能。与科学知识教育不同，道德教育是将塑造人类的道德思维、道德信念、道德情感、道德意志和道德行为作为内容的教育形式，它的出发点就是培养人类的道德思维。

道德思维的培养有助于强化人的善心。人的善心由道德认知、道德情感、道德意志和道德信念构成。道德认知指人类对道德的内涵、本质、特征、功能、价值等的认识、理解和把握，反映人类的道德思维和道德知识状况。道德情感指人类对道德的情感态度，反映人类对道德这一社会规范的价值认同情况。道德意志指人类维护道德尊严的意志力状况，反映人类在道德生活中的勇气状况。道德信念指人类对道德真理的相信程度，反映人类相信或不相信道德真理的事实。真正具有善心的人是那些对道德有深刻的认知和

---

① 论语 大学 中庸. 2版. 陈晓芬，徐儒宗，译注. 北京：中华书局，2015：18.
② 同①207.

高度的价值认同、能够勇敢捍卫道德尊严和对道德真理怀有坚定信念的人。他们是因为能够在内心深处拥有道德认知、道德情感、道德意志和道德信念才获得善心的。培养人的善心，就是要推动人类养成坚实可靠的道德认知、道德情感、道德意志和道德信念，就是要推动人类基于自身内在的道德认知、道德情感、道德意志和道德信念来过道德生活。

　　道德生活是文明生活最基本的内容。如果说人类是文明的存在者，那么这首先是指人类有能力过道德生活。人类尊重道德，维护道德，践行道德，因此而成为能够相互尊重、相互关爱、相互支持的存在者，并因此而与那些仅仅按照自然法则生存的低等动物区别开来。道德是建构人际关系和人与自然之关系的基本规范，是人类社会文明最基本的标志。道德思维为人类所特有，它既是人类能够拥有道德生活方式的一个重要原因，也是人类能够获得文明生活方式的一个重要原因。由于具有道德思维能力，所以人类在行动之前会思考自己是否应该这样或那样做。不随心所欲地行动是人类的行为特征，但它的动因在人类内在拥有的道德思维中。

　　教育的一个重要功能是启发人的智慧。智慧是什么？它包括理论智慧和实践智慧。理论智慧指高超的理论思辨能力。具体地说，它指人类能够深刻认识、理解和把握存在世界存在的客观性、规律性与必然性。实践智慧指卓越的行动能力。具体地说，它指人类能够基于高超的理论思辨能力而行动；或者说，它指人类的行动能够合乎客观性、规律性与必然性的内在要求。

　　道德智慧既是理论智慧，也是实践智慧。作为理论智慧，它反映人类对道德规范的深刻理论认识、理解和把握。作为实践智慧，它反映人类遵循道德规范的有效行动能力。拥有道德智慧的人是那些既能够深刻认识、理解和把握道德规范又能够将他们对道德的理论认识、理解和把握转化为行为的人。进一步说，他们不仅知道什么是真正合乎道德的生活，而且有能力将他们对道德生活的深刻理解落实为行动。

　　培养人的道德智慧是道德教育的重要使命。作为教育的一个特殊领域，道德教育不能用武断的方式强迫人们完成某个行动，而是应该致力于鼓励人们基于道德智慧而行动。基于道德智慧而行动的人，不是因为受到外在的强迫而行动，也不是因为受到偶然性的支配而行动，而是出于对道德的深刻认知、真挚价值认同、坚强道德勇气和坚定道德信念而行动。或者说，基于道德智慧而行动是一种高度自觉的道德生活。在道德生活中，主体只要达到了高度的主体性自觉，就能过上有道德智慧的道德生活。

道德智慧往往是后天形成的，因而需要道德教育。一个人可能具有善良的本性，也可能具有善心，但如果缺乏道德智慧，也难以成为"道德人"。道德智慧需要经过系统的理论反思和实践锻炼才能具有。一个理论反思能力不到位的人是难以具有道德智慧的，一个缺乏道德生活实践锻炼的人也难以具有道德智慧。道德智慧的产生需要时间和生活经验，更需要深入系统的反思和沉思。道德上的圣贤都是具有道德智慧的人。他们擅长于道德反思和沉思，相信道德真理，愿意按照道德真理的引导而生活，因而在道德生活中不困惑、不盲目、不随意、不迷乱。

道德教育应该具有系统性，这样才有助于道德智慧的形成。纵观人类社会发展史，拥有道德智慧的人大都受过系统的道德教育。他们要么受过系统的家庭道德教育，要么受过系统的学校道德教育。家庭道德教育通过家训、家规、家风等方式进行，对于人的道德智慧的积累具有不容忽视的作用。学校道德教育则通过课堂教学、讲座、论坛、学术沙龙等方式进行，其效果更是显著。在现代社会，由于人类的公共生活空间呈现出日益扩大的趋势，所以家庭道德教育弱化的趋势越来越明显，而学校道德教育的作用则变得更加突出。

学校道德教育的优势在于，只要被纳入课程计划，它就能够系统化。这看上去是件容易的事情，但做起来并不容易。在现代学校教育体系中，道德教育受忽视的问题非常严重。教育管理者在制订课程计划时，往往更多地注重突出知识教育、技术教育的重要性，道德教育课程则往往被作为可有可无或可以随意被替换的选修课来看待。纵然开设了道德教育课程，受教育者、教育管理者和教师通常也并不予以充分的重视。

道德教育在现代社会总体上呈现出碎片化、零碎化的趋势。在家庭教育中，家长通常会因为工作繁忙等原因而有意或无意地忽视对子女的道德教育。在学校教育中，道德教育由于往往被视为不能与知识教育、技术教育相提并论，事实上也沦为无关轻重的教育内容。现代社会的很多小孩在没有受到良好道德教育的情况下就步入了学校，在学校又没有受到良好道德教育的情况下就步入了社会，他们最终只能到社会上接受道德教育，而社会进行道德教育的方式只能是零零碎碎的。由于难以受到系统化的道德教育，所以现代人缺乏道德智慧的问题正呈现出越来越严重的态势。

人的存在是身体存在与精神存在的统一。如果没有身体存在，人的精神就会因为没有寄居的场域而毁灭；同样，如果没有精神存在，人的存在就会变成行尸走肉。只有身体与精神合二为一，达到统一，人类才能诞生。身体与精神不可能脱离彼此而独善其身。

人类在审视自身存在时往往偏重于关注自身的身体存在。正因为如此，人类曾经长期将"健康"仅仅归结为"身体健康"。事实上，身体健康不仅与精神健康紧密相关，而且严重依赖于精神健康。身体健康有助于精神健康，精神健康也有助于身体健康。医学早就发现，人类的很多身体疾病都源于精神不健康，人类的很多精神疾病也可能是身体不健康导致的。

在人的精神中，道德精神是最基本的内容。作为道德动物，人类会因为向善、求善而具有道德精神。道德精神既是内在的，也是外在的。作为内在的东西，它主要指人内在具有的道德价值观念或道德信念。作为外在的东西，它指人的道德面貌。中国哲学强调相由心生，讲的就是这个道理。对于人类来说，内心向善、求善，则外表和善、友善、亲善；内心邪恶，则外表凶狠、凶残、凶暴。道德精神既是人的内在涵养，也是人的外在面貌。

要培养人的道德精神，道德教育的作用不容低估。自然界原本没有道德规范。换言之，与其他社会规范一样，道德规范是人类社会发展到一定历史阶段的产物。具体地说，只有人类社会发展到需要道德规范的那个历史节点，道德规范才会应运而生。道德规范是人类社会向人类个体提出的规范性要求。它告诉我们应该做什么和不应该做什么。它在形式上并不强制性地要求我们做什么，但一旦形成，就会作为约定俗成的东西而存在，并且会对所有人类个体施加强制性影响。事实上，道德的规范性要求最终是通过人类个体自我命令的方式展开的，但它对我们的约束总是带有一定程度的强制性。道德并不命令我们必须做什么，但我们如果要拒绝它的要求，就常常会犹豫不决，因为我们绝对不能完全忽视道德向我们提出的规范性要求。人类之所以在自己的教育体系中增添道德教育的内容，从根本上说是出于对道德规范的敬畏。

道德教育就是要推动人类接受社会提出的道德规范性要求。人类在本性上是崇尚自由的，因此，在被要求接受道德规范、法律规范等社会规范时，常常表现出缺乏自觉性的状态。人类只是因为没有能力断然拒绝社会的规范性要求，才不得不过遵守社会规范的生活。包括道德规范在内的所有社会规范都只能慢慢地内化到人类的意识或精神之中。只有道德教育能够完成这一任务。

　　受过道德教育的人会形成可贵的道德精神风貌。我们或者具有与山一样的道德形象，勇于担当，胸怀"齐家、治国、平天下"的道德理想；或者具有与水一样的道德形象，善利万物而不争，怀有甘居低位、乐于奉献的道德理想。真正的道德精神是达观的、包容的、大气的。它超越了极端利己主义的狭隘性，也克服了极端利他主义的虚假性，表现为一种共享主义精神。具有道德精神的人是那种愿意与人共享财富、快乐、幸福的人。

　　人类普遍具有自私性。有些人甚至是极端自私的，他们在生活中以自我为中心，并且处处强调自身利益的至高无上性。极端利己主义者难以在人类社会立足，极端利他主义则难以达到。正因为如此，当代人类已经越来越深刻地认识到，真正有效的道德是那种鼓励人们培养共享主义精神的道德。共享主义是一种崇高的道德精神，它的形成有助于促进人际关系的和谐发展，有助于推动人类形成命运共同体意识。

三、教育与人类对人生之善的记忆

　　教育的第三个重要任务是唤起人类对人生之善的记忆，并推动人类在人生历程中发现和创造人生之善。

　　教育不仅有助于人类认识文明之善和人心之善，而且有助于人类形成正确的人生观。正确的人生观能够引导人类以正确的方式生活，并且能够将人类引上幸福的人生道路，从而给人类带来人生之善。

　　人生在世是一个不断学习或不断接受教育的过程。人生的第一课是认知人生与幸福的关系以及幸福的内涵、本质、条件等。亚里士多德早在古希腊时期就已经指出，人生是以"幸福"为"至善"的，但"幸福"不是指物质财富的充足，而是指人的灵魂（心灵）与人的德性相契合的最佳状态，即

"幸福就是一种合乎德性的灵魂的实现活动"[①]。另外，亚里士多德还特别强调幸福的可学习性。他认为，幸福"为人所共有，寓于一切通过学习，而未丧失接近德性的欲求的人"[②]。应该说，亚里士多德将"幸福"视为"至善"的人生幸福观是正确的。他将"幸福"作为人人追求的人生最高目的来加以界定，强调幸福的精神性，同时将它理解为一种需要通过学习才能被人类获得的精神财富，这些思想对于我们认识人生与幸福的关系以及幸福的内涵、本质、条件等具有不容忽视的启示价值。

人类从古至今都将追求幸福作为人生的最高目的，因此，人们在现实生活中对幸福孜孜以求的做法具有道德合理性，但这绝不意味着可以随意规定幸福的内涵、内容和本质。幸福本质上只是人类个体（个人）所能拥有的一种精神财富，但它的产生必须建立在社会关系中，对它的界定也必须在社会关系中进行。具体地说，我们只能在与亲人、朋友、同学等建立关系的过程中来获得关于幸福的精神性体验，因此，幸福既是个人性的，也是社会性的。在追求人生幸福的时候，我们中的一些人仅仅看到它属于个人的属性，而没有看到它的社会性维度，因此，得到的并不是真正意义上的幸福。幸福是个人的一种精神享受，但它应该建立在健康合理的社会关系上。人类是因为健康合理的社会关系才感到幸福的。

什么是健康合理的社会关系？它指个人与他人、国家的良性互动和相互支持。在现实中，个人不仅会与他人建立关系，而且会与国家建立关系。正如马克思所说："**人不是抽象的蛰居于世界之外的存在物。人就是人的世界，就是国家，社会。**"[③] 因此，个人的人生幸福只有放在社会关系中才能得到正确的解释。

人生就是一个人的生命得到延续的过程。一个人只要活着，他的生命就在延续，他就处于人生历程中。人生问题就是人的生死问题。"生"意指人进入有生命的状态，"死"则意指人进入无生命的状态。人生的善恶折射人的生命价值。有些人在人生历程中不断向善、求善和行善，因此，他们的人生充满善的价值。也有些人在人生历程中不断向恶、求恶和作恶，因此，他

---

① 亚里士多德选集：伦理学卷. 苗力田, 编. 北京：中国人民大学出版社，1999：20.
② 同①.
③ 马克思恩格斯文集：第1卷. 北京：人民出版社，2009：3.

们的人生充斥着恶的价值。人生确实有善恶之分，也确实具有价值大小之分。正如司马迁所说："人固有一死，死，有重于泰山，或轻于鸿毛，用之所趋异也。"① 司马迁意在强调，不同的人生具有不同的价值，人生价值的差异是由不同的人生选择决定的。

存在的未必是合理的。人类不仅用善恶的眼光看身外世界，而且用善恶的眼光看自己。所谓"看自己"，就是认识自己人生的善恶价值。在我们眼里，事物有善恶之分，包括我们自己在内的人类也有善恶之分。我们在用善恶眼光来认知自身的存在价值时，实际上是在认知自己人生的道德价值。如果我们的存在具有道德价值，则我们的存在就是合理的；如果我们的存在不具有道德价值，则我们的存在就是不合理的。

要推动人类认知人生的善恶价值，教育的作用不容忽视。教育（尤其是道德教育）的一个重要功能就是教化人们获得知人之智和自知之明。知人者，知道别人的人生或善或恶；自知者，知道自己的人生或善或恶。对于人类来说，知人和自知都是具有人生智慧的表现，甚至是明智和贤达的表现，因为人们往往更容易看到别人人生的善恶，而较少关注自己人生的善恶。教育可以让人们具有识人、知人的智慧，更可以让人们培养自识、自知的明智和贤达。

缺乏教育的人往往是愚昧的。所谓愚昧，主要指不能知人和自知。这种人不能在社会关系中来看待人类的存在，因此，既不懂得如何认知别人，也不懂得如何认知自我。认知能力是人类必不可少的一种能力，但它需要通过教育的途径来培养和强化。有效的教育可以推动人类摆脱愚昧，并在此基础上拥有人之为人所应有的知人之智和自知之明。

我们在人生历程中需要完成的另一个重要课题是探知幸福的评价标准。我们每一个人都将追求幸福作为人生的最高目的，但这并不意味着我们对幸福的认识和理解完全一样，更不意味着我们的幸福评价标准是相同的。

人生是一个不断认知幸福的过程，更是一个依据一定的善恶标准对幸福进行判断的过程。在现实中，人类对幸福的善恶认知和善恶判断往往交织在一起。通常情况是，在对幸福进行善恶认知时，我们实际上同时在对幸福进

---

① 司马迁. 史记：第1册. 哈尔滨：北方文艺出版社，2007：报任安书 4.

行善恶判断。然而，这并不意味着我们对幸福的善恶认知能力与我们对幸福的善恶判断能力可以相提并论。

人类对幸福的善恶认知能力建立在人类的理性认识能力的基础之上。我们只要具有理性认识能力，就能对幸福进行善恶认知。相比之下，我们对幸福的善恶判断能力更加高级，培养起来也更加困难。具体地说，能够对幸福进行善恶认知的我们可能仅仅停留在对幸福所具有的善恶性质的感性或经验把握层面，而我们对幸福的善恶判断能力则要求我们能够从理性或推理的高度来把握幸福的善恶性质。

康德曾说："一般判断力是把特殊思考包含在普遍之下的能力。"[①] 从这种意义上看，我们对幸福的善恶判断能力就是我们能够把关于幸福的善恶性质的特殊思考涵盖在普遍性之下的能力。这意味着，在对幸福进行善恶判断的时候，我们不仅应该看到那些应该被纳入幸福范畴并可以被打上善恶标签的具体人生经历，而且应该看到隐藏于它们背后的那些关于幸福的善恶性质的一般性和普遍性特征。

幸福本身既是特殊的、具体的，也是一般的、普遍的，它的善恶性质必定兼有特殊性和一般性、具体性和普遍性。特殊的、具体的幸福及其善恶性质具有语境性，因为它们都是适应一定的语境要求而发生的。一般的、普遍的幸福及其善恶性质则是超越语境的，因为它们不会因为语境的变化而变化。例如，我们可以在不同的语境下践行助人为乐的美德，并从中获得人生幸福，因此，助人为乐在现实中具有多种多样的表现形式，我们从中得到的人生幸福也是丰富多彩的。不过，助人为乐事实上还具有能够适应所有语境要求的一般的、普遍的特性。如果我们仅仅将助人为乐视为某个语境下的道德要求，那么我们对该美德的善恶判断就缺乏普遍性，我们能够从中得到的人生幸福也必定缺乏稳固性。我们只有深刻认识到助人为乐在任何类似语境下都应该得到张扬的事实，才能对自己从中获得的人生幸福赋予永久价值，并对它的善恶性质形成稳定的认识和理解。

强化关于幸福的善恶判断能力是人生的一个重要内容，也是道德教育必须着力解决的一个重大问题。人类道德生活总是在具体的语境下发生的，甚

---

① 康德. 判断力批判. 邓晓芒，译. 北京：人民出版社，2002：14.

至在很大程度上受到语境的制约，但这并不意味着语境是决定人类道德生活的唯一重要因素。人类的善恶判断既应该体现具体语境的要求，也应该体现道德生活规律的内在要求。仅仅受制于语境的道德生活缺乏恒久性、稳固性。道德上的语境主义者既可能因为心情好而做合乎道德的事情，并感受到人生幸福；也可能因为心情不好而拒绝做合乎道德的事情，并视之为人生痛苦。如果我们能够从根本上认识到道德生活的规律性，特别是能够认识到善的一般性特征，那么我们就能对人生幸福形成连贯一致的善恶判断。

对幸福的善恶判断能力需要系统化的训练，因此，开展相关的道德教育是必要的。我们的善恶判断都是依据一定的普遍道德原则做出的，而这样的道德原则都是隐藏在道德生活背后的东西。如果缺乏从特殊性推导一般性的能力，那么我们就难以发现它们，更不用说借助于它们来进行善恶判断。语境主义的善恶判断难以触及道德真理的普遍性维度，因而不可能达到周全的程度。人类只有立足于具体的语境才能开启实实在在的道德生活，但人类与此同时也必须在道德形而上学的世界里努力攀登。人类对人生幸福的善恶判断只有在道德形而上学思维中才能达到最高点。

人生历程是我们对人生幸福进行善恶认知和判断的过程，也是我们对人生幸福进行善恶价值选择的过程。我们在人生历程中不断追求和选择幸福，从而实际上将我们的人生变成了一个以追求和选择幸福为核心主题的征程。

我们对幸福的善恶选择是人生选择中最重要的选择，也是最难的选择。善恶之间的距离有时很近，我们稍不小心就可能因为自己的选择而由一个"道德人"变成一个"不道德的人"。一旦被打上"不道德的人"这一标签，我们就会被钉在道德的耻辱柱上。我们可以不喜欢道德，但我们绝不能做"不道德的人"。用荀子的话说，善恶选择事关"荣辱之大分"[①]，我们应该慎重。我们对幸福的善恶选择也不例外。

人类在人生历程中普遍以选择善为荣，而以选择恶为耻。正如黑格尔所说："世界上没有一个真正［的］恶人，因为没有一个人是为恶而恶，即希求纯否定物本身，而总是希求某种肯定的东西，从这种观点说，就是某种善的东西。"[②] 虽然善恶选择对于人类来说是自由的，但是由于不愿背负向恶

---

① 荀子. 长沙：湖南人民出版社，1999：74.
② 黑格尔. 法哲学原理. 范扬，张企泰，译. 北京：商务印书馆，1961：172.

和作恶的骂名，人类普遍更多地倾向于选择善。正因为如此，中华民族历来强调"勿以善小而不为，勿以恶小而为之"的重要性，并且要求人们在现实生活中从善如流、积善成德。

我们对幸福的善恶选择必须契合人类对"幸福"这一概念的含义和本质的一般性认识与普遍性理解。我们不能仅仅从个人角度来认识、理解和把握幸福的含义和本质，更不能仅仅基于个人的主观需要来选择幸福。我们选择的幸福完全可能是他人的不幸，甚至可能是整个社会、国家或人类的灾难。我们具有追求幸福人生的自由，但这种自由不能以牺牲他人的幸福为代价，更不能以牺牲整个社会、国家或人类的整体幸福为代价。

人类对幸福的善恶选择能力也需要借助于道德教育来锻炼。关于幸福的善恶选择考验人的道德智慧，更考验人的道德勇气。它不仅要求我们在"善的幸福"与"恶的幸福"之间做出选择，而且要求我们为这种选择承担相应的道德责任。懂得如何对幸福做出善恶区分的人既可能正确地做出趋善避恶的选择，也可能因为害怕承担道德责任而做出趋恶避善的选择。因此，在很多情况下，我们对幸福做出的善恶选择会经历复杂的思想斗争。只有那些真正懂得幸福的精义并具有坚定道德信念和坚强道德勇气的人才能做出正确的选择，而要做到这一点，对选择主体进行道德教育就是必不可少的。

有效的道德教育可以帮助人们对幸福做出深思熟虑的慎重选择。对于人类来说，如何选择幸福是一件极其严肃的事情。人生幸福和人生不幸的距离其实很容易被跨越。我们有时候自认为选择了人生幸福，但实际上是选择了人生不幸，因为不幸是接踵而至的。我们必须基于对幸福的深刻认识、理解和把握来选择幸福，而不是随意地、盲目地进行选择。在这一点上，我们常常犯的一个错误是将长久的人生幸福等同于短暂的人生快乐。亚里士多德认为幸福应当是"持久而稳固的"[①]。他意在强调，幸福应该是一种持久而稳固的善，我们也应该将选择这样的善作为人生的最高价值目标。

总而言之，教育（尤其是道德教育）在很多时候是人类基于道德记忆而进行的一项活动。它是一个庞大的体系，内容十分复杂，但在其中居于核心地位的是道德教育。教育的核心要义不是传授关于存在世界的科学知识，而

---

① 亚里士多德选集：伦理学卷. 苗力田，编. 北京：中国人民大学出版社，1999：23.

是教人追求道德真理。掌握科学知识而不懂得道德真理的人往往缺乏为人处世的能力，难以在人类社会立足。掌握道德真理的人大都是重视人类道德记忆的人；或者说，他们大都是擅长向人类道德记忆学习的人。他们通过从人类道德记忆中学习道德真理而获得道德智慧，并知道如何以合乎道德的方式为人处世。人类教育的主要价值存在于以道德记忆为基础而展开的道德教育活动之中。

第九章

家庭伦理与家庭道德记忆

家庭是社会最基本的构成单位，也是社会最基本的伦理实体。作为一种伦理实体，家庭具有家庭伦理精神。家庭传承家庭伦理精神的一种重要方式是家庭道德记忆。它是集体道德记忆的第一种形态，在家庭伦理中占据着十分重要的地位，其存在价值应该受到高度重视。

一、家庭伦理与家庭道德

黑格尔曾说："伦理就是成为现存世界和自我意识本性的那种自由的概念。"[①] 其意指，伦理既是自由的理念，也是活的善；它通过人的知识和意志得到体现，这意味着它只有通过人的自我意识才能被激活；伦理还需要借助人的行动来实现它的现实性；人的自我意识必须上升到伦理精神的高度才能获得它的绝对基础和终极目的。在黑格尔看来，伦理的实体是善，其表现形式是人们的伦理理念或伦理精神；伦理理念不仅具有实体性，而且具有普遍性、客观性和永恒性；它能够指导个人生活，但它对个人生活的指导必须借助家庭、市民社会和国家等社会实体来实现；人类伦理精神的发展经历了三个环节：直接的伦理精神——家庭，分化的伦理精神——市民社会，重新达到统一的伦理精神——国家。在黑格尔的伦理学理论框架中，家庭是人类

---

① 黑格尔. 法哲学原理. 范扬，张企泰，译. 北京：商务印书馆，1961：187.

伦理精神发展的首要环节，而民社会是中间环节，国家是最后环节。黑格尔的伦理观正确地将家庭、市民社会和国家明确界定为伦理精神实体，而且揭示了伦理精神必须转化为人类道德知识和行为的事实，但它也存在一些显而易见的不足。例如，它仅仅将家庭视为人类伦理精神的首要环节，而没有揭示"家"这一概念的伦理精神性特征，因此，它所凸显的家庭伦理观仅仅涵盖家庭生活领域。

我们认为，家庭伦理应该包含两个维度：一是家的伦理意蕴，二是家庭的伦理意蕴。在汉语中，家不等同于家庭。在英语中，家是 home，而家庭是 family，也不能将两者混为一谈。家和家庭不仅是两个字面含义不同的概念，而且是两个具有不同伦理意蕴的概念。

家主要是一个地理概念，意指一个人长期居住的地方或场所，通常作为"房子"或"住房"的代名词而存在。因此，回家是指人们回到自己长期居住的地方、场所或房子，而离家是指人们离开自己长期居住的地方、场所或房子。家还与私有权有关。一个能够被称为家的地方，必定是私有的。正因为如此，我们一般不会将租赁的房子或暂居的宾馆称为家。家庭则是一个人际关系概念，它是以夫妻关系为核心而构成的一种人际关系系统。因此，人们在谈论家庭时，通常是从夫妻关系的角度来说的。判断一个家庭是否完整的首要标准是看它是否具有完整的夫妻关系。有妻无夫或有夫无妻的家庭都不是完整意义上的家庭。

有家的地方不一定有家庭，但有家庭的地方则往往有家。家和家庭可能是分离的，也可能是紧密结合在一起的。不过，从人类社会发展史来看，追求家和家庭的紧密结合是人类从古至今孜孜以求的目标。具体地说，人类历来追求这样一种家庭生活理想：有家的地方就是有家庭的地方，有家庭的地方也就是家所在的地方。

家和家庭的重要性不仅仅在于它们的功能性价值，更重要的在于它们的伦理意义。作为一个能够稳固地为我们提供住所的地方，家为我们提供生存的地理空间，同时为我们提供安全感。作为人类，我们不应该像非人类存在者那样风餐露宿地生存，更不应该满足于野蛮的动物式生活方式。人类就是人类，不能被等同于非人类存在者。为了将自身与非人类存在者区分开来，人类发明了家，而家一旦产生，家庭就会应运而生。家庭只不过是人类将自身的关系固定在家这一地理空间之中的产物。家庭是以家为存在条件的。一旦产生家庭，就会形成家庭成员之间的关系。人类一旦结成家庭关系，就突破了作为孤立个体而存在的状态，转而变成关系性存在者。只有在进入家庭生活方式之后，人类如何对待他人的问题才变成一个伦理问题。

对于人类来说，家和家庭都具有伦理象征意义。纵观人类发展史，它们既是人类文明的基本标志，也是人类具有伦理尊严的基本标志。家和家庭都具有实体性，但它们的实体性被深深地打上了伦理特性。它们让我们成为人，同时也将我们纳入了伦理的规约中。一个人一旦有了家，回家或离家就都不是随意的事情。同样，一个人一旦有了家庭，就不能随心所欲地放弃它。在人类社会，家的建构和家庭的建立都是极其严肃的事情。一个人不能随便与另一个人建构一个家，也不能随便与另一个人组建一个家庭。有人如果试图违背它，就可能受到严厉的道德谴责。在任何一个文明社会，家和家庭所内含的伦理精神都是不容许随意践踏的。

家和家庭所承载的伦理精神并不相同。前者折射的主要是人与物之间的伦理关系，而后者反映的主要是人与人之间的伦理关系。家的伦理意义在于它的工具价值，而家庭的伦理意义在于家庭成员关系的和谐。因此，虽然家和家庭都是伦理精神实体，它们所内含的伦理精神都是"爱"，但人类对家的爱是"爱物"，而对家庭的爱则是"爱人"。因此，家庭道德有两个基本内容，即"爱家"和"爱亲人"。

家庭道德通常被称为家庭美德。由于它以"爱"为主要内容，所以我们可以称之为爱的美德。作为人类，我们对家的爱很容易建立，因为家是我们安身立命不可或缺的条件。事实上，家不仅是我们不可缺少的生存条件，而且是我们获取安全感的重要来源。我们对家庭的爱则具有与此不同的含义。它反映的是我们作为家庭成员对待其他家庭成员的情感态度。我们对家的爱或多或少具有占有的伦理意蕴，而我们对家庭的爱则具有截然不同的伦理性质。在现代家庭中，每个家庭成员都具有平等的独立人格，因此，人类的家庭之爱建立在平等观念之上。

人类对家庭的爱具有三种主要表现形式：一是恩爱，二是关爱，三是敬爱。

恩爱是夫妻之爱。它是家庭之爱的核心，也是家庭之爱的支柱。在家庭生活中，夫妻之间的婚姻关系实质上是一种伦理关系，它兼有法律性和伦理性。在现代社会，夫妻关系是通过恋爱与婚姻的合法性途径和合伦理性途径建立的，它是现代家庭得以产生的基础，更是现代家庭之爱得以萌发的基础。黑格尔曾经指出："作为精神的直接实体性的家庭，以爱为其规定，而爱是精神对自身统一的感觉。"[①] 作为一种伦理关系，夫妻之间的婚姻关系绝对不能被简单等同于性关系，它内含有一种崇高的伦理精神，这是人类婚姻关系得到持久维持的根本原因。夫妻之间的恩爱之所以被人类自身描述为一种天长地久的爱，是因为它本质上是纯洁的、稳固的、永恒的，甚至是神圣的。正因为如此，婚姻在所有社会都被视为神圣的。

恩爱的夫妻关系是家庭关系的原点。通过合法、合伦理的婚姻，夫妻二人结合成一个家庭统一体，继而才有生儿育女的家庭生活事实，也才能建构父母与子女之间的家庭关系。父母与子女之间的家庭关系也是通过爱的方式联结的，但这种爱不是夫妻之间的恩爱，而是关爱。所谓关爱，就是关心和爱护的统一。

父母对子女的关爱与夫妻之间的恩爱是有区别的。夫妻恩爱是爱情。爱情是人世间最高的情感形式。它高于家庭成员之间的亲情，更高于朋友之间的友情，并且具有排他性。真正的爱情是圣洁的。父母对子女的关爱也是一种极其崇高的人类情感，但它更多体现为父母对子女的责任。父母对子女的关爱也可能达到极高的程度，即完全无私的高度。但纵然这样，它也不能与夫妻之间那种你中有我、我中有你的恩爱相提并论。具体地说，恩爱夫妻会将彼此当成自己的全部生命，而父母则通常将子女当成自己生命中的一部分。

在一个家庭中，一旦作为子女存在的人又与家庭之外的人组建新的家庭，并且生出自己的子女，那么整个家庭格局就会发生重大变化。一方面，原来居于子女身份的人升级到父母身份，而原来居于父母身份的人则上升到（外）祖父祖母的身份。这样一来，父母与子女之间的家庭关系就被进一步拓展为祖辈、父辈与子辈的关系。当然，这种家庭关系还可能进一步扩展为

[①] 黑格尔. 法哲学原理. 范扬，张企泰，译. 北京：商务印书馆，1961：199.

太祖辈、祖辈、父辈和子辈的复杂关系。

敬爱是指晚辈对长辈的爱，就是中华民族自古以来倡导的"孝"。低层次的孝是孝顺之意，指晚辈对长辈尽赡养的责任，并且满足长辈的需要。高层次的孝是孝敬之意，指晚辈对长辈不仅尽赡养的责任，而且发自内心地敬重长辈。在家庭生活中，晚辈对长辈的敬爱应该以"孝敬"为精义。敬爱长辈重在真诚，贵在虔敬。

恩爱、关爱和敬爱是人类社会普遍倡导的三种家庭美德。它们构成人类家庭之爱的主要内容，对人类家庭生活发挥着至关重要的伦理整合作用。对于人类来说，家历来被喻为"爱的港湾"，因为那里是充满家庭之爱的地方。"家庭"之所以被称为家庭，不仅仅是因为它具有丈夫与妻子、父母与子女、晚辈与长辈之间的伦理关系，更重要的是因为它是夫妻恩爱之情、父母对子女的关爱之情以及晚辈对长辈的敬爱之情发扬光大的场所。

勤俭持家通常也被视为一种家庭美德，但它不是一种"爱人"的美德，而是一种"爱家"的美德。作为一种人类共同体，家是需要管理的。在传统社会，家长必须承担管理家的职责；如果家很庞大、事务繁多，就必须有专门的管家。家的管理不同于企业管理。它主要不是依靠制度来管理，而是依靠道德规范来管理。另外，家是亲情弥漫的地方。由于亲情时刻在场，并且时刻发挥作用，所以家的管理很容易受到它的干预。家的管理常常涉及家庭资源分配，但大都是按照亲情分配的，其公正性无法与社会分配正义相提并论。人类社会发展史警示我们，一个家往往因为勤俭而兴盛，因为奢靡而衰败，所以勤俭持家自古以来都被当成一种家庭美德而受到人类的高度重视。

家庭伦理必须转化为家庭美德，这样才能变成活的或现实的东西。在人类社会，无论家庭的形式怎么演变，它内含的伦理关系和伦理精神都不会发生根本性改变。从这种意义上说，家庭美德就必定具有普遍性、必然性的一面。每个时代的家庭结构可能不尽相同，但人类在家庭生活中形成的爱完全可能是相同或相似的。家庭伦理与家和家庭相伴相随，家庭道德则与家庭伦理相伴相随。只要地球上存在家和家庭，家庭伦理就存在，家庭美德也就作为家庭伦理的现实化形式而存在。

二、家训家风与家庭道德记忆

家庭伦理一旦形成，就会在家和家庭里传承、传播，并成为家训家风的主要内容。家训往往以道德训诫为主要内容，家风则主要指家庭成员践行家训的状况。好的家训家风成就好的家庭，好的家庭往往有好的家训家风。

建立家训家风是传承家庭伦理和家庭美德的主要手段。人类建立家和家庭的根本目的不是获得暂时的安全感，而是实现人之为人的意义和价值。我们人之为人的最高意义和价值在于，我们能够超越自然生命的局限性，实现精神生命的无限超越，因此，我们的生存必须具有可持续性。作为我们生存的重要寓所，家和家庭是人为建构的产物，也是我们人之为人的生命得到延伸的产物。从这种意义上说，追求家和家庭的持续兴旺发达是我们人类自古以来梦寐以求的道德理想。

家训家风是家庭道德记忆的主要内容和主要表现形式。家庭伦理只有转化为家庭道德才能成为活的或现实的，但它的生命力并不局限于此，而是更多地通过自身的可持续发展能力来获得凸显。这就为家训家风的形成提供了理由，同时为家庭道德记忆提供了可能性空间。家训家风一旦形成，就会以家庭道德记忆的形式而存在，并且在家和家庭里代代相传。家训家风本质上就是可以在家和家庭里传承、传播的家庭道德记忆。

家训家风是家庭伦理智慧的结晶。家庭成员长期共同生活在家庭共同体之中，不仅容易形成命运与共、同甘共苦的家庭道德价值观念，而且容易对家庭生活的伦理价值形成比较一致的看法。好的家庭会将达成共识的家庭道德价值观念归纳为家训，并要求家庭成员世代遵守，从而形成良好家风。一个崇尚家训家风建设的家庭往往是具有家庭伦理智慧的家庭，其以要求所有家庭成员热爱、向往和践行家庭美德为荣，以家庭成员败坏家庭美德为耻。

家庭道德记忆是家庭兴旺发达的伦理基础。一个家庭不是依靠物质财富或权势实现兴旺发达的，而是主要依靠家庭道德记忆实现兴旺发达的。中国有句古语说得好："富不过三代。"其意指，一个家庭可以富甲一方或盛极一时，但它如果没有良好家训家风承载的家庭道德记忆，就很容易衰败。相反，那些注重家训家风或家庭道德记忆建设的家庭更容易长久不衰。纵观人类社会发展史，家盛和家衰的历史都印证了这一点。

我国有很多著名的家训。《颜氏家训》就是我国历史上一部内容丰富、体系宏大的家训，甚至堪称一部学术著作。该家训的作者颜之推是南北朝时期的著名文学家、教育家，主要因为《颜氏家训》而享誉后世。当然，《颜氏家训》更是因为颜氏家族对家训本身的坚守而著名。正如《颜氏家训》所说："吾家风教，素为整密。"① 由于严守家训，颜氏家族不仅人丁兴旺，而且出了很多以道德操守与才学而著名的人士。仅在隋唐时期，该家族就拥有注解《汉书》的颜师古、在书法方面自成一派的颜真卿、以身殉国的颜杲卿等名人。可见，《颜氏家训》在培养颜氏家族的道德操守和家风方面确实起到了重要作用。

《颜氏家训》的核心内容是治家之道和为人处世之道。在其治家之道中，尤其是教子思想能够为后世提供启示。例如，它认为父子关系应该是严肃、庄重的，但又不能失去应有的亲情性。它强调："父子之严，不可以狎；骨肉之爱，不可以简。"② 其意指，父子之间的关系应该保持严肃性和庄重性，但父子之间的骨肉亲情也不能疏离。另外，它强调父母对子女的爱应该体现公正性，不能厚此薄彼。它指出："人之爱子，罕亦能均，自古及今，此弊多矣。"③ 其意指，如果父母对子女的爱不公正，那么子女就难以形成公正美德。

《颜氏家训》的一个重要特点是通过以史为鉴的方式来强调家训的重要性。它非常重视总结古代社会的治家经验和教训。一方面，它强调"圣贤之书"的道德教化作用，认为"夫圣贤之书，教人诚孝，慎言检迹，立身扬名，亦已备矣"④。另一方面，它呼吁人们效法古人对子女从小进行家训教育的做法，主张实行"胎教"，即"古者，圣王有胎教之法：怀子三月，出居别宫，目不邪视，耳不妄听，音声滋味，以礼节之"⑤。显而易见，《颜氏家训》不仅承载着颜氏家族的家庭道德记忆，而且承载着中华民族的家庭道德记忆。

---

① 陈明. 中华家训经典全书. 张舒，丛伟，注释. 北京：新星出版社，2015：68.
② 同①70.
③ 同①71.
④ 同①.
⑤ 同①69.

重视家训家风建设是古代中国家庭的优良传统，因而我们就拥有了很多珍贵的家庭道德记忆。基于家训家风而建构的家庭道德记忆是每一个家庭的历史根基。与个人的成长状况一样，每一个家庭的发展都需要有一个历史维度作为支撑，否则，它的子孙后代就不知道自己的来源。一个没有历史的个人是无根的个人，一个没有历史的家庭是无根的家庭。家庭的历史是通过其历史记忆刻写的。家庭道德记忆是家庭历史记忆最重要的表现形式。

现代家庭存在的一个重要问题是家庭道德记忆缺失。绝大多数现代家庭不重视发掘和整理本家族的家训家风，致使它的现实性和历史性是断裂的。由于缺乏家训家风传承，在现代家庭中成长的小孩不仅因为不知道自己家族的发展史而没有必要的家庭道德记忆，而且因为缺乏家庭道德记忆而对自己所在的家庭缺乏应有的道德情感。事实上，家庭道德记忆缺失是现代人与家庭的关系变得越来越疏离的一个重要原因。

人类的家庭观念在不断变化。进入现代之后，由于公共生活空间日益扩大，人类对家庭的依赖性受到巨大冲击，越来越多的人必须过着与家人聚少离多的生活。在这种时代背景下，家训家风建设是否已经变得多余？从历史唯物论的角度来看，答案是否定的。

恩格斯曾经指出："与文明时代相适应并随之彻底确立了自己的统治地位的家庭形式是专偶制、男子对妇女的统治，以及作为社会经济单位的个体家庭。"[①] 恩格斯从历史的角度揭示了家庭在文明社会的存在形式。在文明时代，"国家是文明社会的概括"[②]，家庭的重要性因此而被严重削弱，但这并不意味着家庭已经完全失去存在价值，更不意味着家庭应有的伦理精神可以被忽视。现代社会发展的大量事实向我们证明，现代社会之所以显得混乱不堪，其根源恰恰在于家庭。

在现代家庭中，由于没有受到良好家训家风的熏陶，很多小孩在没有接受良好道德教育的情形下就被送入了社会。他们在家庭生活中没有培养应有的家庭美德，在进入社会之后就往往容易陷入道德迷茫之中。我们不难想象，一个不能在家里以合乎家庭伦理的方式对待自己的父母、兄弟姐妹的人肯定难以适应社会对他提出的众多道德要求。家庭是人类成长的摇篮，更是

---

① 马克思恩格斯文集：第4卷. 北京：人民出版社，2009：195.
② 同②.

人类培养道德操守的摇篮。家不仅仅是人类长期居住的地方，家庭也不仅仅是人类群居的地方。它们是人类生存或生活的起点。在这个起点上，人类需要做很多必要的准备工作才能投身于复杂的社会生活之中，其中最基本也是最重要的准备工作是成为具有家庭道德修养的人。

三、家庭道德记忆与家庭道德教育

家庭有大小、贫富、运行方式的差异，但所有家庭的本质内涵是相同的。所有家庭都是一种命运共同体。这种命运共同体具有一定的经济功能，但它主要是一种伦理共同体。作为一种伦理共同体，家庭对伦理精神的强调远远大于对经济利益的强调。家庭之中也可能出现经济利益纠纷，但绝大多数家庭中的经济利益矛盾是通过伦理手段解决的。正因为如此，家庭往往是人类向往和依恋的精神港湾。

每一个家庭都有自己的家庭道德记忆。这不仅指每一个家庭都有自己的家训家风，而且指每一个家庭都有自己的家庭道德文化传统。家庭道德文化传统既可能是显性的，也可能是隐性的。颜氏家族拥有的《颜氏家训》不仅以成文的方式存在，而且在颜氏家族中代代相传，这就是显性的家庭道德文化传统。有些家庭并没有成文的家训，但它们中长辈的所思所想和所作所为对晚辈产生了潜移默化的影响，这种影响就隐性的家庭道德文化传统。一种家庭道德文化传统无论是显性的还是隐性的，都是基于家庭道德记忆而建构的。

有一种观点认为，只有富裕家庭才会有意识地建构家庭道德记忆。其理由是，富裕家庭不仅拥有优越的物质生活条件，而且大都拥有文化素养较高的家庭成员；最重要的是，富裕家庭往往特别关注家庭的长久兴旺，而为了实现这一目的，它们就不得不对家庭成员进行更加严格的伦理规约。这种观点具有一定的合理性，但并非不可辩驳。历史地看，富裕家庭道德败坏的事情在人类社会发展史上并不少见，而贫困家庭道德昌隆的事情也十分常见。另外，期盼家庭长久兴旺是所有家庭的共同愿望，要求家庭成员接受家庭伦理的规约也是普遍现象。

贫困家庭也有家庭道德记忆。这样的家庭都必须把生计作为家庭生活的首要问题加以重视，但这并不意味着受贫困困扰的家庭就一定缺乏家庭道德修养。在中国历史上，"孟母三迁"的故事就广为流传。据历史记载，孟子的父亲离世早，留下孟母和孟子在人世间艰难地维持生计。孟母没有改嫁，克勤克俭，勤俭持家，含辛茹苦抚育孟子，要求孟子笃志、勤学、敦品、学礼，但孟子小时候十分调皮，孟母为了给他提供适宜的道德生活环境，三次搬家，最终成就了大哲学家孟子的伟业，并为后世的母亲教育子女提供了历史经验，她本人则成为名垂千秋的模范母亲。在美国，出生在一贫如洗家庭的林肯凭着坚忍不拔的精神艰苦奋斗，最终登上了美国总统的宝座。试想，如果没有受到父母的道德影响，林肯何以能够取得这么大的人生成就？

无论一个家庭多么贫困，它的成员都可能具有令人称赞的家庭美德。贫困家庭中的父母往往具有"人穷志不短"的道德气节。他们深处家庭困境，但并不一定缺乏艰苦奋斗、奋发图强的道德精神。更重要的是，他们身上的道德精神很容易对他们的子女产生潜移默化的影响。中国有句古话说得好："穷人的孩子早当家。"贫穷会给人们带来生活上的困难，但同时也能磨炼人们的生存意志。在历史上，在现实中，很多人在贫穷的家庭环境中锻炼了百折不挠的道德意志，并且凭借它在人生道路上取得了辉煌成就。

相反，富裕家庭不一定会留下为世人称道的家庭道德记忆。中国历史上有很多因为奢侈而败家的故事。据说，刘邦在汉朝开国时分封了一百多位功臣，赐予他们大量土地、房屋，但这一百多人的家产百年之后几乎消耗殆尽，有些人的子孙甚至沦落街头，以乞讨为生，只有不到十个家族还保持兴旺。在被刘邦分封的大臣中，只有萧何在接受分封时没有竭力争取皇城附近的土地，而是选择了一些贫瘠土地。萧何的选择看似荒唐，实则彰显了伦理智慧。他的用意很明显：争抢肥沃土地的大臣表面上看占了便宜，但实际上不利于培养子孙后代的艰苦奋斗精神，这会为家庭衰落留下祸根；而选择贫瘠土地的情况则不同，它迫使子孙后代克勤克俭、艰苦奋斗。历史证明萧何的选择是正确的。由于他的后代保持了勤俭持家的道德传统，所以他的家族百年之后仍旧没有衰落。

家庭道德记忆既可能是个体性的，也可能是集体性的。个体性家庭道德记忆是家庭成员个体所具有的道德记忆，而集体性家庭道德记忆是家庭成员构成的整体所具有的道德记忆。这两种家庭道德记忆并不是截然不同的，而是相互贯通甚至相互重叠的。

需要指出的是，家庭道德记忆往往是家庭道德教育的思想资源。家庭道德教育通常基于家庭道德记忆而开展，家庭道德记忆深厚的家庭尤其如此。如果一个家庭里曾经出现过道德上的圣贤，那么它的家庭道德教育就往往会要求子孙后代以他们为道德楷模。这种做法具有历史依据，也很有效。在现实中，每一个家庭的成员都会以自己家庭中出现的道德楷模为荣，也容易向他们学习。

贫困家庭的道德教育情况会有所不同。这样的家庭也有自己的道德记忆，但生活于其中的人往往倾向于忽视它。原因很简单，生活在贫困家庭中的人大都没有显赫的社会地位，他们的道德影响力十分有限。生活在贫困家庭中的人完全可能是道德极其高尚的人，但他们的子孙后代并不一定会以崇敬的态度来敬重他们。在人类社会，人们往往将眼光更多地投向那些社会地位显赫的名人。

第十章

建筑与道德记忆

建筑是人为建构的产物，因而是人类生命意义的延伸。作为人类生存的基本条件之一，建筑的存在不仅具有实用价值，而且具有伦理价值。这是指，建筑不仅是有用的，而且具有深厚的伦理意蕴。通过探析建筑与人类道德记忆之间的密切关系，我们能够更深地探察建筑的伦理意蕴。

一、建筑的实用性与伦理性特征

人类发明建筑，无疑首先是出于实用的目的。根据历史唯物主义的观点，人类并不是从诞生之日起就依靠建筑而生存。在蒙昧时代的低级阶段，人类"至少是部分地住在树上，只有这样才可以说明，为什么他们在大猛兽中间还能生存"[1]。这种以树为生的状况延续了很长一段时间。直到蒙昧时代的高级阶段，人类社会才出现定居的迹象和村落的某些萌芽，一些地方的人类也才"能够用方木和木板来建筑房屋"[2]。这种简陋的房屋就是最早的建筑。我们难以想象童年时代的人类在哪一个具体历史节点发明了建筑，但我们可以想象他们最初发明建筑一定是出于生存安全的考虑。如果没有足以维护安全的房屋建筑，他们是不可能从树上来到地上的。最早的房屋一定简陋不堪，但它们在帮助人类遮风挡雨甚至阻挡猛兽方面发挥了不容忽视的重

---

[1] 马克思恩格斯文集：第 4 卷. 北京：人民出版社，2009：33.
[2] 同[1]34.

要作用。

建筑的迅猛发展应该是人类定居方式达到村落化水平之后的产物。村落化不仅将人类聚集在一定的空间内，而且将人类的房屋集中在一起。这一方面意味着人类的群集生活得到了极大提升，另一方面也一定会推动人与人之间在建造房屋方面相互学习。当某些村落被升级为城堡的时候，人类的建筑技术更是得到显著提高，建筑的坚固性、耐用性通过城墙的建造得到了最好的体现。坚固、耐用的城墙不仅能够阻挡猛兽，而且能够阻挡外敌入侵。一旦人类社会发展到有国家的状态，建筑就出现了质的飞跃。从西方发展史来看，古希腊、古罗马时期的建筑都别具一格。形成于中世纪的哥特式建筑更是举世闻名。它于 11 世纪下半叶起源于法国。作为一种典型的欧洲建筑，哥特式建筑主要见于天主教堂，但也影响到世俗建筑，以其高超的技术和艺术成就在人类建筑史上占据着重要地位。哥特式建筑最明显的风格就是高耸入云的尖顶和窗户上色彩斑斓的巨大玻璃画。最负盛名的哥特式建筑有俄罗斯圣母大教堂、意大利米兰大教堂、德国科隆大教堂、英国威斯敏斯特大教堂、法国巴黎圣母院等。

建筑的发展是以简陋的原始房屋作为起点的，继而逐渐发展成人类栖息的家和群居的村落、城堡、城镇、城市。这是一个从简单到复杂、从低级到高级的发展过程。在此过程中，"家"的出现具有里程碑的意义。当人类开始将居住的房屋作为"家"来看待的时候，建筑就超出了它的实用价值而具有更加广泛的意义和价值，其中最重要的是它开始具有伦理意蕴。人类长期居住在某个房屋里，不仅对房屋形成了深厚感情，而且视之为必不可少的精神依托。作为家而存在的房屋建筑最终变成了人类亲情的聚集地，并且成为推动人类在家庭中命运与共、相互团结、相互扶持的强大道德力量。这种意义上的房屋建筑实质上变成了一种具有伦理精神的实体。

一切人为建构的东西都是人类精神延伸的产物。这不仅指它们内含人类的理念，而且指它们包含人类的伦理价值取向。人类总是依据一定的理念来建造一切，并且会将自己认为正确的道德价值观念融入其中。在建筑领域，人类总是先有建筑理念和道德价值观念，然后才有建筑实践。现实中的建筑（如房屋）之所以如此这般地存在，都是以一定的建筑理念和道德价值观念作为原型的。

房屋装修是建筑的一个重要内容，它最能反映人类的建筑理念和道德价值观念。一个具有节俭美德的人往往会秉持简约的房屋装修理念，并且会坚持简朴的道德价值观念；相反，一个以奢侈为荣的人往往会秉持奢华的房屋装修理念，并且会推崇铺张的道德价值观念。持有不同建筑理念和道德价值观念的人会以不同的眼光来看待房屋装修问题，并且会得出不同的房屋装修结果。

人类不是仅仅出于实用的目的才拥有建筑的。从简陋的原始房屋到日趋复杂的现代住宅、办公大楼、商业大厦，建筑在形式和内容上都发生了巨大变化。从形式上看，它在造型、用材、广延性等方面均呈现出日益复杂的态势。从内容上看，它背后隐藏的建筑理念和道德价值观念也变得越来越复杂。一栋高耸入云的现代大楼可能折射的是人类节约空间的建筑理念和道德价值观念，而一栋豪华的别墅则可能反映了人类奢侈浪费的恶习和缺乏生态道德意识的状况。

建筑是因为人类建筑理念和道德价值观念的融入而变得复杂的。人类的精神世界有多复杂，建筑就有多复杂。建筑是一面面镜子，它们映照人类精神世界的复杂性。人类根据自己日趋复杂的建筑理念和道德价值观念建造出日趋复杂的建筑，并借助它们来表达自己的道德价值认识、道德价值判断、道德价值定位和道德价值选择，从而赋予建筑真、善、美的价值。

需要指出的是，建筑在地球上的发展反映人类在自然界的生态殖民主义倾向。在自然界中诞生之后，人类从一个数量很有限的物种逐渐发展成一个数量庞大的物种，迄今已经达到遍布全球的程度。在当今时代，自然界已经几乎没有人迹罕至的地方。从古代一路走来，人类驾驶着文明的战车，用文明的车轮几乎碾压了地球上的每一寸土地。可以说，在现今的自然界，自然而然的东西越来越少，文明的气息充斥在自然界的每一个角落。人类在自然界中的发展具有鲜明的生态殖民主义特征。人迹所至，建筑林立。日益增多的建筑是人类不断推进生态殖民主义的最典型的象征。

建筑不仅反映人与人之间的伦理关系，而且反映人与自然之间的伦理关系。在古代社会，人与人之间的血缘关系是建构伦理关系的最重要的价值支撑，人类愿意在共同建造的建筑中居住，并且将这样的建筑代代相传。在现代社会，随着血缘观念的淡化，人类被广泛投入陌生社会，公寓式的住宅和公共的办公大楼变得越来越流行。现代人居住在公寓式的住宅里，在公共的办公大楼里上班，彼此缺乏交往的问题日益严重。特别值得关注的是，虽然大家共享同一栋办公大楼，但大家并不一定是办公大楼的主人，彼此之间的交往往往出于职业目的。这就将现代社会变成了地道的"陌生人社会"。在建构"陌生人社会"方面，建筑发挥了不容忽视的重要作用。它们将人类隔离在不同的空间，并且阻挡着人与人之间的交往和交流。在现代陌生人社会，建筑往往是人类相互隔离的工具。

建筑的伦理性是人类赋予的。人类基于一定的道德价值观念建造建筑，又基于一定的道德价值观念享有建筑。人类建造建筑是为了占有它们。占有建筑是人类人之为人的伦理尊严的重要来源。通过占有五花八门的建筑，人类获得了最基本的私有财产权，并且彰显了人之为人的尊贵。人类需要通过占有外物来彰显自身与非人类存在者的根本性区别，而占有建筑是达到这一目的的重要手段。建筑是人类的生活必需品，也是人类彰显伦理尊严的必要条件。

二、建筑承载人类道德记忆的方式

建筑是人类文明的重要象征。人类生存所依赖的村庄、城市等实际上是一个个建筑群。进入文明社会之后，人类的大部分时间是在建筑中度过的。建筑是文明人类的工作之地、栖息之地和交往之地。

建筑是可以传承的。质量优良的建筑不仅可以被一代人使用，而且可以传给后代。被传承的建筑既是一种物质性遗产，也是一种精神性遗产。它们中的一些作为私有财产被传承，另一些则作为公共财产被传承。作为私有财产传承的建筑通常被视为祖业的最基本的内容，而作为公共财产传承的建筑则通常被称为国家文化遗产。

建筑不仅可以历时而存在，而且可以成为道德记忆的重要载体。不同时代的建筑是不同的。过去时代的建筑可能随着时间的流逝而毁灭，但其中一些会超越时代而传承下来。那些经过时间淘洗而得以传承的建筑既可能是私有遗产，也可能是国家文化遗产，但无论以何种形式存在，它们都不仅是有形的物质性遗产，而且是具有历史意蕴的精神性遗产。尤为重要的是，它们往往作为人类道德记忆的载体而存在。

古希腊建筑大都由一个三角形的门楣和众多柱子构成，强调黄金分割是其突出特点。这不仅说明古希腊人对数学尤其是几何学高度重视和具有独特的理解，而且反映了他们崇尚理性、神性的建筑理念。古希腊人强调实用，推崇几何图形美，强调对称美，崇敬神灵，并且将这些理念融合在建筑之中，给人以庄严、肃穆、神圣之感。古希腊建筑结构简单，但它们折射出古希腊文明作为西方文化之根的昌隆气象，以及古希腊人对真、善、美的深刻认知。

古罗马建筑与罗马帝国时期的西方文明状况相匹配。与简单而又显得庄严、神圣的古希腊建筑不同，古罗马建筑讲究大气、富丽，并且推崇大拱门、大圆顶、大拱柱，这与罗马帝国的强大和富有有关，也与古罗马人推崇征战、试图统一世界的价值观念有关。古罗马建筑的大圆顶有包罗万象之意。通过观看万神庙、罗马斗兽场、庞贝古城等古罗马建筑，我们可以想象古罗马人借助建筑所表达的建筑理念和道德价值观念。

人类遗留的建筑都是很好的历史教科书。它们是历史的镜子，不仅作为历史记忆而存在，而且作为道德记忆而存在。凡是历史上遗留下来的建筑都具有极高的价值。正因为如此，当代人类往往普遍对古代遗留的建筑怀有浓厚的兴趣，有古代建筑的地方也往往成为名胜区。人类对古迹名胜的游览通常既有探古的意蕴，也有以史为鉴的意蕴。"以史为鉴"是人类的一种重要本领。那些历经时间考验而保留下来的建筑都具有历史和道德教育作用。

建筑是伦理文化的重要载体。例如，位于湖南省长沙市的岳麓山是中国的一座名山。此山不高，海拔仅 300 余米，但它是国家级重点风景名胜区。之所以如此，不仅因为该山构成的景区内具有岳麓书院、爱晚亭、麓山寺、云麓宫、新民学会旧址等景点，更重要的是它是中华文化发展之历史、格局的缩影。中国有泰山、黄山、峨眉山、庐山、长白山、华山、武夷山、玉山、五台山等名山，但唯有岳麓山以其独特的建筑布局将中华传统文化的总体面貌、思想特征等完整地呈现了出来。

位于岳麓山山脚的是岳麓书院。该书院是我国古代著名的"四大书院"之一，始建于北宋开宝九年（公元 976 年），历经宋、元、明、清各代，迨及晚清（1903 年）改制为湖南高等学堂，1926 年在书院旧址组建湖南大学。

书院至今仍为湖南大学下属的办学机构，面向全球招收硕士和博士研究生。自 20 世纪 80 年代以来，书院得到湖南大学的良好管理和修复，延续了千年的教育办学和学术研究传统，成为全国书院中承继书院之传统功能的典型代表，并因此而被称为"千年学府"。

居于岳麓山山顶云麓峰的云麓宫是道教七十二福地之一。1478 年（明宪宗成化十四年），吉简王朱见浚来长沙任职，下令在岳麓山云麓峰建造一座宫殿，但宫殿后遭废弃。嘉靖年间（1522—1566），长沙太守孙复命令道士李可经对宫殿予以整修，并增植了大量松、柏、桐、梓及篁竹，使宫殿的面貌焕然一新。隆庆年间（1567—1572），道士金守分在云麓峰修炼，募捐拓地，扩建堂殿，并改名云麓宫。云麓宫的前殿为关帝殿，中殿祀玄帝，名为玄武祖师殿，后殿祀"三清"〔道教以玉清元始天尊、上清灵宝天尊、太清道德天尊（太上老君）为最高尊神，合体"三清"〕，名为三清殿。从此以后，云麓宫成为道教圣地。

麓山寺位于岳麓山半山腰，是湖南省最古老的寺庙之一。它始建于西晋泰始四年（公元 268 年），最初被命名为慧光明寺，唐初改名为麓山寺。麓山寺的左边是清风峡，右边是白鹤泉，前面有赫曦丹枫，后面有禹碑林海，在历史上具有"汉魏最初名胜，湖湘第一道场"之誉，现为全国重点佛教寺院。创建 1 700 多年来，麓山寺曾六次毁于战火。抗日战争期间，于 1944 年被日军损毁，今仅存山门和藏经阁。殿堂后经修复，现由山门、弥勒殿、大雄宝殿、观音阁、斋堂等主要建筑组成。山门上写有"古麓山寺"四个字，藏经阁又名观音阁，阁前有古罗汉松二株，传为六朝所植，又名六朝松，成为麓山寺悠久历史的重要见证。麓山寺周围古木参天，山峦秀美。最负盛名的是，深秋时节层林尽染，枫叶似火。杜牧曾用"停车坐爱枫林晚，霜叶红于二月花"的诗句来描写麓山寺周围的美景。

岳麓山是因为汇聚中国传统伦理文化而闻名遐迩的。它所拥有的岳麓书院、云麓宫和麓山寺分别代表中国传统伦理文化的三个主流，即儒家伦理思想、道家伦理思想和佛家伦理思想。三种传统伦理文化形态汇聚一山，合为一体，很好地诠释了儒、道、释三种传统伦理思想在中国社会交汇、融通、互补的独特格局。

岳麓书院主要因传播儒家伦理思想而著名。南宋著名理学家张栻曾经主教岳麓书院。其间，岳麓书院群英荟萃，从学者来自东南数省，有千人之多，岳麓书院也因此而迎来了教育和研究的一个重要高潮。后来，南宋另一位大理学家朱熹又慕名而来，举行了驰名天下的"朱张会讲"，岳麓书院在传播儒家伦理思想方面做出的重要贡献更加突出。清代的时候，岳麓书院集聚了一大批儒学大师，培养了王夫之、魏源、左宗棠、胡林翼、曾国藩、郭嵩焘、李元度、唐才常、沈荩、杨昌济等著名湖湘学者。可见，岳麓书院自创立之始，即以其办学和传播儒家伦理思想而闻名于世。书院有楹联"惟楚有材，于斯为盛"，其用意显而易见。

道教不同于道家，但与道家有着千丝万缕的联系。道教教义与道家哲学更是关系紧密、相互贯通。道家之崇尚自然、无为而治、顺势而为等教义，与道家哲学的主要思想相吻合。另外，道士总是选择清静幽美之处建立宫观，借以修身养性、采药炼丹，以求得道成仙，并将这些地方视作神仙的居所，称之为十大洞天、三十六小洞天和七十二福地。云麓宫四周峰峦耸峙，石骨盘迂，树竹青翠，是道教所说的第二十三福地——"洞真虚福地"。云麓宫实际上体现了中国道教教义和道家哲学思想的自然主义特征。儒家要求人们积极入世、勇于承担社会责任、修身养性，以具备"齐家、治国、平天下"的能力，因而具有鲜明的现实主义特征。与儒家哲学思想不同，道教教义和道家哲学思想更多强调人与自然的和谐、融合以及人的精神超越性。道教教义和道家哲学思想以鼓励人们出世为要义，理想主义、浪漫主义色彩非常浓厚。

佛家伦理思想兼有入世和出世的综合性特征。它在汉代自印度传入中国，属于外来文化形态，但深受中国本土的儒家和道家伦理思想影响而具有中国特色。作为一种宗教，佛教具有教规教义，但它对教规教义的执行并不十分严格，因此有"酒肉穿肠过，佛祖心中留"的说法，其意指信佛的关键是心中有佛。

儒、道、释汇聚一山可能只是一种巧合，但它确实描绘了中国传统伦理文化的总体结构。中国传统伦理文化博大精深，儒家伦理思想强调入世，道家伦理思想注重出世，佛家伦理思想则兼有入世和出世之意。这三种伦理思想相辅相成，共同塑造了中国传统伦理文化的精髓。岳麓山虽然不高，但浓缩了中国传统伦理文化的精髓。

岳麓山以独特的方式印证了建筑承载人类道德记忆的功能。儒、道、释代表中国传统伦理文化中的三种主要道德价值观念,岳麓山通过岳麓书院、云麓宫、麓山寺三处古建筑诠释了中国传统道德价值观念复杂而又统一的整体性特征。中国伦理文化源远流长,其中很多内容通过中华民族的道德记忆而得到流传。中华民族道德记忆的一个重要内容是关于儒、道、释伦理思想的记忆。岳麓山是一座承载着中华民族道德记忆的名山。通过了解它的古建筑名胜,我们可以了解中国传统伦理文化的结构体系、主要内容和总体特征,并洞察中华民族基于传统伦理文化建构道德记忆的传统路径。

三、现代建筑对人类道德记忆的破坏性影响

现代建筑是现代化进程中的一个重要内容,也是现代社会的一个重要标志。现代社会是现代建筑充斥的社会。在现代城市和乡村,现代建筑比比皆是。现代社会的面貌在很大程度上是通过现代建筑表现出来的。

现代建筑最显著的特征是现代性。现代性是以反传统作为其内在品格的。它反对古代社会对存在世界的神圣性和人类生活的严肃性的崇拜,怀疑理想的必要性、信念的可靠性和真理的绝对性,主张用相对主义、现实主义、实利主义的眼光来看待世界的存在和人类社会生活的本质,因而在反传统的进程中表现出祛魅、媚俗的特征。这在现代建筑中表现得非常明显。

现代建筑不具有古典建筑的庄严性、肃穆性和神圣性。古典建筑大都具有宫殿、庙宇的特征,注重彰显庄严、肃穆和神圣的精神气质,因而能够给人以肃然起敬的感觉。现代建筑大都是按照几何图形拼凑的结果,造型简单,形式千篇一律,总体上显得随意、简单、平凡。有些现代建筑甚至可以随意拆合,缺乏稳定性和确定性。容易建造是现代建筑的一个重要特点。这是我们在现代社会可以随时随地看到在建造建筑的一个重要原因。现代建筑是为了满足人类的现实需要而建造的。人类的需要在不断变化,现代建筑也在不断变化。不断变化的建筑是难以让人肃然起敬的。

现代建筑难以成为人类的精神依托。由于对理想的必要性、信念的可靠性和真理的绝对性普遍持怀疑态度,现代人类出现了日益严重的精神危机。所谓精神危机,就是精神缺乏的状态。健康的精神是充实的,它为理想、信

念、情感等因素所填充。出现精神危机的人本质上是精神空虚的人。人的精神依托既可以建立在人际关系上，也可以建立在人与物的关系上。和谐的人际关系能够让一个人具有精神依托感，合理的人-物关系也能够让一个人具有精神依托感。人类对建筑具有天然的依赖性。建筑也是人类精神依托的重要来源。在古代和近代社会，人们通常长久地生活在某栋建筑里，因此，建筑能够给人们带来强烈的精神依托感。在现代社会，由于建筑在形式上不断变化，加上很多人总是在搬迁，人们不再像古人和近代人那样将精神寄托在建筑上。

现代人与建筑的关系就像人与宾馆的关系。现代建筑大都是商品化的产物，可以买卖。我们可以用金钱购买一套房子，但也可以随时将它卖掉。如果我们认为住私人住宅很麻烦，那么我们可以长期租住宾馆。当然，我们住宾馆的通常原因是来去自由。现代人在不同的建筑中穿梭，难以在建筑中找到稳固的精神依托感。我们可能住过很多宾馆，但我们又能真正记住多少宾馆？现代人与建筑的疏离感在日益增强。

现代人之所以与建筑具有日益强烈的疏离感，重要原因之一在于现代建筑正在失去充当人类道德记忆载体的功能。现代建筑以追求时尚性为根本特征，很少融入传统因素。在现代社会，私宅与公寓并无本质区别。它们不仅在形式上相似，而且在内容上雷同。几何造型使现代建筑具有千篇一律的死板特征，雷同的室内装饰也使现代建筑的内容大同小异。由于在形式和内容上很接近，所以现代建筑是平均化的。正因为如此，一栋现代建筑其实很难与其他现代建筑区分开来。这就是我们在现代城市和乡村很容易迷路的重要原因。

现代建筑难以给人留下深刻印象。它们往往仅仅作为功能性的工作和生活空间而存在。私宅失去了充当人们精神家园的功能。越来越多的人仅仅将私宅当成睡觉的地方，而不是享受天伦之乐的场所。拥有私宅的人不一定将其当成真正意义上的家，来去匆匆，无所牵挂。人们在公共建筑里上班，但彼此仅仅是因为上班的缘故而聚在一起。一栋公共建筑里可能有很多人，但这些人属于不同的单位，因此，相互之间完全可能是陌生人。

现代建筑的装饰很简单，并且随时可以变换。有些现代建筑以莫名其妙的造型出现在人们面前，有些现代建筑到处悬挂着令人费解的图画，有些现代建筑只是单调的混凝土结构。总而言之，现代建筑普遍具有单调性，缺乏人情味和人文性，难以进入人们的记忆深处。

现代建筑容易建造，主要依靠现代技术手段，对精益求精的工匠精神的要求被严重弱化。只要愿意，谁都可以参与现代建筑的建造。现代建筑对机器的依赖超过对人的依赖。混凝土的堆砌主要由机器来完成，人的角色是机器的操纵者。从一定意义上说，现代建筑主要是由各种各样的机器建造的，因此，建筑工人对建筑缺乏感情。这在中国表现得尤其明显。一批批农民工从一个城市转到另一个城市，他们中的很多人在很多城市当过建筑工人，但他们通常对自己建造的建筑不一定有很深的印象。

现代建筑大都作为商品而存在。作为商品而存在的建筑是有价值的，但它们的价值主要是使用价值。现代建筑可以买卖，这从根本上增加了它们的物性，但同时也从根本上减少了它们的人文性。人文性的弱化使现代建筑与人的道德情感相分离。现代人对现代建筑的道德情感是淡薄的。现代建筑承载人类道德记忆的功能正在被严重弱化。

第十一章

战争与道德记忆

人类对战争的认识是矛盾的，对待战争的态度也是矛盾的。有些人将它视为人类生存活动的必要内容，认为它是人类解决社会矛盾特别是国际矛盾的必要手段，肯定它的道德合理性，并称之为一种"善"；另一些人则将它视为人性恶的外在表现形式，认为任何形式的战争都不具有道德合理性，并称之为一种"恶"；还有一些人将战争区分为正义战争和非正义战争，认为前者是善的，后者是恶的。我们主要倾向于采纳第三种立场，但无意于对此展开深入系统的论证，而是主要致力于揭示和解析战争与道德记忆的紧密关系。

一、战争行为：应该受到人类道德法庭的审判

战争是人类难以彻底医治的伤痛。不同时代的人类都宣称不喜欢战争，但人类却在不断发动战争。人类以各种各样的理由发动战争，以至于战争的硝烟从来没有在地球上真正消失过。纵然是在今天，当我们躺在床上酣睡之时，战争也正在世界的其他地方进行着。战争似乎也是人类的一种生存方式，否则，它为什么总是阴魂不散地伴随着我们？一场战争一旦爆发，它就会将很多人投入面对死亡考验的边缘状态，并且给他们留下刻骨铭心的创伤记忆。

战争产生于人类进入社会状态之后。在前社会状态，自然万物在自然界

是平等的。一方面，它们都依照自然法则而存在，自然法则对它们的制约是平等的；另一方面，自然界一视同仁地对它们进行他律性约束，将其存在纳入同等的不自由状态。自然法则就是人们所说的丛林法则，实质上是优胜劣汰的进化规律。在自然法则的制约下，自然万物弱肉强食，它们之间的猎杀野蛮而残暴，但那种猎杀无论达到何种野蛮、残暴程度，都无法与人类在战争中的自相残杀相提并论。

人类在战争中的自相残杀存在两种状况。在冷兵器时代，由于武器本身的杀伤力相对有限，人类相互残杀的惨烈程度相对较低。在古代，两军交战时甚至显得比较"文明"。一方面，交战双方必须先下战书，然后才能在战场上兵戎相见；另一方面，在战场上交战之前，双方必须首先通报将帅姓名，并击鼓进军，才能开战，而如果一方或双方鸣金收兵，交战双方就应该停止进攻。冷兵器时代的战争无疑具有血腥味，但历史地看，它带给人类的伤害是相对有限的。与古代战争不同，现代战争不仅在规模上变得更大，而且在残酷程度上变得更高。它采取的多为"闪电战"模式，其核心要义是用出其不意、攻其不备的方式达到摧毁性打击的目的。现代武器是现代战争的必要条件。它们的杀伤力远远强于冷兵器。一支箭往往只能射杀一个人，而一枚导弹则可以杀死成千上万的人。一枚核弹甚至可以顷刻之间将几十万、几百万人杀死。

我们在现代战争和古代战争之间进行比较，并不是要凸显后者对于前者的优越性，更不是要证明后者比前者好。在我们看来，所有战争都是残酷的，正义战争也不例外。一切战争都具有人类自相残杀的性质。正因为如此，人类在发动战争时应该慎之又慎。

战争是人类生存的一种"边缘状态"。它会将人类投入严峻的死亡考验之中。在战争中，人类必须面对生死问题。孙子曾说："兵者，国之大事，死生之地，存亡之道，不可不察也。"[①] 其意指，军事是国家大事，事关百姓生死和国家存亡，因此，我们应该高度重视，并对它展开深入研究。我们不禁要问：既然战争事关人类的生死，那为什么人类从来没有停止过战争？

---

① 孙子. 孙子兵法. 陈曦, 译注. 北京：中华书局，2011：2.

战争属于军事的范围。什么是军事？它是政治的一种特殊表现形式；或者说，它是政治斗争的延续；更进一步说，它是人类解决政治矛盾的一种极端方式或手段。军事不仅服务于政治，而且是政治的重要内容。另外，军事的核心问题是战争问题，因为人类的一切军事活动都是围绕战争问题展开的，所以战争问题本质上是政治问题。

政治问题都是围绕政治利益博弈展开的。在一个国家内部，不同的阶级具有不同的政治利益诉求，不同的党派也具有不同的政治利益诉求，因此，阶级利益之争和党派利益之争是司空见惯的事情。如果这两种政治利益之争尚可通过和平协商的方式予以解决，那么它们就不会演变成战争；一旦超出和平协商的范围，它们就会演变成战争。在国际层面，政治利益是通过国家利益或民族利益的形式来体现的。同样，如果一个国家与另一个国家的国家利益之争尚可通过和平协商的方式予以解决，那么它就不会演变为国与国之间的战争；一旦超出和平协商的范围，它就会演变成国际战争。如果国际政治利益涉及众多国家，那么国际战争甚至会变成世界大战。世界大战本质上是不同国家利益集团为了争夺国际政治利益而发动的世界性战争。

战争确实有正义战争和非正义战争之分。既然战争本质上都是围绕政治利益之争展开的，那么正义战争和非正义战争的区分就建立在人们对政治利益之正当性的认知与把握的基础上。正义战争基于正当的政治利益诉求而发动，非正义战争则基于不正当的政治利益诉求而发动。侵略战争都是非正义战争，因为它们都是基于不正当的政治利益诉求而发动的。日本 20 世纪三四十年代对中国和其他东南亚国家发动的侵略战争就是一场典型的非正义战争。在那场战争中，日本不仅没有开动战争机器的正当理由，而且在战争期间犯下了滔天罪行。日军在所到之处烧杀抢掠，无恶不作，甚至制造了南京大屠杀、细菌战等让整个世界为之震惊的罪恶事实。日本在战争期间到处打着建立"大东亚共荣圈"的政治旗号，企图为它图谋的政治利益贴上"合道德性"的标签，但它侵略他国、谋取不正当国家政治利益的阴谋昭然若揭。相比之下，中国和其他东南亚国家为了抵御日本的侵略而发动的卫国战争则是正义战争。

区分正义战争和非正义战争有助于深化我们对战争性质的认识，但它所揭示的并不是战争的全部特性。事实上，一切战争都是残酷的，残酷性是战争的一般特性。战争机器一旦开动，生灵涂炭就会成为常态，人类对生命意义的认知就会发生根本性转变。在和平年代，人们可能普遍将"健康长寿"作为人生价值目标，但一旦进入战争状态，"英勇牺牲"就会成为人们普遍推崇的一种美德。在战争中，交战双方都会要求士兵奋勇杀敌、不怕牺牲。战争会造成士兵死伤，甚至可能造成无辜百姓死伤，因此，它留给人类的多为创伤记忆。

战争是创伤的象征。它不仅会摧毁生机勃勃的生命，更重要的是会给人类造成严重的精神创伤。投身于战争中的人会深切地感受到人类生命的脆弱。他们要么必须为保全自己的生命而拼杀，要么必须忍受目睹战友战死沙场的巨大痛苦。战争一方面将人们投入死亡考验的边缘状态，另一方面使人们遭受巨大的精神折磨。经过战争考验的人大体上会产生两种状态：一种人的精神变得无比强大，另一种人的精神陷入严重病态。在美国，著名文学家海明威是两次世界大战的幸存者，但他无法从战争的创伤记忆中挣脱出来。他在文学作品中以各种方式表现"死亡"主题，在现实中则通过酗酒、淫乱等方式来麻醉自己。他发现这些方式都不足以消除战争创伤，于是选择了自杀。他没有死在两次世界大战的战场上，但仍然是被战争拖入死亡深渊的，或者说，他最终是被战争杀死的！

战争给人类留下了大量创伤记忆，这一方面增强了人类对战争的恐惧感，另一方面也推动人类反思战争的道德合理性问题。战争带给人类的大多为灾难，留给人类的大多是国破家亡、流离失所、生离死别的创伤记忆。因此，它不是一个具有亲和力的概念，而是一个让人恐惧的概念。也正因为如此，人类在发动战争方面往往是十分谨慎的。战争留下的创伤记忆更使人们怀疑战争的道德合理性。从伦理角度看，战争并不具有必然性，或者说，战争并不是人类解决国际争端的唯一选择。

"战争"是人类发明的一个概念，也是人类特有的一种生存方式。非人类动物不会发动战争，而只会在本能的驱动下捕杀猎物。虽然它们的猎物捕杀通常是血腥的、残暴的，但由于它们完全合乎自然法则，所以不应该对它们进行道德谴责。与此不同，人类一旦发动一场战争，无论其规模多么小，它的意义都是非人类动物的任何一场猎物捕杀无法相提并论的。人类发动的任何一场战争都在规模上远远超过了非人类动物在本能驱动下进行的猎物捕杀行动。最重要的是，战争行为应该受到人类道德法庭的审判。

战争是军事学研究的对象，也是军事伦理学研究的对象。军事学以研究战争问题为核心主题。具体地说，它研究战争的本质内涵、特征、规律性、方法等内容，其根本目的是帮助人们深化对战争的认知。然而，军事学所能提供给人们的是关于战争的事实性信息，它不对人类的战争行为做出道德价值判断。由于军事学具有价值中立的特征，所以它对战争的研究具有自身难以克服的局限性。军事伦理学的出场就是为了弥补军事学在这方面存在的不足。它会突破军事学对人类战争行为所持的价值中立态度，深入发掘和揭示战争的伦理意蕴，从而在一定程度上深化人们对战争的认识、理解和把握。

军事伦理学对战争问题的关注和研究侧重于解答这样一个问题：人类在战争中是否应该讲道德？从军事学角度看，人类发动的任何一场战争都具有不容置疑的残酷性，但我们无须对它做出道德价值判断。然而，从军事伦理学角度看，人类总是带着一定的道德价值观念发动战争，因此，战争有正义战争和非正义战争之分。研究战争的正义性和非正义性，就是研究战争是否合乎伦理。

军事伦理学的一个重要研究内容是战争道德记忆。作为伦理学的一个分支学科，军事伦理学不是要强调战争的道德合理性，而是要研究避免战争的伦理空间。要避免战争，一个有效途径就是不断用战争道德记忆来警示人类。战争带给人类的灾难可以通过战争道德记忆得到传承，并对后人发挥强有力的警示作用。我们发动过一场又一场战争，但那些战争除了给我们自身带来灾难之外似乎没有提供什么其他东西。在人类社会，历来存在好战分子。他们对战争抱持强烈信念，认为战争是解决国际争端的最有效的手段。他们甚至以发动战争为荣。在第二次世界大战期间，日本军国主义者和德国、意大利的法西斯主义者都是疯狂推崇战争的人。在他们眼里，战争是强国的权力，而夺取战争的胜利是无比荣耀的事情。好战的人会以好战为美德，但他们留给人类的只能是可怕的战争道德记忆。

二、"战争英雄"的争议性与英雄道德记忆

人类具有崇拜英雄的传统。中西方最早的英雄都是通过神话得到呈现

的。在我国，最早的英雄是开天辟地的神——盘古。根据中国民间传说，在天地未开化之时，整个宇宙一片黑暗。盘古生于黑暗的宇宙之中，但他不能忍受黑暗，于是他用自己的一颗牙齿作为斧头，以之劈向四方，逐渐开辟出高远的天空和辽阔的大地。盘古因为完成开天辟地的伟业而成为中华民族崇拜的第一位英雄，并因此而进入中华民族的集体道德记忆之中。他敢为人先、勇于开拓、甘愿牺牲的精神被中华民族世代传颂。在西方，悲剧英雄普罗米修斯的事迹广为流传。根据古希腊神话，普罗米修斯与宙斯抗争，从宙斯那里盗取火种，将火种赠送给人类，并赋予人类智慧，教会人类劳动技能，从而使人类脱离了动物状态，但他因此而得罪了天神，遭到了天神的严惩，被捆缚在偏远而荒凉的高加索山上。普罗米修斯表现出反抗暴力和伸张正义的坚强意志。宙斯曾派遣神使对他进行威逼利诱，但他始终保持着不畏强暴、为人类伸张正义的坚定信念，不愿苟且而活。普罗米修斯在西方人的集体道德记忆中占据着十分重要的地位。

最早的人类英雄是那些敢于战天斗地的人物，即敢于与自然界抗争搏斗的人物。在人类诞生之初的远古时代，并不是所有人都具有这种勇气。一些人在猛兽与自然灾害面前退缩不前，甚至惊恐万状，而另一些人则表现出无所畏惧、勇往直前、不屈不挠等英雄品质。后一种人就是人类社会最早出现的英雄人物；或者说，他们是人类英雄的原型。

战争出现之后，人类社会开始拥有另一种英雄，即战争英雄。这种英雄是在战争中产生的，因而必须通过战争的语境才能得到认知和理解。战争不是人与人之间的日常矛盾，而是党派与党派、民族与民族、国家与国家之间的殊死博弈。在战争中，无论交战双方的远程搏杀，还是士兵之间的短兵相接，都具有"你死我活"的性质。战争是一种边缘境界，因为它会将众多的人投入死亡考验之中。可以说，进入战争就是直面死亡的考验。战争最能考验人类的意志、智慧和能力。只有那些意志坚强、智慧高超和能力过硬的人才能通过战争的考验。在战争中诞生的英雄大都是意志坚强、智慧高超和能力过硬的人。

意志坚强的战争英雄不怕死，在战争中敢于冲锋陷阵、拼杀搏斗，往往表现出勇往直前、无所畏惧的战斗精神。智慧高超的战争英雄擅长谋略，能够在战争中以智取胜，往往表现出高超的战略智慧、领导智慧。能力过硬的战争英雄或者掌握超常的技能，或者经验丰富，或者具有非凡的直觉能力，能够在战争中灵活机动地获胜。有些英雄甚至可能将意志坚强、智慧高超、能力过硬等优点集于一身。战争英雄可以有很多种，其英雄品质也不是铁板一块，但他们在一个方面是相同的，即他们都是己方的保护者、敌方的消灭者。

人类在战争中对英雄的崇拜导致了恩格斯所说的"英雄时代"。[①] 在英雄时代，部落与部落之间不断发生战争，人类为了掠夺彼此的土地、财富、奴隶等卷入战争，在战争中战绩辉煌的人被奉为英雄，受到族人的赞美、崇敬和爱戴，而在战争中表现懦弱的人则被视为懦夫，受到族人的轻视。

进入文明时代之后，战争从来没有真正断绝过，人类对战争英雄的需要也从来没有停止过。在每一场战争爆发的时候，英雄就会成为人类社会的内在需要，并成为交战双方努力赢得战争的希望之所在。战争是英雄的诞生之地，也是英雄的用武之地；或者说，英雄是战争的一项重要成果。在人类历史上的每一场战争中，英雄都是引人注目的一道风景。

战争英雄是所有民族都需要的人物。一个民族一旦被卷入一场战争，它对战争英雄的需要就会变得非常紧迫，因为没有战争英雄的民族是难以赢得任何战争的。在一场具体的战争中，交战双方的胜负在很大程度上取决于各自拥有战争英雄的状况。任何一方要赢得一场战争，它都必须拥有数量众多的战争英雄。人类历史上的每一场战争都是在战争英雄的带领下完成的。战争英雄的存在，不仅是战争意志和士气的象征，而且是战斗力的象征。一部人类战争史在很大程度上是一部战争英雄史。

战争英雄是所有民族都需要的旗帜，但不同的民族对战争英雄的认知和定义不尽相同。中华民族与日本之民族对战争英雄的认知和定义就存在显著区别。一般来说，中华民族的战争英雄多为悲壮型的，他们往往深受儒家伦理精神的影响，多出现在民族危难之时。古代的岳飞、文天祥、戚继光是这样的英雄，近现代的林则徐、张自忠、黄继光、邱少云等也是这样的英雄。另外，中华民族的战争英雄多为防御型的。他们大都在保家卫国的危难之时挺身而出。相比之下，日本多推崇武士道型的和扩张型的"战争英雄"。他

---

① 马克思恩格斯文集：第4卷. 北京：人民出版社，2009：124-136.

们深受日本武士道精神的影响，具有对外扩张的侵略精神。

中国历史上的战争英雄都是"逼"出来的。中华民族自古热爱和平，不好战，因此，不到万不得已不会与其他民族发生冲突。与这种社会背景相一致，中华民族的战争英雄都是在防御性战争中"冒"出来的。汉朝因为遭到匈奴侵略才派遣霍去病纵兵大漠，而霍去病则因为抵抗侵略才有机会创造神武事迹，并成为中华民族的英雄，但他年仅23岁就病逝了。南宋岳飞抗金的故事在我国可谓家喻户晓，但他不仅遭到秦桧、张俊等奸臣诬陷，而且最终与他的儿子岳云一起被以"莫须有"的罪名杀害。

相比较而言，日本的"战争英雄"都是野心家、侵略者。他们大多为野心勃勃的军国主义者。由于国土狭小，资源匮乏，所以日本历来采取进攻性、扩展性的国家战略，并表现出侵略成性的国家行为特征。在这种社会背景下产生的"日本战争英雄"，如东条英机、松井石根、武藤章、板垣征四郎、广田弘毅、木村兵太郎、土肥原贤二等，都是外向的、进攻型的人物。这些人都是对外侵略的军国主义者和甲级战犯，对中华民族犯下了滔天罪行，但他们在日本被作为"民族英雄"供奉在靖国神社。

显然，不同的民族不仅具有不同的战争英雄观，而且对战争英雄具有不同的评判标准。被一个民族称为战争英雄的人可能恰恰是另一个民族要惩罚的战犯；反过来说，被一个民族称为战犯的人可能被另一个民族作为战争英雄来供奉。由此可见，如果没有一种公认的评判标准，那么人类对战争英雄的认知和评判就必定陷入误区。

人类的道德价值判断总是具有普遍性的一面。在第二次世界大战之后，远东国际军事法庭将东条英机、松井石根、武藤章、板垣征四郎、广田弘毅、木村兵太郎、土肥原贤二等日本军国主义者判为甲级战犯，这体现了国际正义和世界人民的国际道德共识。日本将这些罪恶深重的甲级战犯作为"战争英雄"加以供奉，这充分反映了日本根深蒂固的军国主义意识和侵略本性。

战争英雄很容易通过人类的道德记忆得到流传。他们具有"英雄事迹"，因而很容易受到人们的称赞和敬重，并且很容易被人们纳入其道德记忆的内容框架之中。各个民族的道德记忆中都包含着关于战争英雄的道德记忆内容。问题在于，人类关于战争英雄的道德记忆中存在很多有争议的内容。战争英雄具有民族性特征，关于战争英雄的道德记忆也具有民族性特征。

关于战争英雄的道德记忆的价值是相对的。这是指它主要对相关的民族或国家有价值。既然一个民族的战争英雄是另一个民族的敌人，那么后者就很难发自内心地尊重前者所认同的战争英雄。正因为如此，日本人不可能发自内心地尊重岳飞、文天祥、戚继光、林则徐、张自忠、黄继光、邱少云等中华民族的战争英雄。当然，中华民族更不可能将东条英机、松井石根、武藤章、板垣征四郎、广田弘毅、木村兵太郎、土肥原贤二等人视为战争英雄。毫无疑问，这些历史人物都会进入人类的道德记忆，但他们在人类道德记忆世界的地位是不同的。时间必将证明，只有那些真正造福于人类的战争英雄才配受到人类的长久道德记忆，那些对人类犯下滔天罪行的人充其量只能作为反面教材而存在于人类的道德记忆之中。

不同民族对战争英雄的认知和定义不尽相同，甚至可能完全相反，但这绝不意味着人类社会没有评价战争英雄的正确标准。战争英雄会被打上民族性烙印，但这并不是指所有民族对战争英雄的认知和定义同等正确，更不是指战争英雄的内涵仅仅是相对的。人类对战争英雄的认知和定义肯定具有普遍性的一面；换言之，人类对战争英雄的道德价值认识、道德价值判断、道德价值定位和道德价值选择必定具有能够反映其普遍意志的维度。

确立关于战争英雄的普遍道德价值认识、道德价值判断、道德价值定位和道德价值选择是很难的，但却是必要的。如果人类不能在这个方面达成某种程度的共识，那么基于民族意向性而树立的战争英雄就完全可能是虚假的，甚至完全可能是罪大恶极的。正因为如此，即便日本将东条英机、松井石根、武藤章、板垣征四郎、广田弘毅、木村兵太郎、土肥原贤二等甲级战犯供奉在靖国神社，这些人也不可能成为人类普遍认可的战争英雄。只要人类的良知没有泯灭，这些罪大恶极的战犯就会被永远钉在人类社会的耻辱柱上，并受到人类世世代代的道德谴责。如果说他们的存在具有某种道德价值的话，那么这一定是指他们为人类提供了应该永远铭记的道德教训：人类永远不会从道德上宽恕那些对人类犯下滔天罪行的战争犯！

三、战争道德记忆的双面性及其影响

战争是人类解决社会矛盾的一种极端手段，残酷而可怕，因此，任何一个有集体理智的民族都不会轻易开启战端。战端一开，就如同打开了潘多拉魔盒，战火所到之处，必定水深火热，甚至哀鸿遍野。有的战争甚至将人变成麻木不仁的杀人机器，人与人之间相互残杀，彼此全然不顾同胞之情。战争留给我们的有人类向善、求善和行善的道德记忆，也有人类向恶、求恶和作恶的道德记忆。战争是一把双刃剑。人类将它握在手中，既开辟善的道路，也开辟恶的道路。

由战争催生的善多种多样，由战争产生的恶五花八门。在战争中，有保护亲人、同胞、战友的善德，也有出卖亲人、同胞、战友的恶行；有舍己为人、舍家为国、保家卫国的美德，也有自私利己、为家弃国、卖国求荣的丑行；有同仇敌忾、奋勇杀敌、杀身成仁的英雄，也有敌我不分、明哲保身、奴颜婢膝的小人。战争最能考验人的德性和品行，也最能反映人在道德修养上的差别。每一场战争都会给人类留下诸多道德记忆，但它所留下的绝对不是清一色的光荣的道德记忆。

战争道德记忆具有双面性。这是由战争的双面性决定的。作为人类的一种发明，战争与人类的所有其他发明一样，既有有利于人类的一面，也有有害于人类的一面。战争有时是必需的。在一个国家受到侵略的时候，抵抗侵略的战争就是正义战争，它的发生具有道德合理性基础。然而，正义战争爆发也会给人类带来很多损失甚至牺牲。正义战争通常是在人类别无选择的情况下爆发的，因为人们都清楚地知道，战争都是残酷的，都会给人类带来伤害。

美国发动朝鲜战争的时候，中国就陷入了两难困境。一方面，美国"醉翁之意不在酒"，它表面上侵略的是朝鲜，但实际意图是围堵甚至扼杀社会主义新中国；另一方面，一旦出兵朝鲜，刚刚从战争苦难中摆脱出来的中华民族就必定要做出巨大牺牲。因此，在是否抗美援朝的问题上，以毛泽东为核心的党中央经历过艰难的选择，因为党中央深知，中华儿女会为此付出巨大代价。正因为如此，真正具有智慧的军事家绝不是好战之徒，而是将避免战争视为最高智慧。《孙子兵法》说："故上兵伐谋，其次伐交，其次伐兵，其下攻城。攻城之法，为不得已。"[①] 其意指，最高明的军事手段是挫败敌

---

① 孙子. 孙子兵法. 陈曦，译注. 北京：中华书局，2011：41.

人的谋略，其次是挫败敌人的外交，再次是挫败敌人的军队，最不明智的是攻破敌人的城池。攻打城池只能是不得已而为之的办法。

趋利避害是人类的本性。军事事关大利大害，因而不能等闲视之。正如《孙子兵法》所说："不尽知用兵之害者，则不能尽知用兵之利也。"① 军事是以战争为第一要务的，但这并不意味着它应该以战争为最高目的。既然战争有利有害，那么军事家就应该尽力趋利避害，而不是趋害避利。权衡利害是军事家必须关注和重视的要务。

战争利害攸关，它所涉及的利害问题很复杂，其中的关键问题是不同的人、不同的民族和不同的国家具有不同的衡量标准。一个人、民族和国家认为有利的战争，对于另一个人、民族和国家来说完全可能是有害的；反之亦然。在第二次世界大战中，对中国发动侵略战争的日本军国主义者只看到战争对日本的有利性，看不到战争对日本的有害性。直到中国进入战略反攻阶段，日军节节败退，日本本土遭到原子弹轰炸，他们才开始意识到侵略战争对侵略者本身的危害性。日本军国主义者都是战争机器，他们以发动战争为利、为荣、为乐，图一己之私，不惜将他国和本国的广大民众拖入战争的灾难之中。他们留给后人的是恶的道德记忆。他们在侵略战争中烧杀抢掠，甚至举行杀人比赛，其行为之恶令人发指，这不仅败坏了日本的整体形象，而且应该永远受到人类的道德谴责。

---

① 孙子. 孙子兵法. 陈曦，译注. 北京：中华书局，2011：23.

第十二章

乡村道德记忆与我国乡村振兴战略

我国是个农业大国，农村人口在国家人口中占比很大，因此，乡村历来受到国家的高度重视。党的十九大更是将乡村振兴战略作为国家战略写入了十九大报告。乡村振兴战略的提出确立了新时代我国乡村发展的新理念，为我国乡村发展指明了新的方向和战略目标。另外，作为我国农耕文明的源头，乡村是中华文化传统的重要载体，寄托着中华民族向往美好生活的丰富情感，并且凭借其地域多样性、历史传承性和乡土民间性，赋予了中华文明长盛不衰的文化基因与历史厚重感。我国乡村发展史不仅是乡民对美好生活的追求史，更是乡村道德的记忆史。丰富而厚重的乡村道德记忆汇聚了我国乡村道德文化传统的精髓，是我国在新时代实施乡村振兴战略的道德文化根基。

一、乡村发展史与乡村道德记忆

"乡村"即"农村"。长期以来，人们对于"乡村"和"农村"这两个概念并未做出严格区分，因此，它们在使用过程中往往是一对可以相互替换的概念。然而，当代农村的生产结构和劳动力就业结构在农村经济发展过程中发生了深刻变化，农民的生产、生活不再局限于农村，农民除了从事农业以外，也会从事一些非农产业，如工业和建筑业等第二产业以及一些服务业。由此可见，目前农村的生产结构和劳动力就业结构随着农村经济的发展而变得更加多样化，建立在血缘和地缘基础上的传统农村发生了根本性变化，农民不再像以前一样仅仅局限于农业生产。很显然，与"农村"这一概念相比，"乡村"这一概念更为确切地反映了当前我国农民生活和农村的实际状况。

按照美国学者雷德菲尔德（Robert Redfield）等人的观点，乡村更多指："人口稀少、比较隔绝，以农业生产为主要经济基础、人们生活基本相似，而与社会其他部分，特别是城市有所不同的地方。"① 由此可见，"乡村"其实是在与"城市"的对应关系中得到界定的。尽管世界各国之间经济发展的差异使人们在对"乡村"这一概念的理解方面产生了差异，但它们却无一例外地是在"'乡村'是与'城市'相对应的一种地域概念"这一意义上来理解"乡村"这一概念的。我国学者也在这一意义上来理解"乡村"，把"乡村"理解为"非城市化的区域"。这一区域既包括乡村居民点，又包括居民点所管辖的地区，是介于城市之间，以县城为中心，以县域为范围，与周围地区相联系，由多层次的乡镇、村庄及其管辖的行政区域组合而成的区域系统。②

乡村的发展问题本质上是人的发展问题，因此，对乡村发展的哲学反思必须立足于对人的哲学反思。具体来说，它应该是对与一定历史时期相对应的人类生产、生活方式和建立在其上的价值观念的反思。人是自由的存在者。正是由于对自由的获取，人最终才实现了从自在的存在向自为的存在的质的飞跃。自由意味着人可以按照自己的主观意愿，凭借自己的自由意志自主地规划自己的生活方式，而其他非人类动物则只能在其所属的种的范围内开展活动。人的自由本性集中地体现为人对道德的自我建构，道德之所以是人自我建构的产物，是因为道德出于人的自由本性，出于人的自由需要。诚如马克思所说："人的本质不是单个人所固有的抽象物，在其现实性上，它是一切社会关系的总和。"③ 人的社会性本质决定了人的活动在任何时候都不会是孤立的个人活动，而必然是一种社会性活动，因此，人之自由就必然地体现为人对这一存在事实的回应。这就意味着个人在开展活动时必然要顾

---

① 陈兴中，周介铭. 中国乡村地理. 成都：四川科学技术出版社，1989：10.
② 庄仁兴. 江苏省乡村经济类型及其形成、演变特点的研究. 南京：南京大学出版社，1996：1.
③ 马克思恩格斯文集：第1卷. 北京：人民出版社，2009：501.

及自我与他人的关系,而这种顾及就体现为道德。因此,人是道德动物;或者说,道德体现人的本质。

道德源于人这一拥有自由意志的行为主体对社会共同利益的维护。道德之于人不仅仅具有手段意义,因为它不仅出于人之自由本性,更是人之自由本性的体现。我们至少可以肯定的是,人并不是为了道德本身的目的而建构道德的。然而,从思想史的角度看,人类对道德的认知是与人类的生产、生活方式以及人本身的认知水平密切相关的,因此,一部人类社会发展史在很大程度上就是一部道德发展史。人类生活具有连续性和完整性,这就决定了人类道德的发展也具有连续性和完整性,而人类道德的这种连续性和完整性则集中体现为人类道德记忆的传承性。正是由于人具有记忆能力,人的生活才具有了连续性和完整性,从而不至于被片段化。因此,正是人类的道德记忆维持了人类道德生活的连续性和完整性;或者说,人类道德生活的连续性和完整性是借助道德记忆而得到确立的。

乡村是人类道德记忆最久远的承载者。首先,人的道德本性,或者说人必定要过一种道德生活的事实,决定了乡村这一人类生活的基本样态必然是与道德相关的。在城市出现以前,传统意义上的农村是人类生活的唯一形式。由于生产力水平低下,生存问题是当时人们所面临的最为紧迫和最为根本的问题,因而他们就在生存这一最为根本的利益需求的基础上形成了同呼吸、共命运的紧密道德关系。血缘和地缘这一构成他们共同生活的纽带也将他们变成了一个联系紧密的利益共同体。此外,他们在抵御野兽侵袭和应对频发的自然灾害时的有限力量更是推动他们加强彼此之间的利益相关性。其次,乡村本身的发展具有连续性,乡村向城市的发展不是一蹴而就的,而是经历了一个由量变到质变的发展过程,因此,乡村向城市的发展也具有连续性。乡村生活的这种连续性就体现在乡村的道德记忆之中,而城市的发展在一定时期也保持着乡村生活的某些特征,即乡村到城市的发展和城市自身的发展无一不体现着乡村的道德记忆。乡村道德记忆为乡村社会的发展提供了内在动力,构成了乡村社会发展的内在机制,同时为城市的发展提供了道德记忆基础。

人类是道德动物,因此,道德作为一种社会现象可以辐射到人类生活的所有方面。道德记忆不仅体现人类生活的连续性和完整性,而且为人类生活的连续性和完整性提供保证。乡村是人类生活的基本样态，其存在模式和发展的内在机制都离不开人的参与，而乡村社会的生产、生活方式又必然体现为建立于其上的道德观念、道德规范和道德理想，因此，乡村发展史其实就是乡村道德发展史和乡村道德记忆史。

人的自由本性决定了人类生活必然是一个目的性和规律性相统一的过程，而人类生活的连续性和完整性则凸显了道德记忆的重要性。道德记忆不仅让人类道德生活成为一个连续的整体，更是为人类未来的道德生活走向提供了历史依据。乡村道德记忆不仅保证了乡村道德生活的连续性和完整性，而且为乡村未来的道德生活提供了宝贵的伦理资源。乡村道德记忆是关于乡村道德生活经历的记忆，它使乡村在过去拥有的道德信念和价值、道德文化和精神、道德传统与习俗以及道德事件，不仅成为乡村在现在推进道德文化建设的历史依据，而且为乡村未来的道德生活走向提供了必不可少的参考。

人的个体性和社会性决定了人之存在的双重性。一方面，人首先是一种具有基本感受能力的生命体。近代西方的多数哲学家都是在这个意义上来探寻价值的根基的，他们大都将人的感受性视为价值的源泉。在他们看来，所谓"善"，就是一切给人带来快乐和减少痛苦的事物；所谓"恶"，就是一切给人带来痛苦和减少快乐的事物。这里的"快乐"和"痛苦"指的是人最基本的两种心理感受。另一方面，人又是一种社会性动物，因为人的一切活动都不是孤零零的个人活动，无不带有社会的烙印。尽管近代西方的多数哲学家更多是在人之存在的个体性层面来理解人的，但他们并没有否定人之存在的社会性。更为显著的是，作为功利主义哲学核心原则的功利原则或最大幸福原则更加凸显了人之存在的社会性维度。需要注意的是，对人之存在的个体性和社会性这一双重维度的区分仅仅是一种逻辑的区分，现实状态中的人总是这两种属性的统一体，人之存在的双重性并不意味着人同时拥有两个相互独立的本性，更不意味着人生活在两个截然不同的世界。

人之存在的双重性意味着人类道德记忆的主体也具有双重性，乡村道德记忆同样如此。乡村道德记忆是乡村道德主体对发生在乡村的过去这一处于先前时间序列之中的道德生活经历的记忆。乡村是每个乡民开展其意志活动的现实场所，所以乡村生活必然体现作为个体的乡民的意志活动的方式、结果和历史内容，故而每个拥有自由意志的乡民就成为乡村道德记忆的主体。

另外，为了维持生存，乡民的生产活动又必须带有集体作业的性质。由于传统乡村在很大程度上依赖于土地，所以血缘关系自然就成为乡民们共同生活的纽带，而"长期定居、依附土地而缺乏流动的农耕生产方式和生活方式，使得以血缘为纽带的家庭、家族和宗族得以繁衍和维持"①。这里的家庭、家族和宗族无疑具有道德记忆的能力。除了基于血缘关系的家庭、家族和宗族以外，基于地缘的村庄也具有道德记忆的功能，因为乡民可以在其联合劳动的社会关系中生发出一种共同的道德约定和道德信念。因此，根据乡村社会的这种特点，我们可以把乡村道德记忆的主体区分为作为个体的乡民和作为集体的家庭、家族、宗族以及村庄，但这种区分并不意味着城市市民和社区、国家就无法成为乡村道德记忆的主体，而是仅仅意味着乡民以及家庭、家族、宗族、村庄是乡村道德记忆的直接主体，而非唯一主体。

  作为个体层面的乡村道德记忆主体的乡民是乡村道德记忆的直接承担者，乡民个体之间的差异也会导致乡民道德记忆之间的差异。个体层面的乡村道德记忆是作为个体的乡民对其道德生活经历的记忆，或者是过去的道德生活经历在其脑海里留下的印记。乡民个体之间不仅存在劳动能力方面的差异，而且存在认知结构、生活经历和道德资质方面的差异，这就决定了乡民之间在道德记忆上的差异。一个勤劳朴实、乐于助人的乡民的道德记忆肯定不同于一个懒惰浮夸、自私自利的乡民的道德记忆；一个理智卓越、善于反思的乡民的道德记忆肯定不同于一个理智贫乏的乡民的道德记忆；一个生活经历丰富的乡民的道德记忆肯定不同于一个生活经历单调的乡民的道德记忆。

  作为集体层面的乡村道德记忆主体的家庭、家族、宗族和村庄，是乡村道德记忆的间接承担者。由于集体层面的乡村道德记忆是乡民们集体生活的产物，所以这一层面的乡村道德记忆具有普遍性和稳定性的特征。集体层面的乡村道德记忆也具有这种普遍性和稳定性，但这并不意味着它在每个乡民的道德记忆中是同质的，它仅仅涉及对所有乡民所经历的共同道德生活经历的记忆。对于一个有着共同道德生活记忆的家庭来说，这种对道德生活经历的记忆就成为开展新道德生活的起点；同时，它也是规范家庭成员共同行动

---

① 王露璐. 乡土伦理——一种跨学科视野中的"地方性道德知识"探究. 北京：人民出版社，2008：38-39.

的普遍意志。家族和宗族是基于血缘关系而形成的亲属共同体。"家族，确实是一张网，定义着个体生命的安放维度、生存样式，甚至生命价值的最后评判"①，而家族或宗族与个体休戚与共的关系也使其成为家族或宗族成员共同道德生活经历的记忆主体。村庄是在血缘基础上基于共同生活的地域而形成的乡民共同体。"较多的时候，许多有血缘和姻缘关系的小家庭聚居在同一个区域中，形成村落。通常把这种社会群体称为村落家族。在这种地方，由于地缘的关系，家族的凝聚作用更加突出，血缘和地缘相互促进。"②村庄或村落的这种共同体性质使其成为乡村道德记忆主体。

人类社会生活的连续性和完整性决定了人类社会生活必然要体现在过去、现在和未来的时间序列中，因此，作为人类道德生活之重要组成部分的乡村道德生活也是在时间序列中展现自身的。乡村道德记忆不仅是对乡村发展过程的记忆，更是对人类社会发展过程的记忆，因而乡村道德记忆其实就是人类道德生活的历史博物馆，它使乡村道德生活具有了连续性，为乡村道德进步提供了参考系，并且生动地呈现出人类发展的历史过程。

乡村生活反映人类在乡村生活中的道德信念和道德追求，因此，乡村道德记忆其实就是人类在乡村追求美好生活的历史过程和相关记忆刻写。作为一种自由的存在，人的一切活动都带有目的性，因而作为人类活动之组成部分的乡村生活就必然体现人们的道德追求和道德约定，但乡村生活的特殊性又决定了乡村道德记忆的特殊性。对于传统乡民而言，土地是其生产和生活最基本的、最重要的财富。诚如法国社会学家孟德拉斯（Henri Mendras）所说："所有的农业文明都赋予土地一种崇高的价值，从不把土地视为一种类似其他物品的财产。"③ 传统乡村具有乡土特色，而这种乡土特色决定了反映乡村经济基础的道德也具有乡土特色。这具体体现在传统乡村道德中的人与土地的道德关系之中。此外，传统乡村的乡土特色也使其道德区别于现代意义上的道德。传统乡村社会是熟人社会，生活于其中的人们共享着乡村环境，而熟人社会的特点决定了乡村道德更多是一种强调其成员（乡民）内在美德的美德伦理。传统乡村道德的这种特点使其在维护乡村秩序和乡民关

---

① 赵炜. 乡土伦理治道——传统视阈中的家与国. 北京：中国矿业大学出版社，2011：63-64.
② 顾希佳. 社会民俗学. 哈尔滨：黑龙江人民出版社，2003：42.
③ 孟德拉斯. 农民的终结. 李培林，译. 北京：社会科学文献出版社，2005：51.

系方面具有很强的约束力。尽管乡民对道德规范的接受可能并非出于自由意志，但他们共同生活的环境使其成为他们生命中不可或缺的东西。

无论在传统乡村还是在现代乡村，道德都是维护乡民共同生活和规范乡民之间利益关系不可或缺的力量，因而乡村道德记忆是促进乡村发展的重要手段。事实上，乡村生活作为人类生活的基本样态，它并不是静止的，而是处于一个动态的发展过程中，乡村生活的这种动态性决定了乡村道德的动态性，而乡村道德的动态性是由乡村道德记忆来完成的。乡村道德是乡村社会生产、生活方式在人的思想观念中的反映，它的产生与发展都是由乡村社会的经济关系和利益关系决定的。因此，乡村道德会随着乡村经济关系和利益关系的变化而变化，而这种变化也是通过乡村道德记忆来完成的，因为变化必然包含过去和现在这两个时间维度。乡村婚恋观的变化就体现了乡村道德记忆与乡村道德进步之间的关系。在传统乡村，成年男女婚恋关系的确立必须遵从父母之命、媒妁之言，自由恋爱和自由婚姻在道德上是不被允许的；而在现代乡村，人们在婚恋观上坚持基于当事人自由意志的自由恋爱和自由婚姻。很明显，乡村婚恋观从前者到后者的变化是一种道德进步，但这种进步只能在过去和现在这两个时间维度具有连续性的基础上才可以得到界定；或者说，这种进步只有在与过去的对比中才能成立，而乡村道德记忆则是使这两个时间维度联系起来的纽带。由此可见，乡村道德记忆使乡村道德生活具有连续性，并且为乡村社会的道德进步提供了基础。

我国社会学家费孝通指出："乡村社会的经济基础稳定，以农业为主，自给自足，生活方式也有自己的一套，所以延续了几千年，多少代人生活在稳定的历史继承性中。这种特殊的历史性，也表现在我们文化的精神方面。"[①] 德国社会学家马克斯·韦伯则强调："正式的皇家行政，事实上只限于市区和市辖区的行政。在这些地方，皇家行政不会碰到外面那样强大的宗族血亲联合体，——如果能同工商行会和睦相处——会大有作为的。一出城墙，皇家行政的威力就一落千丈，无所作为了。因为，除了本身就足够厉害的宗族势力外，它还得面对乡村本身有组织的自治。"[②] 这说明，乡村拥有

---

① 费孝通. 全球化与文化自觉——费孝通晚年文选. 北京：外语教学与研究出版社，2013：70.
② 马克斯·韦伯. 世界宗教的经济伦理：儒教与道教. 王容芬，译. 北京：商务印书馆，1995：137.

一种自治的治理模式，而自治的主要依靠力量是乡村道德文化传统。也就是说，维护乡村生活秩序的主要力量并非来自国家法律和行政，而是来自乡村发展过程中沉积下来的乡村道德文化传统。何为乡村道德文化传统？乡村道德文化传统是在乡村发展过程中沉积下来的维护乡村生活秩序、规范乡民行为的道德传统。乡民们是不会怀疑传统的，他们将其视为"生活和工作必然要遵循的正常方式"[①]。乡村道德文化传统作为一种规范乡民行为的道德力量，体现了乡村在治理模式上的自治特色。对于乡民们而言，这种道德文化传统对于生活而言是不可或缺的，是乡民之间的共同约定。

乡村道德文化传统最为根本的特征就在于它的传承性，这是通过一代代乡民对它的持续认可和遵从体现出来的。之所以如此，是因为乡村道德文化传统是在过去和现在这两个时间维度中来规定自身的。也就是说，乡村道德文化传统的传承性特征是通过过去和现在这两个时间维度得到体现的。乡村道德记忆使乡村道德文化传统能够同时占有过去和现在这两个时间维度，从而使其具有传承性特征。从这个意义上说，乡村社会的存在和发展是以乡村道德记忆为前提的；或者说，乡村道德记忆是乡村社会存在和发展的道德基础。

二、乡村道德文化传统与乡村道德记忆的传承

乡村道德记忆是乡村道德记忆主体（乡民、家庭、家族、宗族、村庄等）将其存在于过去时间序列中的道德生活经历保留在后续时间序列中的方式。乡村道德记忆使乡村道德生活具有连续性和完整性，它不仅为乡村道德进步提供可供参考的历史坐标，而且为乡村社会提供维持其生活秩序的内在力量。这种力量就体现为家风家训、乡村建筑、乡规民俗等乡村道德文化传统的构成要素。乡村道德文化传统作为维护乡村生活秩序、规范乡民行为的一种道德力量，是通过乡村道德记忆来建构的。它们与乡村道德记忆之间的关系是内容与形式的关系。家风家训、乡村建筑、乡规民俗等构成乡村道德文化传统的要素，既是乡村道德记忆的载体，也是乡村道德记忆的内容。因

---

① 孟德拉斯. 农民的终结. 李培林, 译. 北京：社会科学文献出版社，2005：37.

此，乡村道德文化传统的传承其实就是乡村道德记忆的传承；或者说，乡村道德记忆的传承是通过乡村道德文化传统的传承来实现的。

传统乡村社会是人们基于血缘和地缘的双重关系而自然形成的生活共同体，它为生活于共同体中的人们提供开展生命活动、创造生活价值的自然空间。在这个以自然经济为主要经济形式的生活共同体内，共同体成员之间，以及共同体成员与其所处的生产、生活环境之间的长期互动、交融形成了具有乡土特色的乡村道德文化。乡村道德文化作为一种客观的社会精神现象，以其独特的方式承载着维护乡村生活秩序、规范乡民行为的价值功能。乡村道德文化是生活于乡村这一生活共同体之中的人们在其生产和生活实践中共同创造的精神财富，它不仅蕴含着共同体成员对其社会关系的基本认识，而且蕴含着共同体成员对其生活处境和生活方式的道德愿景。可以说，正是这种质朴、美好而又原始的乡村道德文化使乡村具有了能够成为后代人精神起点的道德生命力和吸引力。通过世代相传，乡村道德文化便获得了跨世代的特性。

乡村道德文化传统是乡村在其发展的历史长河中逐渐沉积而成的，包括乡村在历史空间内形成的道德思想、道德原则、道德信念、道德理论、道德实践模式等内容。传承性是乡村道德文化传统的根本特性，因为它只有通过世代相传才能成为自身。不过，乡村道德文化传统的传承性又必须基于乡村道德的实践合理性而确立。

乡村道德的实践合理性需要两个条件作为支撑。第一个条件是：乡村道德必须反映乡村共同体建构社会关系的内在需要。人的社会本性决定了人必然要处于各种社会关系之中，而道德正是这种社会关系的产物。道德是维护人们共同利益的手段，担负着维系和协调社会关系的基本功能。然而，社会是不断变化的，社会关系也是不断变化的。随着社会的发展，人们之间的社会关系也会随之而发生改变，维系和协调社会关系的道德也会发生变化。因此，并非所有的乡村道德都可以经历时间的洗礼而成为乡村道德文化传统。只有那些反映乡村内在需要的乡村道德才可能成为乡村道德文化传统。乡村道德文化传统是那些可以跨越时代，能够为后人所认可、接受和传承的乡村道德资源。从乡村道德发展的历史来看，"不伤害""公正"等反映乡村需要的道德原则是任何时代的乡民都会认可的，因此，它们是乡村道德文化传统必然会吸纳的内容。

第二个条件是：乡村道德必须以乡村共同体成员对美好生活的愿景为内容；或者说，它必须满足乡村共同体成员对美好生活的追求。"人是一种二元存在，既属于生物遗传与自然进化的产物，又构成历史遗传与社会进化的结果。从动物到人的发展具有连续性。人属于自然又同时与之保持一定的距离，这一距离不是程度上的，而是本质性的，正是通过对'精神'的获取所形成的跳跃，使人最终成为人。"[①] 人的这种精神本质就体现为人的自我决定能力。与动物的本能活动相比，人的这种自由本性使人的一切活动都具有意识性、目的性。乡村道德作为乡村共同体成员生产、生活实践的产物，是以共同体成员对美好生活的愿景为基本内容的。随着人类社会的发展，人类道德经历了从注重人的内在美德到注重人的行为规范的转变，但"友善""助人为乐"等道德要求从来都没有淡出人类道德诉求的范围。原因很简单，人类不可能从理性上接受一个人与人之间相互冷漠的生活世界。若乡村道德体现的是乡村共同体成员对美好生活的愿景，那么它就不仅容易被乡民们接受，而且会进入乡村道德文化传统的内容体系。

乡村道德文化传统是在乡村共同体成员的代际传承中规定自身的，但它的传承性除了必须建立在乡村道德的实践合理性基础上之外，还必须得到乡村道德记忆的支撑。如果上一代人在过去的道德生活经历中所创造和遵循的道德思想、道德原则、道德信念、道德理论、道德实践模式等道德生活内容没有得到下一代人的记忆，那么它们就必然会随着时间的流逝而沉寂于人类历史的长河之中，乡村道德也必定会因为缺乏传承的渠道而无法成为乡村道德文化传统。从这个意义上说，乡村道德文化传统其实是乡村道德记忆的产物。乡村道德文化传统无疑具有传承性，但它的传承性只有通过乡村道德记忆的不断刻写才能从可能性存在变为现实性存在，或者说，乡村道德文化传统是通过乡村道德记忆得以确立的。可见，乡村道德文化传统与乡村道德记忆之间是一种辩证关系。一方面，乡村道德记忆是乡村道德文化传统得以形成的必要条件，乡村道德文化传统必须依靠乡村道德记忆而存在和发展；另一方面，乡村道德文化传统一旦形成，就既显示了乡村道德记忆的功能，又

---

① 甘绍平. 伦理学的当代建构. 北京：中国发展出版社，2015：4.

丰富了乡村道德记忆的内容。乡村道德记忆与乡村道德文化传统之间是一种相辅相成的关系。

乡村道德记忆是一种通过乡村道德文化传统的形成和延伸而得到彰显的记忆形式，因此，乡村道德文化传统的形式其实就是乡村道德记忆的形式。乡村道德文化传统的形式是多样的，但大体上可以归纳为两种。一种是实体形式，它主要体现为承载着乡村共同体成员共有的道德信念和道德理想的乡村建筑；另一种是非实体形式，它主要体现为以乡村文化现象的形式而存在的家风家训、乡规民俗等。乡村道德文化传统的这两种形式同时也是乡村道德记忆的两种形式，因此，对乡村道德文化传统的传承也就是对乡村道德记忆的传承。

建筑是为人类提供住所、满足人之生存需求的重要实体，它是"一架支持生活的'机器'"①。然而，建筑的功能不止于此，它还具有伦理特质，反映人们的道德信念和道德需求，因此，它是人类道德记忆传承的方式之一。乡村建筑承载着乡民的道德愿景。不同文明和文化中遗留下来的不同历史时期的建筑，无不折射出先民们的道德生活经历。我国传统乡村建筑注重反映我国乡民在历史上形成的道德信念和道德文化传统，堪称我国乡村道德记忆的"历史化石"。

乡村伦理精神通过乡村建筑的伦理特质而被具体化为特定的形式。同时，乡村建筑的"伦理空间"也将乡村道德生活和乡民的道德诉求体现在每家每户的院落布局之中。乡村建筑所包含的伦理意向性反映的是乡民生活的伦理气质，它赋予乡村建筑一种特殊的价值功能。此外，乡村建筑的伦理特质还表明了人类道德生活的多样性和丰富性。"传统住宅的平面布局——即各种房间的位置、相互关系，受宗法社会的礼仪秩序、纲常伦理、家庭成员的'人文序位'、尊卑名分、正偏、长幼、性别等的约束，它必须符合文化传统对上述这些关系的规定。"② 建筑的伦理特质是我国民居建筑的基本特征。尽管民居之间在自然环境、建筑材料、地域文化、规模大小、具体布局之间存在差异，但它们对乡民道德愿景、道德关系和道德规范的反映是共同的。从传统乡村到现代乡村，从西北乡村到南方乡村，民居所包含的一般性

---

① 德里克·奥斯伯恩. 建筑导论. 任宏，向鹏成，译. 重庆：重庆大学出版社，2008：1.
② 丁俊清. 江南民居. 上海：上海交通大学出版社，2008：112.

伦理特质都是相同的，无不体现着乡民道德生活的历史痕迹。乡村建筑的伦理特质还体现在乡村建筑的装饰手法之中。尽管对于乡村建筑来说，审美功能是装饰最基本的价值功能，但是审美功能却绝非装饰的唯一功能。除了审美功能之外，乡村民居的装饰还体现着乡村生活内含丰富伦理文化精神的事实。例如，乡村住宅大多会悬挂"勤俭持家""安居乐业""洪福吉祥""天赐百福"等具有鲜明伦理意蕴的牌匾。很显然，这些牌匾的价值功能不仅体现为它们的审美价值，而且更多地体现为它们的伦理价值。它们所承载的不仅是乡民对生活的道德愿景，而且有乡村共同体对其成员的道德要求。例如，"洪福吉祥"和"天赐百福"所承载的就是乡民对生活的道德愿景，而"勤俭持家"和"安居乐业"承载的则是家庭或家族共同体对其成员的道德要求。它们将乡民的道德愿景、乡村共同体对其成员的道德要求等以具体的意象表达出来，促使乡民在日常生活中通过对道德文化的感受来完成对自身道德人格的塑造。

对于乡村社会而言，乡民们在为民居的装饰选材时多倾向于砖石和木材，并且大多喜欢采用砖雕和木雕的形式。砖雕和木雕的历史比较久远，大体可以追溯到新石器时代。砖雕和木雕的风格并不是单一的，而是多样的，它们会因地域差异而表现出不同风格，但它们在风格上的差异并不意味着它们之间没有任何相似之处。对于民居而言，它们都具有审美价值。此外，它们都体现着乡民的伦理信念。可以说，它们是镶嵌于建筑中的"伦理化石"。与民居的整体布局相比，这些触手可及的雕刻作品所包含的人文气息更加浓厚，因为这些作品所占有的有限空间让人更容易感受到它们的人文气息。大户人家精美的雕刻无不体现着其对于生活的价值观念。相比之下，小户人家的雕刻尽管显得比较简陋，但依然担负着反映美好生活愿景的功能。我国传统的雕刻大多以山、水、花、鸟为主题，这不仅反映了人与自然的和谐关系，而且体现了天人合一的哲学思维。除此之外，人们也将一些动物作为雕刻的题材。例如，人们时常会把狮子作为雕刻的题材，这种题材体现的是人们避祸求福的道德心理和道德愿景。当然，也有将特定的历史人物或传说中的人物作为雕刻题材的。有人会雕刻一些道德榜样的故事来表达自己的价值追求、价值信念以及对未来生活的道德愿景，比较典型的有铁杵磨针的典故、张良拾履的典故、丁兰认母的典故等。

乡村建筑的伦理特质不仅体现在乡村的整体布局和民居的具体装饰方面，而且体现在乡村坟墓的布局之中。视死如生是我国传统文化中的一个十分重要的观念，因而风水理论实际上贯穿于社会的所有阶层和所有建筑之中。我国古代皇帝登基的第一件事便是为自己选好墓地，以保证自己的江山千秋万代。明太祖朱元璋更是指派风水大师刘伯温为自己在全国寻找风水宝地。尽管现代社会将其更多视为一种封建迷信，但无论在乡村还是在城市，至今人们对风水依然保持着一定的信念和敬畏心理。很多企业老板和高层官员甚至对风水理论坚信不疑。总之，风水理论并没有随着现代化的到来而消失。究其缘由，主要是因为风水理论承载着人们的道德信念和对生活、人生的道德期待。

概言之，乡村建筑作为一部支撑乡村生活的"机器"，它的价值功能不限于满足乡民们居住的需要以及审美的需要，同时还承载着乡民们的道德信念和道德愿景，反映着乡民们在过去空间里所拥有的道德文化精神。乡村建筑所蕴含的道德文化特质不仅使其成为乡村道德记忆的载体，而且构成了乡村道德记忆的特定内容。它不仅记忆了乡村道德生活的过去场景，而且记忆了乡民们在过去的时空内对于生活的道德企盼。

在传统乡村，人首先是家庭共同体中的成员。"甚至，一个人的人生首先不是属于自己的，而是首先属于一个家庭、家族，且不仅是当下的现实的家族，而且还是时间维度上的自我的家族属性。"[①] 现代乡村在生产结构和劳动力就业结构方面发生了巨大变化，但作为社会基本单位的家庭依然是乡民们最为重要的生活共同体，因为他们的成长、价值信念的形成和塑造在很大程度上依然是在家庭中完成的；即使在离开家庭之后，家庭对他们的影响也还是无时不在。家庭情怀是个人最本能的情怀。乡民与家庭不可割舍的关系自然使家庭成为乡村道德记忆传承的重要场所，乡村道德记忆在家庭里的传承主要是通过家风、家训以及父母的言传身教等方式实现的。

乡规、民俗是在乡村发展过程中沉积下来的维护乡村生活秩序、规范乡民行为的乡村道德文化传统。长期以来，乡规、民俗一直承担着乡村这一相对封闭区域内的管理功能，是乡民们自我管理、自我教育和自我服务的重要

---

① 赵炜. 乡土伦理治道——传统视阈中的家与国. 北京：中国矿业大学出版社，2011：110.

力量。乡规、民俗具有稳定性，而它们的这一特征则源于它们的传承性，因为它们的形成源于乡民们的世代相传。乡规、民俗的这种本质规定使其成为乡村道德记忆的体现形式，因为它们所具有的这种稳定性特征只有在历代乡民继承的基础上才能成立，而继承则是乡民们集体记忆的表现和产物。因此，乡村道德记忆就不仅成为乡规、民俗成立的逻辑前提，而且成为乡村道德文化传统的传承方式和载体。

乡规与民俗并不相同。乡规主要指已经成文的维护乡村生活秩序、规范乡民行为的道德文化传统，而民俗则是未成文的维护乡村生活秩序、规范乡民行为的道德传统、道德习俗。乡规是成文的民俗，而民俗则是未成文的乡规。其中，乡规的制定也有一套完整的程序。在制定乡规的过程中，一般先由村中具有威望的长者、士绅召集全村年长男子，以会议的形式经大家共同商议形成"草案"，并将其公之于众，再由全体村民提出建议或意见，最后在达成一致后以文字的形式发布。为了保证乡规的顺利推行，乡民们会设立相应的组织和检查人员，以有效地保障乡规的约束力。乡规作为维护乡村生活秩序、规范乡民行为的道德传统，它的内容多是一些涉及乡民生活基本领域的道德规定，因而它的规范性力度并不能辐射到乡村生活的所有领域。相比之下，民俗的内容就丰富得多，它的规范性力度可以辐射到乡民生活的所有领域。从乡规、民俗的内容来看，主要包括勤劳务实、勤俭节约和守望相助三个方面。其中勤劳务实和勤俭节约是适用于个人层面的道德规范，而守望相助则是适用于乡民公共生活的道德规范。

对于传统乡村而言，农业生产是乡民们唯一的生产方式，以农为本更是农业文明的根本特征。与农业文明的特征相适应，勤劳务实必然会成为人们生产、生活中最基本的道德要求，可以说是乡民的第一美德。传统乡村社会的生产力水平比较低下，土地是唯一的生产对象，生产工具也比较单一，更新的周期特别长。传统社会的农业生产活动主要以农民的体力劳动为基础，这就决定了农民的体力支出与劳动成果之间的正比例关系。劳动与劳动成果之间的这种必然联系让乡民们产生了通过自己的勤劳来改善生活的强烈愿望。久而久之，乡民们便形成了热爱劳动的道德情感，并且本能地产生了对懒惰和不劳而获的厌恶。因此，勤劳务实就不仅成为他们维持和提高生活水平的唯一途径，更成为他们推崇的第一美德。"在农民看来，最高的价值是劳动",并且"如果他劳动得多,他就能博得自尊和别人的尊重"①。传统乡村的这种勤劳务实的道德规范不仅体现在乡村社会最为基本的道德传统、风俗习惯以及乡民的道德信念之中,而且构成了乡规、民俗的基本内容。例如,《吕氏乡约》这部我国历史上第一个成文的乡规,就将立业作为乡规的基本内容之一,心学之集大成者王阳明也曾在其颁布的《南赣乡约》中将勤勉重农作为乡规的重要内容。

除了勤劳务实之外,勤俭节约是乡规、民俗在个人层面对乡民的另一项道德要求。乡村社会对勤俭节约这种美德的重视,是与传统社会比较低下的生产力水平相适应的。传统社会低下的生产力水平决定了人们无法获得过多的生活资料,继而从人与生活资料的这种关系中生发出对勤俭节约的需要,在此基础上,又生发出人对勤俭节约这种生活方式的伦理态度,它让人对勤俭节约的生活行为产生本能的喜爱,而对奢侈浪费的生活行为则产生本能的厌恶。在中国,传统乡村和现代乡村都将勤俭节约视为乡民的美德,因此,当今中国农村的父母依然将勤俭节约作为子女教育的重要内容。事实上,我国很多城市市民也将勤俭节约视为一种重要的生活美德。

乡村社会的共同体性质还决定了乡村必然把处理乡民之间伦理关系的道德规范作为乡规、民俗的重要内容。"采菊东篱下,悠然见南山",这种充满诗情画意的唯美画卷仅仅是文学家笔下的乡村生活,而非真实的乡村生活。真实的乡村生活从来都不如文学家、诗人所描绘的那样闲适、超然。乡村社会从来都是基于血缘和地缘而建立的生活共同体,这一方面决定了乡民之间的各种利益关系,另一方面又决定了乡村社会必然是一种熟人社会。置身于其中的每一个人都是相互认识的,这种相互熟识的伦理关系使乡民之间的利益联系变得更加紧密。同时,基于利益的需要,乡民在生产、生活中不可避免地会有合作的需要。传统乡村社会由于水平低下的生产力和抵御天灾的需要,将守望相助视为一项重要道德规范。同时,乡村社会基于其熟人社会的性质,都会不断加强乡民之间守望相助的道德情感。久而久之,这种道德情感就不仅成为乡村社会的道德文化和习俗,而且被以成文的方式确认为乡规。因此,无论《吕氏乡约》还是《南赣乡约》,都将乡民之间的守望相助

---

① 孟德拉斯. 农民的终结. 李培林,译. 北京:社会科学文献出版社,2005:73-74.

作为一项重要的道德内容。当然，随着乡村社会的发展，禁止性和许可性的道德规范也成为乡约的重要内容，但守望相助却始终是乡规、民俗的核心内容。

作为维护乡村生活秩序、规范乡民行为的道德文化传统，乡规、民俗的形成无不以乡村道德记忆为前提。正是由于乡民们对其道德生活的记忆刻写，他们过去的道德生活经历才不至于在时间的洪流中被遗忘，从而为后代的道德生活提供了历史依据和参考。乡规、民俗是乡民们刻写道德记忆的产物，而且是乡村道德记忆传承的重要内容。对乡规、民俗的世代传承就是对乡村道德记忆的传承。

三、乡村现代化与乡村道德失忆症

乡村现代化是乡村社会发展的必经阶段，它意味着乡村在政治、经济、社会和思想文化等各个方面的进步与提升。不过，乡村现代化是一把双刃剑，它在推动乡村发展的同时也会带来一些副作用，其重要表现形式之一是乡村道德失忆症。乡村道德失忆症是指乡村在其现代化过程中，由于对在过去的历史空间中所经历与拥有的道德生活经历和道德文化传统的"遗忘"而形成的一种负面社会道德现象。就我国而言，乡村道德失忆症主要表现为乡民们对传统孝道等优秀乡村道德文化传统的"遗忘"。就乡村道德失忆症的成因而言，它其实是乡村现代化的特点使然。乡村道德失忆症给乡村和整个社会的发展带来了很大的危害，不仅让乡民们失去了正确的道德信念和道德理想，而且给社会和谐带来了隐患。

与"如何实现乡村现代化"这一问题相比，对"什么是乡村现代化"这一问题的回答则显得更为重要，因为前者的实现必须以对后者的正确回答为前提。但在对这一问题做出回答之前，我们必须对"现代化"这一概念的内涵做出必要的分析和梳理。

长期以来，"现代化"一直是一个饱受争议的概念。在经济学家看来，现代化是一个与经济增长相关的概念。考虑到经济增长在现代社会中的重要性，一些学者认为工业化与经济增长关系密切，故而将现代化直接等同于工业化。美国学者西里尔·E. 布莱克（Cyril E. Black）等人就持这种观点。他们认为:"就同时存在的社会形式而言,无生命动力源泉对有生命动力源泉的比例已经增长到了或者超过了不可回转的程度。"① 西里尔·E. 布莱克等人所谓的"无生命动力源泉"指的就是工业或工业化。与经济学家相比,社会学家的视野则显得更加开阔。他们突破了单纯地将现代化视为经济增长、工业化的狭隘视域,将现代化的视野拓展到广阔的社会层面,把大众教育、城市化、工业化、交通运输、服务设施、公民的政治参与、社会人员的流动性等视为现代化的特点。社会心理学家则专注于人的现代化。例如,阿列克斯·英克尔斯(Alex Inkeles)等人就将人的现代化视为现代化的核心要素:"经济学家以人均国民生产总值来衡量现代性,政治家以有效的管理制度来衡量现代性。我们的意见是:'如果在国民之中没有我们确认为现代的那种素质的普遍存在,无论是快速的经济增长还是有效的管理,都不可能发展,如果已经开始发展,也不会维持多久。在当代世界的情况下,个人现代性素质并不是一种奢侈,而是一种必需。……现代人素质在国民之中的广为散布,不是发展过程的附带之物,而是国家发展本身的基本因素'。"②

　　以上观点都是人们从不同层面对"现代化"这一概念所做出的理解和诠释,而人们之间的分歧则说明,"现代化"这一概念包含多个层面的内容,是一个内涵丰富的概念,它几乎涉及政治、经济、社会、文化、教育、社会心理等社会生活的所有方面。一般来说,现代化指一种与传统社会相区别的、新的社会模式的实现过程,它主要表现为政治领域的民主化、经济领域的市场化和思想文化领域的理性化。依据对"现代化"这一概念之内涵的分析,乡村现代化其实指:按照现代化的要求,实现乡村在政治、经济、社会心理、思想文化等方面的全面进步和提升。

　　现代化和现代文明是以弘扬个体性为特点的,体现为对个人自由意志的尊重。现代化尊重个人自由意志的特点给予了个人更多的权利和自由,个人不仅可以根据自己的意志自由地规划自己乐意的生活方式,而且可以自由地拥有一系列自己乐意的生活价值观。现代化对个人自由意志的尊重必然会导

---

① 西里尔·E. 布莱克,等. 日本和俄国的现代化——一份进行比较的研究报告. 周师铭,胡国成,沈伯根,等译. 北京:商务印书馆,1983:8.
② 阿列克斯·英克尔斯,戴维·H. 史密斯. 从传统人到现代人——六个发展中国家中的个人变化. 顾昕,译. 北京:中国人民大学出版社,1992:454-455.

致人们在生活价值观上的多元化，而且随着社会的发展，这种趋势会被不断加强。然而，尽管现代化所开创的自由、开放局面通过对个人平等、自由、权利的尊重而使人类进入了一种新的文明形态，但是它所带来的价值观念多元化也使人们在价值观上的可通约性变得越来越脆弱。因此，现代化将人们分割成了一个个相互独立的原子，传统社会人们之间那种紧密的生活关系发生了根本性变化，现代社会很难再以一种人们所共同认可的价值观来对社会成员进行整合。

现代化的另一个特点是对人之需求的解放。在传统社会，人的需求是需要节制的，但现代社会却将需求视为价值的源泉，所谓对个人自由意志的尊重其实就是对人之需求以及满足需求的方式的尊重。因此，在现代化语境下，人更多地被理解为需求的主体。这种对人之需求的解放必然会极大地刺激人对物质的占有欲望。如果缺乏公共理性的约束，人们对物质利益的追求就必将导致公共伦理秩序的混乱。因此，对于人类社会而言，现代化其实是一把双刃剑，它一方面意味着人类社会的进步，是人类社会发展的必经阶段，是社会生产力发展的必然结果；另一方面又会对社会原有的价值体系造成破坏，使其处于一种价值失衡状态。现代化的这种双重性意味着乡村现代化对于乡村社会而言并不是绝对的善，它在推动乡村发展的同时也会给乡村社会带来一些负面影响。

就我国乡村现代化的进程而言，尽管我国在新中国成立初期就将乡村现代化纳入了国家现代化战略，但由于当时的工作重心主要是实现工业现代化，所以乡村的现代化进程推进得十分缓慢，此后改革开放的到来才真正让我国乡村踏上了现代化的征程。改革开放以来，尽管我国在乡村现代化的道路上成就非凡，各项事业都取得了长足进步，基本上改变了乡村社会贫穷落后的历史面貌，但由于发展速度过快，再加上城市道德价值观念和国外道德价值观念的大量涌入，我国乡村就不可避免地患上了乡村道德失忆症。乡村道德失忆症是指乡村在其现代化过程中对其在过去的历史空间中所经历与拥有的道德生活经历和道德文化传统的"遗忘"而造成的一种负面道德现象。就我国乡村现代化的现状而言，乡村道德失忆症主要表现为对传统孝道等优秀乡村道德文化传统的"遗忘"。

我国乡村道德失忆症首先表现为对传统孝道的遗忘。我国传统社会是以

"孝"为核心价值的社会，因而在中华文明的历史进程中形成了独特而又灿烂多彩的"孝文化"或者"孝道文化"。特别是对于我国传统乡村社会而言，相对封闭的地域特点和基于血亲的社会关系使"孝"成为维持其秩序的核心伦理价值。"孝，这个伦理的原则，是维系我们文明的一个非同寻常的力量，它占据了传统价值观的核心，甚至成为我们的祖祖辈辈在漫长的历史中的一种超越于一切的信仰的道德力量，不仅统摄着人们的心灵，也是实现人生价值不可或缺的表征。"① 事实上，"孝"作为维系中华文明的根本精神力量，贯穿于我国传统社会的所有阶层，上到皇亲贵族，下到黎民百姓，无不以"孝"为立身的根本性价值标准。对于我国传统乡村社会而言，"孝"不仅是根植于人们生命中的道德责任，更是维持乡村社会秩序的根本力量，甚至是唯一力量。不幸的是，我国传统乡村的这种孝道精神却在乡村现代化的进程中衰落了。

随着工业化、城镇化潮流的到来，"孝"这一维持我国传统乡村社会的核心价值受到了巨大冲击，它维系乡民关系、整合乡村社会共同体的力量变得越来越弱。在现在的中国乡村，支持乡民行为的不再是对先辈的敬重，而是对现实利益的片面强调。与对长辈的孝顺相比，当代乡民更多地关注和重视自己的生活。在现在的中国乡村，不孝子女是大量存在的，他们不给老人提供舒适的居住环境，甚至还有子女将自己的父母活活饿死。近些年，"富二代"的出现更是加剧了乡村孝道的衰落。所谓"富二代"，是指可以依靠父母创造的巨额财富而在激烈的社会竞争中占得先机的人，他们在我国主要指在改革开放中占得先机并获得巨额财富之人的子女。他们是一批"含着金钥匙"出生的人，无须付出较大的努力就可以获得比别人多得多的财富。改革开放打破了我国社会原先普遍贫穷的社会状况，使家庭背景对个人成长的支持作用变得尤为重要。因此，许多人在激烈的社会竞争中遭遇挫败时，往往会忽视自身的因素，而将责任归于父母，抱怨父母没有在改革开放中占得先机。

孝道的衰落并不是我国乡村特有的社会现象，在城市也是存在的。与乡村相比，城市市民的社会竞争更激烈，工作压力更大，因而父母的财富状况

---

① 赵炜. 乡土伦理治道——传统视阈中的家与国. 北京：中国矿业大学出版社，2011：171.

就显得特别重要。基于这种考虑，现在的一些乡村女孩更愿意将在城市生活的男性作为择偶对象，而一些城市女孩在择偶时更多是以男性父母的财产状况为标准的。因此，围绕父母财产状况的攀比就成为一些人的日常话题，而那些不具备财产优势的父母就自然成了被抱怨的对象。此外，西方文化中那种父母与成年子女之间明晰的界限，也为不孝子女的不孝行为提供了理由。他们认为西方文化中的那种父母与子女之间的关系才是正确的，体现了对子女自由意志的尊重。

在对乡村孝道的衰落进行分析时，我们还需要从情感和事实两个层面来分清"不愿"与"不能"。子女不愿承担对父母的赡养责任是乡村孝道衰落的次要原因，因为不孝子孙并非现代社会的产物，而是一直都存在的。一方面，现代乡村的生产结构和劳动力就业结构不同于传统乡村，农业生产不再是乡民们的唯一生产方式，城镇化的快速发展对劳动力的需求为乡民们提供了新的收入来源，所以乡民们开始走出乡村，这就造成了"空巢老人"和"留守儿童"的出现。现代乡村的这种变化让老人们对其子女持一种理解的态度。不仅如此，老人们还会不顾身体的劳累而从事一些基本的农业生产，以维持生计。另一方面，由于我国城镇化起步比较晚，一些新兴城市和乡村的联系依然很紧密，很多子女在进城后依然与乡村保持着紧密联系，他们往往将自己的父母留在乡村，为其提供一些生活所需的费用，自己则在城市上班、生活。父母与子女之间的这种空间距离，一方面使子女无法有效地赡养父母，另一方面也削弱了子女对父母的责任感。

除了对传统孝道文化的遗忘之外，我国乡村道德失忆症还表现为对睦邻友好这一人情伦理传统的遗忘。人情是从人们之间相互帮助的道德实践中产生的关乎人际交往的日常伦理。我国传统乡村社会其实是基于血缘和地缘的、相对封闭的家族共同体，共同体成员之间的血亲关系加强了成员在情感上的归属感，使成员在内心产生了一种与共同体的一体感，因而便在心中产生了相互帮助的道德心理倾向。同时，我国传统社会的这种特征还决定了家族共同体必然是一种熟人社会，大家在日常生活中是联系密切的利益相关者，这就提高了人们作恶的成本，任何一个恶的行为都会由于这种近距离的人际关系而变得广为人知。在这样的伦理共同体中，每个人都将自己视为共同体中的一员，每个人的价值都只有在被共同体认可和接受的条件下才能得到实现，谁也不愿意被排除在共同体之外。因此，对于人们来说，促进共同体整体的善就成为自己的道德责任。此外，由于传统乡村社会的生产力水平比较低下，人们抵御自然灾害的能力较弱，人们之间的守望相助便成了一种必然选择。久而久之，人们之间的守望相助便成为每个人近乎本能的道德情感和美德。

随着现代化进程的推进，人与人之间相互关切的道德情感在我国乡村开始变得越来越淡薄，随之而来的是睦邻友好这一优秀乡村道德文化传统的逐渐丧失。当然，人情关系的冷漠首先是从城市开始的。一方面，城市居民之间由于相互陌生而不愿意做情感上的交流，这就导致他们不仅无法从内心生发出一种相互帮助和团结合作的道德情感，更让他们无法产生一种对共同体的归属感。另一方面，城市居民的上下班时间基本相同，除非在同一单位上班，不然人们之间见面的机会很少，更不用说相互交流了。城市居民之间的冷漠人情关系已经成为城市的"通病"。在现在的城市，居住在同一楼层的邻居也完全有可能互不认识。随着现代化进程的推进，这种产生于城市的"道德病症"蔓延到了乡村。与城市不同，乡民之间并不陌生，但乡村何以也会出现这种状况？

我国传统乡村社会是伦理共同体，同时也是利益共同体。在传统乡村，由于地域的限制，乡民之间彼此熟悉，故而乡民之间的利益关系是十分紧密的，而乡民之间的血亲关系更是使乡民结成了同呼吸、共命运的利益共同体。在现代乡村，乡民之间也是相互认识的，但他们之间的利益关系已不同于传统社会。对于生活在现代社会的人们来说，他们的生产方式已不再像传统乡村的乡民那样仅限于农业生产。

首先，城市化的不断推进改变了乡村社会的劳动力就业结构。城市化的迅速发展需要大量的劳动力，而城市的劳动力显然是不足以满足城市化要求的。这样一来，乡村自然就成为城市化发展的劳动力来源，这就使部分乡民离开了世代居住的乡村，变成了在城市务工的农民工。其次，在城市化过程中产生的新的职业为乡民们提供了更多的就业机会。长期以来，传统乡村社会的生产方式仅限于农业生产，但城市化的发展却改变了这一历史状况。随着城市化的不断推进，许多新的职业开始出现，城市的职业类型更加多样化，尽管有些是面向城市居民的，但其中大部分还是对乡民开放的。交通、运输、工业和服务业中的一些工种都是乡民可以选择的，特别是一些轻工业和服务业。例如，现在遍布我国东部城市地区的电子厂、纺织厂和一些制造厂都是以农民工为主体的。对于乡民来说，这些工作的收入比较稳定，也比农业生产高很多，辛劳程度也可以接受。此外，农业生产具有偶然性，主要看年景，年景好的时候收成就比较好，年景不好的时候收成就比较差。相比之下，乡民更愿意去城市务工。

当然，并非所有外出的乡民所从事的都是工业和服务业，也有从事农业生产的。在我国有些地域广阔的乡村，农业生产依然是主要的生产方式，但与其他乡村相比，这些乡村的地形、土壤、气候、市场和交通条件都很优越，因而这些地区不仅适合大面积地进行农业生产，而且与城市的特殊关系也使其生产目的发生了根本性变化。例如，新疆的乡村主要还是以农业生产为主，但农业生产的目的却完全是商业性的，所以其他乡村的乡民自然就成为该地区农业生产的主要劳动力。

总之，尽管现代乡村的乡民之间依然是相互熟识的，但乡村生产结构和劳动力就业结构的这些变化，在提高乡民生活收入的同时也极大地削弱了乡民之间在利益上的关联。从根本上看，现在乡村人情关系的冷漠其实是乡民之间经济利益关系的变化在思想层面的反映。

就成因而言，乡村道德失忆症是现代化的必然结果。现代化是一个与传统相对的概念，它的主要功能是破旧立新，它是对传统的否定。这就意味着乡村现代化的过程必然伴随着乡村道德失忆症。另外，对传统的否定仅仅意味着对现在、未来的重新建构这一过程的开始，而不是完成。人类生活的连续性和完整性决定了在两者之间必然会出现一个中间环节。在这一环节中，传统提供的价值支撑被摧毁了，但新的价值支撑却还未建构起来，或者正处于建构的过程中，因而人们在价值观念上的混乱和无所适从就必然成为这一阶段的主要问题。这是现代化的通病，是乡村社会在其现代化的过程中必然会经历的一个发展阶段。人们在价值观念上的混乱和无所适从，使其仿佛进入了一个道德真空地带，各种负面的道德现象层出不穷。

新中国成立以来，我国乡村社会和乡民的生活发生了巨大变化，特别是在改革开放之后，我国乡村更是发生了翻天覆地的变化，乡村的生产结构、生产方式和劳动力就业结构都发生了变化，绝大多数乡民摆脱了贫穷状况，过上了较为富裕的生活，乡村社会开始迈上康庄大道。乡村社会的这种巨变在提高乡民生活质量的同时，也改变了乡民过去的生活信念，因而他们现在面临的是如何确立新的生活信念以及如何做一个"新乡村人"的问题。然而，在面对乡村社会的巨变时，乡民中的很多人却患上了乡村道德失忆症，而道德失忆症则直接导致了道德信念的缺失和歪风邪气的滋长。现如今，道德信念的缺失和价值观念的混乱已经成为我国乡村社会的普遍现象，其主要表现是盲目攀比、喝酒赌博、轻视知识、迎合低级趣味等歪风邪气。随着物质生活水平的提高，当今中国乡村出现了盲目攀比的不良风气。这种攀比不仅体现在奢侈品的购置方面，还体现在节日酒宴、升学酒宴、乔迁酒宴的操办方面，甚至丧葬规模也成为攀比的内容之一。像喝酒赌博这类在传统乡村为人们所不齿的行为也蔚然成风，特别是在春节期间，由喝酒赌博所引起的家庭悲剧呈增多趋势。此外，对知识的轻视和表演文化的低俗也渐成风气。

此外，乡村道德失忆症还造成了乡村公共伦理秩序的失衡和混乱。尽管我国传统乡村并没有维持公共伦理秩序的专门基层管理机构，但这并不意味着我国传统乡村就缺乏维持公共伦理秩序的公共伦理文化机制。我国传统乡村是基于血缘和地缘的熟人共同体，因而它的治理模式主要体现为依据道德文化传统的道德治理。在一个相对封闭的熟人共同体之内，公共伦理秩序的维持主要依靠共同体成员对道德文化传统的自觉遵守，而非对法律规范的被动服从。"在一个完全的、更大型的社会里肯定要出现精英层在文化方面向农民层施加教育和示范作用的现象的。"[①] 我国传统乡村"皇权不下县"的道德治理传统必然会推动道德示范的出现，而道德示范不仅发挥着乡村治理的功能，而且承担着协调乡民关系、调解乡民冲突的功能。一般来说，道德示范往往是一些德高望重的长者、乡绅，他们在传统乡村公共事务的管理方面发挥着重要作用。随着城镇化、工业化进程的推进，我国乡村传统的风俗民情、道德理念由于乡村道德失忆症的影响，在与城市文化、工业文化和现代文化的博弈中发生了明显断裂，并导致了乡村道德文化的"空洞"状态。在这种文化境遇之下，乡村原有的以乡村道德文化传统为核心的公共伦理秩序就丧失了应有的功能。另外，"血缘关系虽然已经不再成为人们社会关系

---

① 罗伯特·芮德菲尔德. 农民社会与文化：人类学对文明的一种诠释. 王莹, 译. 北京：中国社会科学出版社，2013：95.

的依据。但在相当多的村落家族共同体中，血缘关系的网络没有冲破，地缘与血缘的结合依然存在，村落家族的基本结构还是明确的。虽然它们在社会调控中不起主导作用，但起到相当的作用"[①]。这就造成了传统乡村道德文化与现代道德文化、乡村道德文化与城市道德文化相互交织的复杂情况。当今中国乡村社会在道德文化上的混乱必然会引起乡村公共伦理秩序的混乱。

最后，乡村道德失忆症降低了乡民对乡村优秀道德文化传统的认同感。优秀道德文化传统不仅是一个民族之民族精神的核心，更是一个民族是其所是的根本性规定。优秀道德文化传统作为使一个民族区别于其他民族的内在规定性，它同时还是一个民族之民族性格的集中体现。"以爱国主义为核心的中华民族精神，深深根植于绵延数千年的优秀文化传统之中，始终是维系中华各族人民共同生活的精神纽带，是支撑中华民族生存发展的精神支柱，是推动中华民族走向繁荣、强大的精神动力，是中华民族之魂。"[②] 与城市相比，我国乡村由于长期以来相对封闭的状态而更多地保留着传统文化的基因，但我国乡村所保留的这些传统文化基因却由于乡村道德失忆症而不断地受到冲击，包括富有乡村特色的文化建筑、文化技艺、文化活动、文化形式在内的许多优秀文化传统和民间艺术，已经逐渐淡出了我国的乡村道德记忆。不仅如此，许多具有重要价值的乡村道德文化传统也面临着消弭的危险。乡村道德文化传统不仅是乡村社会的核心价值，更是中华民族之民族精神的文化基因库，它构成了我国乡村发展和民族振兴的根本。英国哲学家塞缪尔·斯迈尔斯（Samuel Smiles）曾经指出："哪一个民族缺少了品格的支撑，那么，就可以认定它是下一个要灭亡的民族。……如果那些良好的品格无可挽回地损失了，那么这个民族就没有什么可值得拯救的了。"[③] 显然，当今中国乡村社会弥漫的道德失忆症，不仅严重削弱了乡村道德文化在中国社会的重要性和社会影响力，而且将我国乡村变成了我国推进中国特色社会主义道德文化建设中的"短板"。

[①] 王沪宁. 当代中国村落家族文化——对中国社会现代化的一项探索. 上海：上海人民出版社，1991：232.
[②] 王泽应. 马克思主义伦理思想中国化研究. 北京：中国社会科学出版社，2017：605.
[③] 塞缪尔·斯迈尔斯. 品格的力量. 刘曙光，宋景堂，李柏光，译. 北京：北京图书馆出版社，1999：29-30.

四、乡村振兴战略与乡村道德记忆意识

习近平在党的十九大报告中指出:"经过长期努力,中国特色社会主义进入了新时代,这是我国发展新的历史方位。"① 新时代的到来意味着中国特色社会主义建设事业进入了新阶段。不可否认,我国人口的大多数仍然是农民,这不仅决定了我国乡村现代化、实现乡村振兴任重而道远,而且决定了新时代中国特色社会主义建设必须重点推进乡村振兴战略。乡村振兴战略是新时代我国乡村发展的新方略、新理念。站在新时代的历史起点,乡村振兴战略的实施意味着实现中华民族伟大复兴的关键在于实现乡村振兴,而乡村道德文化的振兴则是乡村振兴战略的根基、灵魂。在实施乡村振兴战略的过程中,关键是必须重新加强乡村道德记忆意识,并将乡村优秀道德文化传统作为乡村振兴战略的根本。

有学者认为:"实施乡村振兴战略,旨在满足农民应对新挑战和追求新目标、乡村探索新模式和创建新景象、政府担当新使命和谋求新合力的要求,提高'三农'发展的质量和效率,补齐'三农'发展不协调、不平衡、不充分的短板,促使'三农'工作跃上新台阶,让广大农民更平等、更好、更多地分享中国发展与改革的红利。"② 实施乡村振兴战略不仅是社会主义的本质要求,而且是实现科学发展的需要、推进全面小康社会建设的需要、实现共同富裕的需要,更是实现中华民族伟大复兴的必然选择。十九大报告提出"乡村振兴"这一乡村发展新理念,为我国乡村在新时代的发展指明了新的方向和奋斗目标。

"农业农村农民问题是关系国计民生的根本性问题,必须始终把解决好'三农'问题作为全党工作重中之重。要坚持农业农村优先发展,按照产业兴旺、生态宜居、乡风文明、治理有效、生活富裕的总要求,建立健全城乡融合发展体制机制和政策体系,加快推进农业农村现代化。"③ 这段话不仅

---

① 习近平. 决胜全面建成小康社会 夺取新时代中国特色社会主义伟大胜利. 人民日报,2017-10-28(理论版).
② 李周. 乡村振兴战略的主要含义、实施策略和预期变化. 求索,2018(3):44.
③ 同①.

蕴含着习近平一贯重视乡村发展和民生的深厚情怀，而且体现了他对我国乡村发展的深远谋略。

乡村振兴战略内涵丰富，涵盖政治、经济、文化等各个领域，其中最重要的任务是振兴乡村道德文化。进入改革开放时期之后，我国乡村陷入了传统与现代、开放与封闭、先进与落后尖锐冲突的状态。我国改革开放是从乡村开始的，但很快就将重心转移到了城市。在改革开放的过程中，我国乡村受益匪浅，但遭遇的新问题也很多，其中最严重的问题恐怕是乡村道德记忆意识的淡化。快速推进的改革开放将我国乡村推入了现代化潮流之中，乡村很多具有自身特色的东西被迅速抛弃或遗忘。

乡村道德记忆意识是乡民对乡村道德记忆进行价值认识、价值判断、价值定位和价值选择而形成的意识。它是与城市道德记忆意识相比较而言的，并具有与城市道德记忆意识相区别的内涵。虽然乡村道德记忆意识不可避免地与城市道德记忆意识错综复杂地交织在一起，但它们之间的区别是相当显著的。乡村道德生活方式与城市道德生活方式存在显著差异，乡村居民和城市居民的道德生活经历并不相同，所以由此而形成的道德记忆和道德记忆意识就不可能相同。

在当今中国，改革开放在一定程度上缩小了城乡差异，但城乡之间的贫富差距依然很大，城乡道德文化差异更加突出。从道德文化差异来看，我国城乡既表现出一定的趋同性，也表现出一些截然相反的价值取向。一方面，电视、网络、微信等媒体手段受到了我国城乡居民的共同欢迎，自由、平等、民主等具有现代性意涵的价值观念被我国城乡居民接受的程度都在提高；另一方面，我国城乡居民在一些重要生活领域所表现的价值取向是逆向而行的，其表现之一是，被城市居民特别重视的乡村道德记忆往往成为乡村居民刻意忽视或选择性遗忘的东西。

改革开放40多年，我国发展最快的是城市。城市化进程在以日新月异的速度推进，城市人口快速膨胀，高楼大厦充斥着城市空间，新街道、高架桥、地铁等快速修建，汽车数量与日俱增，城市在喧嚣的人流和车流中不断更新着面貌与形象；与此同时，城市居民的贫富差距越拉越大，生活和工作竞争的压力越来越大，精神病患者越来越多，许多居民产生了逃离城市环境和城市生活的想法。在中国，城市居民如果真要逃离城市，主要避难之所只能是乡村。

具有讽刺意味的是，在越来越多的城市居民试图逃离城市环境和城市生活的同时，我国乡村居民仍然在想方设法涌进城市。在当今中国，城市环境和城市生活仍然是绝大多数乡民向往与追求的目标。在朝着这一目标前进的过程中，很多乡民表现出"义无反顾"甚至"奋不顾身"的态度。他们中的许多人具有视乡村为苦海的思想观念，同时将城市视为人生福地。他们中的一些人甚至试图消除自己的一切乡村记忆，特别是自己的乡村道德记忆。在他们眼里，只有城市道德记忆才是应该刻写的道德记忆。这种试图遗忘乡村的潮流日益强劲，致使乡村所拥有的诸多有价值的东西日益严重地被人们忽略或淡忘。

乡村是我国在改革开放过程中重视不够的区域。正因为如此，我国乡村在改革开放时期不仅严重落后于城市，而且在很多方面呈现出衰败迹象，最明显的是乡村道德文化的衰落。改革开放给我国乡村带去了很多现代性产品，但同时也消灭了我国乡村的许多优秀传统。纵然在计划经济时代，我国乡村也有很多值得肯定的优秀道德文化传统。虽然那个时代的乡民生活在同等贫困状态，但是他们的精神生活并不贫乏。他们拥有自己的文艺宣传队、体育运动队，并且定期开展丰富多彩的文体活动。最重要的是，那个时代的乡村拥有比较纯正的道德风气，乡民之间相互友爱、相互帮助、相互支持的美德十分普遍，处处可见乡村伦理共同体的气象。相比之下，当今的中国乡村在道德文化建设方面表现出日益严重的衰败迹象。有知识的乡民涌进了城市，很少还乡；没有知识的乡民也拼命涌进城市打工；留守乡村的乡民为数不多，其中的一些人无所事事，在无聊中寻求刺激，甚至沉迷于黄赌毒。

要推进乡村振兴战略，首先应该强化乡民的乡村道德记忆意识。要让广大乡民明白这样一个道理：乡村和城市是两个不同的生活领域，它们不仅拥有不同的道德文化传统，而且拥有不同的道德价值观念；城市生活方式所肯定的东西不一定是乡村生活应该实现的价值目标，反之亦然；在现代化进程中，乡村既应该融入现代化进程，也应该保留自身特有的优良传统；在乡村的优良传统中，乡村道德文化是最深厚、最有价值的传统，而要将乡村道德文化传统不断发扬光大，乡民就必须树立应有的道德记忆意识；乡村道德记忆意识是将乡村道德文化传统发扬光大的主观条件，是贯通乡民的历史意识和时代意识的必要条件。

"文化是一个国家、一个民族的灵魂。历史和事实都表明，一个抛弃了或者背叛了自己历史文化的民族，不仅不可能发展起来，而且很可能上演一幕幕历史悲剧。"[①] 改革开放以来，我国乡村现代化的进程在推进我国乡村社会各项事业发展、进步的同时，也使乡民的价值观念、行为方式和思维方式发生了深刻变化，乡民价值观念混乱已成为乡村社会的普遍现象，这就使乡村社会价值体系的重建必然要成为新时代乡村振兴战略的中心任务，而乡村道德文化又是乡村社会价值体系的核心，所以乡村道德文化的振兴就是新时代乡村振兴战略的根基、灵魂。

价值观是人类关于自己的生活及其存在意义的根本观点和根本看法。价值观不仅反映人对生活、生命以及存在意义的态度，而且反映人在现实生活中的行为倾向。人们所共同持有的价值观更是推动人们结成生活共同体的精神根源。对于一个共同体来说，并非每个成员都拥有相同的价值观，但推动他们在根本价值上达成一致则十分必要，这可以为他们所持的不同价值观提供通约的可能。对于乡村社会而言，乡村道德文化就是乡村社会的根本价值，它反映乡村社会在一定历史时期所崇尚和倡导的道德准则、道德信念和道德理想。乡村道德文化作为被乡民们广泛认可的价值，不仅是规范和引导乡民行为的道德力量，而且是保证乡村社会得以正常运转的精神力量。

乡村道德文化作为被乡村共同体成员所共同认可和接受的社会意识，总是处于动态的发展过程中。回顾我国乡村在近代的历史变迁，每一次重大的社会变革都会引起乡村社会结构和乡民思想观念的深刻变化，与这种变化相伴随的则是社会整合难度的增加，由此产生了重建乡村道德文化的时代任务。新的乡村道德文化的建立可以将在社会变迁中分散的社会力量重新整合起来，为乡村社会的稳定和发展提供精神力量。在新民主主义革命时期，中国共产党就深刻地认识到革命与农村的密切联系。在土地革命的过程中，红色文化成为当时农村道德文化的核心，它不仅使原本孤立和分散的农村社会成为中国革命的主战场，而且将其整合为改变中国前途和命运的强大力量，

---

① 习近平. 习近平谈治国理政：第2卷. 北京：外文出版社，2017：349.

这极大地促进了农村道德文化的重建。在此后的革命进程中，这种以红色文化为核心的农村道德文化激发了农民投身革命事业的热情，为当时农村的前途与命运指出了正确方向。新中国成立后，我国农村迅速实现了土地所有制从农民所有向集体所有的转变，从而真正开始了农村现代化的征程。很明显，当时农村土地制度改革的顺利进行与当时的农村道德文化密切相关，因为恰恰是社会主义道德文化为当时农村土地所有制的过渡提供了道德合理性基础与道德动力。从新中国土地改革的开展过程可以看到，当时农村的社会主义道德文化不仅为土地改革提供了道德合理性，而且为土地改革的顺利开展提供了道德动力，而土地改革的开展则让农民在改革过程中加深了对社会主义道德文化的认知和认同，从而巩固和加强了社会主义道德文化在农村的基础性地位。此后，社会主义道德文化强大的整合力又将广大农民群众组织了起来，由农村初级互助组走向了农村合作社，再由农村合作社走向了人民公社这种具有高度组织性的生产、生活模式，从而实现了我国乡村秩序自鸦片战争以来的混乱状态向稳定状态的转变。可见，正是社会主义道德文化使我国乡村社会迈上了新台阶，真正开启了我国乡村现代化征程。

改革开放以来，市场经济的发展一方面严重消解了我国乡村的道德文化传统，另一方面也冲淡了乡村在新中国成立后形成的社会主义道德文化。城镇化、工业化的发展以及西方道德文化的传入，让乡村患上了道德记忆失忆症，这不仅破坏了乡村社会原有的道德文化传统，而且造成了乡民的信仰危机。尽管我国乡村社会在现代化的过程中取得了一系列鼓舞人心的巨大成就，但现在的乡村却成为道德乱象的频发地，道德底线被不断突破，乡村俨然成为道德真空地带，这与之前乡村社会留给人的淳朴、善良的形象形成了巨大反差。乡村社会的这种道德现状无疑给乡村的长远发展带来了巨大隐患。党的十九大报告将乡村振兴作为我国新时代乡村发展的新理念提出来，这为我国乡村发展指明了新方向，但我们必须深刻认识到，我国乡村社会日益下滑的道德现状迫切地要求，必须将乡村道德文化振兴作为乡村振兴战略的核心任务来对待。

与人类生活的其他领域一样，我国乡村生活应该具有连续性和完整性，即应该通过过去、现在和将来这三个时间维度来展现与规定自身。"不忘历史才能开辟未来，善于继承才能善于创新。优秀传统文化是一个国家、一个民族传承和发展的根本,如果丢掉了,就割断了精神命脉。"① 与城市相比,乡村尽管缺乏雄厚的现代文化基础,但却更多地保留了中华道德文化传统,这就为乡村道德文化振兴提供了重要的伦理资源。乡村社会所拥有的传统道德文化底蕴使其在今天仍然是中国特色社会主义道德文化的重要载体。为了在中国特色社会主义道德文化建设中发挥应有的作用,我国乡民应该增强乡村道德记忆意识,并致力于建设具有乡村特色的乡村道德文化形态。

我国乡村振兴战略的实施意味着中华民族伟大复兴的关键在于乡村振兴,而乡村振兴的关键则在于乡村道德文化的振兴。乡村道德文化振兴的任务是形成中国特色乡村道德文化。建构中国特色乡村道德文化,必须以乡村优秀道德文化传统为根本,在继承中创造,在创造中继承。这样的乡村道德文化建设意识必须以强烈的乡村道德记忆为基础。树立并不断增强乡村道德记忆意识至少会让我们明白:乡村道德记忆是我国实施乡村振兴战略和建设美好乡村必不可少的主要条件。

---

① 习近平. 习近平谈治国理政:第 2 卷. 北京:外文出版社,2017:313.

第十三章

道德记忆与道德文化自信

道德记忆在人类道德生活中占据着重要地位，发挥着重要作用。它不仅与人类道德文化自信密切相关，而且作为增强人类道德文化自信的重要条件而存在。本章探究道德记忆与道德文化自信的紧密关联，重点分析个体道德记忆与个体道德文化自信、集体道德记忆与集体道德文化自信之间的关系以及道德记忆对人类道德文化自信的增强作用。

一、道德记忆与道德文化自信的紧密关联

道德记忆是人类对过去的道德生活经历进行记忆刻写而形成的记忆形式。道德文化自信是文化自信的核心内容，是主体对自身追求的道德文化价值的充分认同、积极肯定和坚定信念。道德记忆是一个国家和民族的道德文化传统延续发展的重要基础。它为道德文化自信的确立提供支撑，而道德文化自信的确立则为人类进行道德记忆刻写提供动力。

不同学科对文化的定义各不相同。即便如此，人作为文化的主体是学界一致认可的。并非人所创造的一切都可以归于文化，因为文化强调的是一个具有传统性、传承性的价值世界、意义世界和精神世界。文化的传统性是指任何文化的形成、发展都不能脱离过去历史的影响，现有文化内容都与过去的人类生活有着不可分割的联系。文化的传承性是指文化的发展并不是简单的取代，而是在历史长河的积淀中不断积累、继承基础上的发展，也由此保

持自身的底蕴和特色,以彰显出自身的独特魅力。文化作为一个价值世界、意义世界和精神世界,主要表明的事实是,只有人才能充当文化的创造者和主体。正如费孝通所说:"文化本来就是人群的生活方式,在什么环境里得到的生活,就会形成什么方式,决定了这人群文化的性质。"①

要理解什么是道德文化自信,我们必须首先认知"自信"这一概念的内涵。自信的生成具有两个向度:一是主体自我向度,即主体对自我的信心;二是他者向度,即他者对主体的正面评价。这两个向度共同构成主体自信的生成过程。因此,自信反映着主体对自身追求的价值的正面态度,体现着主体积极肯定的自我认知。文化自信就是主体对自身追求的文化价值的充分肯定和积极评价。道德文化是一个国家或民族的文化的核心,也是一个国家或民族的文化的特色资源。道德文化在文化中占据主导地位,道德文化自信也是文化自信的核心内容。道德文化自信建立在主体对自身追求的道德文化的认知与理解的基础之上。

主体对自己道德文化传统的认知与理解程度直接影响着道德文化自信的确立程度。主体如果对自己的道德文化传统有着充分的认识与理解,那么就比较容易确立道德文化自信;相反,如果只是片面、负面地认识自己的道德文化传统,甚至一无所知,那么就难以真正确立起道德文化自信。这一切都与主体的道德记忆密切相关。具体地说,主体对自身道德文化传统的认知与理解程度就体现为主体的道德记忆对道德文化传统的记录和保留程度。主体对道德文化传统的认知与理解程度越高,其道德记忆记录和保留的道德文化传统就越多;反之,则越少。因此,道德记忆与道德文化自信是紧密相关、密不可分的。

道德记忆为道德文化自信的生成和确立提供丰厚的历史资源、文化滋养。作为道德文化自信之重要组成部分的中华优秀道德文化传统,其重要载体就是中华民族的道德记忆。例如,孝敬父母、尊师重道等中华优秀传统美德都已成为中华民族代代相传、习以为常和自觉遵守的道德文化传统,它们根深蒂固地存在于中华民族的道德记忆之中。

道德记忆为道德文化自信的确立提供最为基本的文化基因。没有长久的

---

① 费孝通. 文化与文化自觉. 北京:群言出版社,2010:12.

历史文化积淀，就没有持久的道德文化自信。要想确立坚定的道德文化自信，就必然要有丰富的道德文化资源做支撑。作为保存优秀道德文化传统的载体和形式，道德记忆本身就是被人们实践、经验、选择和坚持的优秀传统文化，它为人们认识、理解、接受现实世界注入文化象征意义和解释心理模式。对于拥有五千多年历史的中华道德文化而言，中国人理应有充足的信心和坚定的自信。

道德记忆为道德文化自信的确立提供精神力量。道德记忆具有确证、认同成员身份的作用，这种确证、认同能够深化当代人对国家和民族文化的认识、理解、接受，是维系和促进成员之间良性关系的纽带，为社会形成共同的道德文化自信提供强大精神支撑。例如，中华优秀道德文化传统是社会成员之间身份确证、认同的重要纽带，是社会凝聚力得以形成并发挥作用的文化支撑。道德记忆刻写有助于当代中国凝聚力量和形成道德共识，能够为当代中华民族确立道德文化自信凝聚力量。

道德记忆为道德文化自信的确立提供稳定的文化心理基础。从心理学而言，自信的产生与主体的心理态度密切相关。一个人的心理状态直接影响着其自信的有无或程度。道德记忆是一个国家、社会独特的核心文化标志，它能够为一个国家、社会及其成员对自身文化产生自信提供重要的心理基础。中华民族的共同道德记忆既为人们当前的生活提供共同的生活习惯、思维方式以及价值理想，也为道德文化自信的确立提供共同的心理基础。

西方著名思想家罗素认为，人类要学会生活，要实现和谐的生活，就必须要有中国文明。他认为，中国文明的长处就在于中国人对人生的独特理解。例如，中国人具有宽容的美德，而有些民族就缺乏这种美德。他预言，在未来世界，要实现真正的文明和谐，中国文明是必不可少的。事实上，罗素不是赞美中国文化源远流长、兼容并蓄、求同存异特征的唯一西方哲学家，还有许多其他西方学者在对西方文明感到失望时，转而从东方的中国文化中看到了希望。这种希望的来源就在于中华民族一直保留下来的自强不息、民胞物与、求同存异等道德价值观念。它们是中华民族具有道德文化自信的底气之所在。中华民族的道德记忆就保留着这些道德价值观念。一个抛弃自己历史文化传统的民族不可能发展起来；反过来说，一个没有发展前途的民族肯定是一个没有道德文化自信的民族。

中国文化源远流长，经过五千多年的积淀，被公认为世界文明的重要组成部分。道德文化是中国文化的核心。自古以来，礼仪之邦都是中国的代名词。"和而不同"的包容精神、"天行健，君子以自强不息；地势坤，君子以厚德载物"的进取精神、"先天下之忧而忧，后天下之乐而乐"的爱国精神等，都已融入每个中国人的文化血液，成为中国人待人处世的自觉意识和普遍行为规范。这些伦理精神已经成为中国文化、中国精神的重要内容。中华伦理精神之所以能够延续并被今人铭记和践行，其根源在于它们被刻写成了中华民族的道德记忆，有些甚至融入了世界人民的道德记忆。

优秀道德文化传统是中华民族树立道德文化自信的根基。中华民族的道德文化自信源于具有独特底蕴的中华道德文化和中华儿女在长期共同生活中积累的道德记忆；或者说，它根植于中华道德文化的深厚土壤。在我们今天坚持的价值观念中，有很多是从中华道德文化传统中继承下来的。例如，社会主义核心价值观中的和谐就与中华民族历来强调的"和而不同"价值观一脉相承。和谐、仁爱等价值观念是中华文化特别强调、重视的价值观念。中华文化是以道德文化为主导的文化形态，因而常常被称为伦理型文化。历史地看，中华民族是一个具有道德文化自信传统的民族。通过道德记忆传承下来的那些道德价值观念是当代中华民族树立道德文化自信的价值内核。中华道德文化通过道德记忆传承和保留下来的是什么？它们就是中华文化中最核心、最精粹的道德价值观念。例如，孟子所说的"大丈夫"，就是"富贵不能淫，贫贱不能移，威武不能屈"的人格自信。一个人由自己内在的道德力量所表现出来的自信，是难以受到外在因素影响的自信。又如，中国自古就有"当仁不让"的说法，它意指：一个人在承担应有的道德责任时，就算是面对老师、长辈的阻挠，也应该勇敢向前，不能有丝毫胆怯和后退，相信自己能够完成这种道德使命。这就是一个人对自己的能力和品格的自信。中华道德文化还强调"自强不息"，认为一个人只有自强不息才能获得自信。另外，还有"仁者无敌""三军可夺帅也，匹夫不可夺志也"等价值观念。这些最核心、最精粹的道德价值观念已经深深地融入中华民族的道德记忆和文化血液之中，是中华道德文化的价值内核。中华文化在与外来文化进行交流、竞争时，之所以一直没有被外来文化同化、消解，靠的就是通过我们自己的道德记忆所保留下来的这些道德价值观念。不可否认，自鸦片战争以降，中华文化面对内忧外患的局面，滑入了一个低谷，整个社会逐渐陷入一种不自信的迷惘之中。然而，中华文化所留存下来的道德记忆激励着一代又一代仁人志士前赴后继，为中华民族的伟大复兴进行了艰苦卓绝的奋斗，尤其是中国共产党领导我们取得了举世瞩目的成就，从而让我们在民族复兴的道路上逐渐恢复自信。

道德记忆反映一个国家或民族对待自己过去的道德生活经历的态度。如果一个国家或民族对自己过去的道德生活经历没有形成共识性认知，那么它就必定难以树立道德文化自信。"人民之间最重要的区别不是意识形态、政治的或经济的，而是文化的区别。"[①] 在强调主体个性和自由的当今世界，道德文化传统对主体追求利益、选择利益和实现利益过程的约束与影响逐渐式微，道德记忆被主体忽视甚至遗忘的情况日益严重。这既造成了历史虚无主义在当今世界日趋严重的状况，也阻碍了当代人类树立道德文化自信的进程。

一个国家和民族的道德记忆状况是这个国家和民族树立道德文化自信的底气。一个逃避历史和责任的民族肯定不是道德文化自信的民族。道德记忆是对过去道德生活经历的记录和保存，但由于主体会选择性地进行记录和保存，所以道德记忆有真实与虚假、完整与片面之分。即使对于同一记忆内容，不同主体也会因主观差异和客观条件差异而选择不同的记忆对象。只有敢于面对历史、正视历史，并且以真实和完整为基本标准进行客观记录，以保证历史的延续性和全面性，一个国家和民族才不会背负沉重的历史包袱和罪恶感，才会从容前行，自信地立于世界之林。道德文化自信必然涉及人们对道德文化传统和道德记忆的认知，即对道德文化传统的理解、认同、接受。纵观中国历史，中华民族所保存和传承下来的那些道德记忆，既是对中华民族过去道德生活史的真实记录，同时也彰显了中华民族的道德文化自信及其底气。

从本质上说，道德文化自信是一种高度的道德文化自觉，包括道德心理认同、道德信念坚定等。从道德记忆的角度看，道德文化自信就体现在道德记忆的真实性和完整性方面。就个体道德记忆而言，道德文化自信是个体对

---

① 亨廷顿. 文明的冲突与世界秩序的重建. 周琪，刘绯，张立平，等译. 北京：新华出版社，2002：6.

所属国家、民族追求的道德文化价值的充分认同、积极肯定和坚定信念，表征着个体对所属国家、民族的身份认同，表现为个体对所属国家、民族的集体道德记忆的积极接受、主动认同。这就使个体不会任意篡改、抹杀和遗忘国家或民族道德记忆，而是自觉保护、传承国家或民族道德记忆，从而保证个体道德记忆的真实性和完整性。就集体道德记忆而言，道德文化自信表现在集体对待自身过去的道德生活经历的正确态度上，它要求一个集体正确看待自身所承载的道德文化，理解、认同并保存好自身形成的道德文化，传承好自身的集体性道德文化传统，并且对自身所承载的道德文化传统的历史价值、发展现状、未来前景保持坚定的信心和理性的认知态度。

道德文化自信首先是人们心理层面的道德文化认同、道德文化自觉，是在意识与精神层面的道德自信和自强，这种心理上的自觉和精神上的自信为道德记忆的重构提供重要动力。现代是全球化和信息化时代，没有一个国家和民族能够脱离世界而独善其身，也没有一个国家和民族的文化能够故步自封、夜郎自大。如何在全球化浪潮中保持民族文化的特色和优势，同时吸收和借鉴外来文化的长处，这是每一个国家和民族都需要重视与解决的现实课题。世界各民族的道德文化都具有自身的独特魅力，这既为自身文化保有优势提供支撑，也为世界文化的多姿多彩提供基础。中华文化也是如此。道德文化自信就是，中华文化在面对世界其他文化形态时，既要展示自身的魅力，又要敢于吸收其他文化的长处，塑造出既具有时代特色又不失本土优势且符合实践需要的新的道德记忆。

事实上，道德记忆是在历史长河中积淀下来并为本民族成员共同拥有的珍贵道德文化遗产。它和风细雨般地影响着人们的道德心理和道德行为活动，也随着社会历史的发展进步而不断增加新的内容。作为道德记忆的主体，我们不仅应该致力于建构承载道德文化传统的道德记忆，更要确立对道德记忆的自信。另外，道德文化自信的确立必然要求我们重视道德文化传统。要重视道德文化传统，就必须重视整理道德记忆所保存的丰厚道德文化资源，吸取其中的精髓，进而推动道德记忆的现代性传承、创造和刻写。

道德文化自信为道德记忆的刻写和形成提供动力，为确保道德记忆的真实与完整提供强大心理支撑。把社会资源通过一定的价值体系整合为结构紧密、相互联系的有机体，这是文化的一项重要社会功能。道德文化的整合是对道德文化资源共同价值的创造性转化，其核心就是对道德文化传统的整合。通过整合，道德文化可以发挥三个方面的作用：一是整合道德文化与社会其他要素的联系，使之成为一个内部协调、不可分割的整体；二是整合不同民族的道德文化，在民族之间形成道德文化的向心力和凝聚力；三是整合规范国家和民族的观念、意识与行为方式，使之形成共同的道德文化模式。这种整合体现为道德文化的整体性，即凝聚社会上分散和异质的资源，推动社会向心力和融合力的不断提升。文化的教化功能体现在，通过家庭启蒙、学校教育、社会示范、大众传媒等各种途径，把系统的行为规范加诸生活于这一文化之中的个体，以发挥文化的规范和约束作用。①

总而言之，道德文化自信是主体对自身所追求的道德文化价值的高度认同，是整合社会上分散和异质的道德文化资源的结果。道德记忆包含着有关道德文化资源整合的历史经验。事实上，道德记忆本身也是整合的内容之一。由于历史与现实的原因，在同一个国家，各个群体和成员之间也存在着道德文化的差异，对过去的道德生活经历有着不同的认知和诠释。道德文化自信所蕴含的整合功能和激励功能，能在减少和消除这些差异方面发挥强有力的作用。

二、个体道德记忆与个体道德文化自信

个体道德记忆是关于个体道德生活经历的记忆，它的对象是个人的道德生活经历，但并不局限于个人的道德生活经历，也可能涵盖集体性道德生活经历。若一个人是在集体中拥有某个道德生活经历的，那么他因此而形成的道德记忆就既是个体的，也是集体的。

作为具有记忆能力的动物，人类不仅能够记住过去发生的经历，而且能够以这样或那样的形式把过去的经历刻写成记忆。个体道德记忆主要与个体道德生活的"过去"相关。由于个体之间存在差异，尤其是个人所处的社会生活条件和状况存在差异，所以个体道德记忆必然呈现出个体差异性，甚至具有排他性。如果个体生活在道德秩序良好的环境中，所面对和接受的是

---

① 于幼军. 社会主义初级阶段文化论. 北京：人民出版社，1991：144.

真、善、美占主导地位的社会现实，那么其道德记忆中留存的就大多是真、善、美的内容。与此相反，在一个道德秩序败坏、社会风气腐化的社会环境中，个体道德记忆所留存的则更多是假、恶、丑的内容。

人类树立道德文化自信的情况也是如此。作为道德文化的主体，我们的道德文化自信通过个体或集体的方式表现出来，既对自身追求的道德文化价值表现出充分肯定和积极评价的态度，也对其他道德文化价值形态表现出正确的道德认知、道德评价和包容态度，从而展现出个体道德文化自信和集体道德文化自信。个体道德文化自信是个人对自身追求的道德文化价值的充分肯定和积极评价，包括道德认知、道德评价等，它是道德文化自信在个体维度的体现。个人在与自我、他人、集体、世界的互动过程中，通过自身的道德认知、道德思维等而对自己的道德生活形成道德价值认识、道德价值判断、道德价值定位和道德价值选择，从而形成个体的道德价值观，并因此而对自身追求的道德文化价值形成确信的态度和个体道德文化自信。当然，个体道德文化自信与其所处的社会环境密不可分。在一个积极向善的社会中，个体道德文化自信就容易形成和确立；相反，在一个道德堕落的社会中，个体道德文化自信就难以形成和确立，甚至容易出现道德文化自卑现象。

个体性是个体道德文化自信的显著特征。首先，个体道德文化自信是每一个个人的道德文化自信，带有个人的主观性等个体化特点，这决定了个人的道德文化自信程度和内容不可能完全一致，即使对同一道德文化内容，个人之间的情感态度和心理表征也会各不相同。其次，个体道德文化自信是个人道德心理状态的反映。即便这种反映包含着对他人和社会关系的判断与评价，这些判断与评价也会因个人差异而呈现出区别。最后，个体道德文化自信是个人遵守道德规范的体现。因此，准确地说，个体道德文化自信只不过是道德文化自信在个体身上的特殊化、个性化表现。①

个体道德记忆是个体道德文化自信确立的前提。道德文化不是抽象的、超历史的，而是具体的、不断发展的。这种具体性并非脱离了过去的道德文化传统，而是以延续、继承和创新道德文化传统为基础的。个体道德文化自信一旦脱离道德文化传统，就不可能得到确立。个体道德记忆就是这些道德

---

① 龚天平，袁家三. 论道德文化自信. 伦理学研究，2018 (1).

文化传统个体化的重要载体和内容。道德文化是依靠道德文化传统而延续、发展的，因此，个体道德文化自信的确立就必须依靠个体道德记忆的生成。具体而言，这体现在三个方面：

一是个体对自身道德文化传统的了解程度直接影响其道德文化自信的确立程度。个体道德文化自信就本质而言是一种价值观自信，包括对过去道德文化的正确认知与接受，对道德文化生命力的充分肯定与认同，对道德文化前景的自信展望，因此，它是一种积极向上的精神和心理力量。这一力量来源的重要前提是个人对道德文化传统的正确认知与客观接受，即个体道德记忆中对道德文化传统的记录和保留程度。一般而言，个体道德记忆中保留的道德文化传统越多，个人就越容易确立道德文化自信，个体道德记忆和个体道德文化自信的力量就越强大。

二是个体对道德文化传统的情感态度直接影响着其道德文化自信状况。如果个体对道德文化传统持有一种正面、客观的情感态度，那么他就容易对道德文化传统的价值保有高度认同和积极肯定的心理状态，从而就能很好地确立持久、坚定的个体道德文化自信。相反，如果个体对道德文化传统持有片面甚至负面的情感态度，那么他就会产生道德文化自负或道德文化自卑的心理状态。他或者抬高道德文化传统的价值，或者贬低道德文化传统的价值，甚至全盘否定道德文化传统的价值。具有道德文化自卑心态的人会把道德文化传统视为社会发展的阻碍，甚至主张通过各种手段掩盖、遗忘和抹除关于道德文化传统的道德记忆。具有道德文化自负心态的人会视道德文化传统为社会发展的根本动力，主张只有固守道德文化传统才能实现社会稳定，极力提倡保留建构道德文化传统的道德记忆，甚至不经思考、不加选择地予以遵守与传承。这两种状况都把道德文化传统的价值绝对化了。一种是全盘否定道德文化传统，否认道德记忆的价值，主张遗忘过去；一种是全盘肯定道德文化传统，美化道德记忆的存在，主张完全回到过去。如果持有这两种极端的道德文化心态，那么个人就不仅不能产生持久、坚定的道德文化自信，甚至会形成扭曲、异化的个人道德人格。

三是个体对优秀道德文化传统的实践程度充分反映其道德文化自信的持久性、坚定性程度。个体道德记忆需要通过外在实践形式表现出来，即个体道德记忆有一个内化于个体意识、外化于个体行为的过程。在这一外化过程中，个体遵从优秀道德文化传统的事实及其遵从的自觉程度也会反映他的道德文化自信状况。如果个体道德记忆中保有道德文化传统的内容，个人对它们持有积极肯定的情感态度，但没有将它们外化为具体行为，那么个体道德文化自信即便确立起来了，也无法达到持久、坚定的程度。个体道德文化自信是外化为个人的具体行为活动的那种自信态度和气质，展示的是个人道德人格的魅力。如果个体没有主动、自觉地把优秀道德文化传统融入自己的道德生活，而只是停留在认知层面，那么他的道德文化自信就无法持久，甚至不会真正形成。

刻写和重构个体道德记忆是确立个体道德文化自信的重要途径。个体道德记忆是由个体有选择地对过去的道德生活经历加以记录和保存的结果，这些结果会随着历史的发展而被不断注入新的内容。正视与吸收道德文化传统的过程就是刻写和重构个体道德记忆的过程。个体道德文化自信是在正视与吸收道德文化传统的基础上确立的，而不是简单照搬照抄道德文化传统。个体如果因循守旧，那么就只会形成道德文化自负心态。通过刻写和重构个体道德记忆，一方面让个体对过去的道德生活有更深的认知和更多的认同，让其更全面、系统地了解道德文化传统，另一方面也能够增进个体对道德文化传统的情感，增强个体自觉遵从优秀道德文化传统的持久性、坚定性，由此就形成了个体道德文化自信。传统道德文化教育是刻写和重构个体道德记忆的主要方式。传统道德文化教育就是要充分展现道德文化传统特有的文化基因、独特的文化魅力。首先，必须对道德文化传统进行继承；其次，应该在道德生活中践行传统美德，如孝敬父母、诚实守信等；最后，应该通过各种人们喜闻乐见的方式，把优秀道德文化传统融入人们的思想观念，潜移默化地影响人。另外，应该让优秀道德文化传统不仅影响个体的发展，更能对人类社会的发展发挥作用。加强个体的道德修养是传统道德文化教育的重要目的，是实现道德文化传统内化于个体道德意识、道德思维的主要途径，也是推动个体道德文化自信持久、坚定的重要方式。

当然，个体道德文化自信的确立能够为个体道德记忆的刻写提供重要动力和保障。个体道德记忆在它的选择标准上就体现出鲜明的个体性，因为个人对道德文化所持有的心理状态极大地影响着他通过道德记忆所保留的道德文化传统的内容。个体道德文化自信越强，个体道德记忆所保留的道德文传统的内容就越正面、客观，保留的程度也越深刻；反之，个人对其道德文化传统不但不自信，甚至自卑，那么就很有可能有意消除道德文化传统的某些内容。即使能够保留道德文化传统的部分内容，个体也不一定会正面、客观地对待和评价这些内容，这就可能导致个体对道德文化传统的刻意遗忘。一旦个体道德文化自信形成、确立并不断提升，无论其记住的道德文化传统具有正价值还是具有负价值，个体都能从这些道德记忆中吸取有益成分，并结合自身的实际需要进行重构和创造，从而为个人道德生活提供心理支撑。如果个人保留了道德文化传统中的精华内容，那么他就会对自身的道德文化感到自豪和骄傲，并因此而形成道德文化自信；如果个人保留的是道德文化传统中的糟粕内容，并且对自身的道德文化具有清醒的认识，那么他就会在自己的道德生活中引以为戒，不断警示自己。这也是个人具有个体道德文化自信的表现。更为重要的是，随着个体道德文化自信程度的提升，个体记住与保存道德文化传统的自主性和积极性会越来越高，这直接影响着个体道德记忆内容的延续性和稳定性。

综上所述，个体道德记忆与个体道德文化自信相辅相成，两者之间是一种双向互动的关系。个体道德记忆既是个体道德文化自信的重要条件和前提，也是确立个体道德文化自信的重要途径和方法。同样，个体道德文化自信程度越高，个体道德记忆保留的道德文化内容和程度就越正面、客观、深刻，这有助于推动个体道德文化自信程度的提升。

三、集体道德记忆与集体道德文化自信

集体道德记忆是关于集体性道德生活经历的记忆，它涉及的主体包括家庭、企业、社会组织、民族和国家等集体形式。集体都是由个体构成的，但集体道德记忆并不是个体道德记忆简单相加的结果。作为家庭道德记忆的典型形式，家风、家训包含的家庭道德原则和规范都是经过一个家庭几代成员选择、传承、改造而确定下来的。民族道德记忆也是如此。所有集体道德记忆都是经过复杂的建构过程才形成并确定下来的。在这一过程中，个体道德记忆之间以及个体道德记忆与集体道德记忆之间会经历一个复杂的磨合过程。集体道德记忆需要通过个体道德记忆表现出来，但这并不意味着所有个

体道德记忆的内容都可以进入集体道德记忆,更不意味着集体道德记忆由个体道德记忆简单组合而成。与一个集体在接受某个人为成员时会进行资格审查一样,集体道德记忆在依据个体道德记忆建构其自身时会对个体道德记忆进行资格审查。集体道德记忆是集体意向性的重要内容。能够对个体道德记忆进行资格审查的只能是集体意向性。

集体意向性是指一个集体具有自己的集体性欲望、目的、行动规划、价值诉求等,它反映集体的整体意向,并且以集体的整体意向来支配个人的意向。在一个集体中,个体意向性是必须服从集体意向性的;或者说,个体意向性至少是受集体意向性支配的。例如,在一个国家中,如果集体意向性将公正作为整个国家的核心价值观来看待,那么这就意味着所有个体意向性就必须视之为核心价值观。当然,个体意向性可以提出异议,但如果无法通过集体意向性的审查,那么它就仍然得服从后者的支配。

集体道德记忆就内容而言,是关于集体性道德风俗和习惯、道德原则和规范、道德思想和精神、道德实践活动以及由此构成的道德生活史的记忆。例如,集体性风俗和习惯是在一个集体中约定俗成、被所有成员广泛认可和服从的习俗和惯例等,它们是构成集体道德记忆的基本内容。集体性道德精神也是构成集体道德记忆的主要内容。正因为如此,每一个民族都具有自己独特的民族性道德精神。中华民族的民族性道德精神内涵丰富,其中最具代表性的是自强不息和厚德载物的精神,因此,它们是中华民族的集体道德记忆中最深层次的内容。

集体道德文化自信是集体对自身追求的道德文化价值的充分认同、积极肯定和坚定信念。一般而言,道德文化自信多指集体道德文化自信。集体道德文化自信并不是个体道德文化自信简单相加的总和。集体具有多种形式,集体道德文化自信也呈现出多样性。也就是说,不同的集体确立与展示道德文化自信的内容和方式各不相同。例如,一个民族的道德文化自信是它作为一个民族整体对自身道德文化的价值的自信,而一个企业的道德文化自信则主要涉及与企业道德文化价值诉求相关的内容。另外,属于不同国家的企业树立道德文化自信的情况也不尽相同。中国和很多东南亚国家的企业往往基于对儒家伦理思想的道德记忆来确立企业道德文化自信,而西方国家的企业大都倾向于基于现代西方关于契约伦理思想的道德记忆来确立企业道德文化自信。

集体之间的差异性和集体道德文化的特殊性是集体道德文化自信形成、确立的内在依据。中华民族的道德文化自信之所以与世界其他民族的道德文化自信不同,其根本原因在于中华民族与其他民族的差异性以及中华道德文化的特殊性。与个体道德文化自信不同,集体道德文化自信的内容主要是对集体所有成员具有普遍性价值和广泛约束作用的东西。集体道德文化自信能够对集体成员的活动进行有效调控,能够为集体道德文化的发展提供道德智慧和凝聚力,并因此而成为集体文化软实力的重要来源。当然,集体道德文化自信不能脱离个体道德文化自信。没有集体道德文化自信,个体道德文化自信便不能生成;没有个体道德文化自信,集体道德文化自信就无从谈起。因此,集体道德文化自信与个体道德文化自信只是道德文化自信在个人和集体这两种主体维度上的区分,而并不意味着两者截然不同,更不意味着它们之间不存在任何可通约性。集体道德文化自信的内容也会涉及个体的道德文化价值诉求,个体道德文化自信也包含诸多集体道德文化价值诉求的内容。集体道德文化自信强调自信主体是集体,而不是个人。

集体道德记忆是集体道德文化自信确立的基础。一个集体是否具有道德文化自信,这取决于它的集体道德记忆状况。具体地说,它取决于该集体对它自身的集体性道德文化传统的记忆程度。集体道德文化传统是一个集体的精神血脉,因此,每一个集体都会致力于建构自己的集体道德记忆。这同时也意味着,如果要消灭一个集体,那么关键就是消灭它的集体道德文化传统和集体道德记忆。

集体道德记忆是集体道德文化自信形成、确立的重要支撑,这具体表现在三个方面:一是集体对集体性道德文化传统的记录和保存程度直接影响着其道德文化自信的确立程度。一个集体越重视自己道德文化传统的价值,越致力于记录和保存它的精华内容,就越能更好地建构自己的集体道德记忆,其集体道德文化自信就越容易确立。相反,一个集体越忽视、遗忘甚至抹杀自己道德文化传统的价值,越致力于掩盖、阉割其道德文化传统的核心内容,其集体道德文化自信就越难以确立。二是集体对道德文化传统的认知态度直接影响着其道德文化自信状况。如果一个集体对自己的道德文化传统持有客观、完整、科学的态度,那么它就容易对集体性道德文化传统的价值持有正面、理性的认同和评价，也容易确立起持久、坚定的集体道德文化自信。相反，即便一个集体记录和保存了自己的道德文化传统，但由于它以一种片面、非理性的态度去对待它，那么它的道德文化传统就只会作为一种包袱和负担而存在，集体道德文化自信就难以形成、确立，甚至会产生集体道德文化自卑。三是道德文化传统的内容所达到的丰富程度与集体道德文化自信的确立密切相关。集体道德记忆是关于一个集体过去的道德生活经历的记忆，并且主要记录和保存的是集体性道德文化传统的内容。如果一个集体的道德文化传统不具有丰富的内容和深厚的历史积淀，那么其集体道德文化自信就难以形成、确立；相反，如果一个集体拥有丰富的道德文化传统，那么其集体道德文化自信就容易形成、确立。集体道德记忆是集体道德文化自信的强力支撑。

重拾集体道德记忆是确立集体道德文化自信的重要方式。集体道德记忆是一个动态的发展过程，重构集体道德记忆就是不断地让过去与现在、未来发生联系，凝聚集体道德共识，形成强大的集体道德合力。在发展过程中，由于种种原因，很多集体会出现集体道德失忆现象，并因此而陷入集体道德文化自卑的深渊。当一个集体发现它在道德文化自信方面显得不足时，它就会通过重拾集体道德记忆的方式来重构自己的集体道德文化自信。要基于集体道德记忆来建构自己的集体道德文化自信，集体需要做出切实的努力。

集体首先要尊重自己的道德文化传统，致力于刻写集体道德记忆。每一个集体都会面对如何对待集体性道德文化传统以及如何建构相关道德记忆的问题。对于一个集体来说，尊重自己的道德文化传统就是肯定自己集体道德记忆的价值。在对待自己的道德文化传统方面，有些集体高度重视，并致力于建构关于它们的集体道德记忆；有些集体则十分漠视，不重视建构关于它们的集体道德记忆。前一种集体是有根的集体，故而容易树立道德文化自信；后一种集体是无根的集体，故而难以树立道德文化自信。

此外，集体还必须对自己的道德文化传统进行创造性转化和创新性发展。让过去的集体性道德文化传统复活是重拾集体道德记忆的主要目的，也是集体道德记忆的基本价值之所在。"复活"既是让集体及其成员记住自己的道德文化传统，更是让自己的道德文化传统服务于集体当前的发展和道德生活。每一个集体的当前发展都必须基于坚定的道德文化自信，而这又必须建立在集体道德记忆的基础之上。没有集体道德记忆的集体是无法确立集体道德文化自信的。然而，任何一种道德文化传统都不是僵死的东西，对它的利用都必须遵循创造性转化和创新性发展的原则，应该既执于古道，又体现时代性和创新性。

　　坚定的集体道德文化自信源于强大的集体道德记忆。集体道德记忆是集体基于一定的标准有选择地对自己过去的集体道德生活进行记忆刻写的结果，集体道德文化自信的程度则是衡量集体道德记忆水平的重要参考标准。自信是主体对自我的积极肯定，正视过去不仅需要道德智慧，更需要道德勇气。集体道德文化自信程度越高，集体就越有道德勇气去面对过去的道德生活和未来的道德生活，就越有底气复活过去的道德文化和建构未来的道德文化。集体道德文化自信的确立也有助于增进集体内部的道德凝聚力和向心力，由此推动集体不断向前发展。由于集体道德文化的形式和内容都是发展、变化的，所以集体道德记忆的具体内容需要与时俱进。集体道德文化自信的确立直接影响着集体道德记忆的具体重构方式和刻写内容。就重构方式而言，集体道德文化自信的确立让集体敢于把时代要求与道德文化传统结合起来，并且扬长避短，发挥道德文化传统的特色和优势，融通古今，贯通内外，形成具有时代性、民族性的集体道德记忆。就刻写内容而言，集体道德文化自信的确立能够推动集体致力于保存和传承道德文化传统中的精华内容，但又不因循守旧，不走复古主义道路。

　　集体道德记忆与集体道德文化自信关系密切，两者之间是一种相辅相成的关系。集体道德记忆是集体道德文化自信确立的前提和基础。集体道德记忆越丰富，集体道德文化自信越容易确立，集体道德文化的亲和力越强。集体道德文化自信的确立又能为集体道德记忆的重构提供强大的心理支撑和伦理保证。集体道德文化自信程度越高，集体道德记忆的形式和内容越丰富多样，集体道德的凝聚力和向心力越强。

四、道德记忆提升人类道德文化自信的价值及路径

　　人类既需要道德记忆，也需要道德文化自信。道德记忆让我们不会遗忘过去的道德生活经历，道德文化自信则让我们珍爱过去的道德生活、重视现

在的道德生活，并对未来的道德生活充满信心。道德随着人类社会的进步而不断发展，人类道德记忆随着人类道德生活经历的拓展而逐渐丰富，人类则在持续不断的道德生活中展现应有的道德文化自信。

过去既是人类道德生活已经经历的时空之所，也是人类当下道德生活的历史根基。人类道德生活的推进离不开道德记忆的刻写。人类对待道德记忆的态度和刻写道德记忆的情况甚至是衡量人类道德生活状况的重要指标。过往道德生活的丰富程度直接决定着人类道德文化自信的确立程度。过去的道德生活经历或内容越丰富，人类的道德文化自信越容易确立。道德记忆是人类树立和不断增强道德文化自信的价值支撑。

道德记忆不仅推动人类确立道德文化自信，而且赋予人类人之为人的高贵性。道德是人类活动特有的产物；或者说，它是人类在生存实践中的一种发明。人类创造了道德文化，道德文化也创造着人类。道德文化是影响人类生存的精神力量，它让人类具有自由意志和尊严感。作为记录和保存这些道德文化的道德记忆，不仅刻写关于人类尊严和自由意志的记忆，而且表明只有人类才有道德记忆能力。人类与其他动物的一个重要区别在于，人类不仅从古至今过着道德生活，而且将自己的道德生活经历刻写成了道德记忆。人类是基于道德记忆而生活的物种，这是人类不同于其他动物的显著特征，也是人类有能力摆脱动物本能的重要表现。道德记忆为人类确立道德文化自信提供了必要条件。

道德记忆为人类提供道德生活经验和教训，这为人类更好地过道德生活提供了前车之鉴，并助推人类确立道德文化自信。人类拥有道德记忆，并不意味着人类道德文化自信能够持久和稳定。每一代人的道德生活都必须以借鉴前人的道德生活经验和教训为基础。前人的道德生活经验和教训通过道德记忆的方式传给我们，这不仅有助于我们减少道德生活的成本，而且有助于我们增强道德文化自信。虽然我们的道德文化自信完全可能随着生活语境的变化而变化，但是我们并没有因此而真正动摇过自己的道德文化自信。前人的道德生活经验总是在鼓励我们向善、求善和行善，他们的道德生活教训则总是在阻止我们向恶、求恶和作恶。很多前人充当了我们的道德模范，并且激励着我们坚持过道德生活的信心。

道德记忆的传承确证了人类道德文化自信的强大力量。道德文化自信不仅植根于人类道德生活之中，而且见诸人类道德生活的历史和现实。个人和集体都不能在缺乏道德记忆的真空里存在与发展，更不能在没有道德文化自信的状态下存在与发展。人类的道德记忆与道德文化自信交织在一起，为人类确立道德文化自信提供支撑，并确证道德文化自信在人类道德生活中的重要地位和作用。

重视道德记忆刻写是推动人类确立道德文化自信的一条有效路径。文化自信已经被党中央确立为"四个自信"之一。在我们看来，文化自信的核心是道德文化自信。对此，我们可以从以下四个方面予以认识：

第一，以道德记忆为基础，推动道德文化自信的广泛形成。道德记忆既是对过去道德生活史的记忆刻写，也是以现实的道德生活实践为立足点对道德文化传统的再现。道德记忆的延续和传承主要为现代人提供心理与精神支撑，它的价值就在于为现代人提供精神家园。每一个时代的人都需要道德记忆，但又会根据自己的时代需要对道德记忆进行重构。具体地说，每一个时代的人都会依据自己的现实需要重构、更新和补充道德记忆的内容。道德文化自信在很大程度上取决于人类对道德记忆的重构、更新和补充的情况。

承载道德文化传统的道德记忆具有历史性特征，但现代人在传承道德记忆的过程中也负有重构、更新和补充的责任。事实上，道德文化自信就是在人类重构、更新和补充道德记忆的过程中得到确立的。在重构、更新和补充道德记忆的过程中，我们应当剔除历史的灰尘和糟粕，让优秀道德文化传统得以彰显，并以此为基础，重新确立自己的道德文化自信。这就要求我们重新看待道德文化传统，对其进行系统梳理，架构"记忆之场"。所谓"记忆之场"，主要指承载道德文化传统的客观物质形式，如遗址、建筑群等，它们总能唤起当代人关于道德文化传统的共同记忆。因此，要重构、更新和补充道德记忆的内容，就需要激活这些"记忆之场"，尤其是应该激活它们承载的那些被遗忘和忽视但仍有价值的道德记忆。为此，我们首先应该对承载道德文化传统的"记忆之场"进行必要的保护。这种保护其实就是道德文化自信的表现。另外，在保护的同时，我们还要发掘"记忆之场"的现代价值，即对当代人的意义，以此激活道德记忆的价值。通过艺术形式、文本形式等，使"记忆之场"不仅存在于固定场所之中，而且进入人们的意识和记忆之中。例如，舞蹈、歌曲等能够让空间距离不再限制人们对道德记忆的感知和认知。

第二，以个体道德记忆为动力，推动个人在树立道德文化自信的同时积极承担个人的道德责任。个人是道德生活的主体。作为一种道德生活主体，个人必须对自己过去的道德生活经历承担道德责任。道德责任大都始于过去，延续至今，甚至拓展到未来。作为一个时间概念，过去对于人类来说往往与人类的道德责任相关。

通过建构个体道德记忆，个人过去的道德生活不再是可以随意消解的经历，这不仅有助于推动个人对过去形成正确的道德文化自信，严肃、认真地对待过去，更重要的是它有助于推动个人在当下积极承担相关道德责任。拥有光荣过去的个人容易对过往的道德生活经历产生高度的道德文化自信，而拥有耻辱过去的个人则容易对过往的道德生活经历产生深深的道德文化自卑。拥有个体道德记忆的个人往往容易在道德记忆的警示下自觉承担相关道德责任。

第三，以建构集体道德记忆为纽带，加强和巩固中华民族道德文化自信的心理认同基础。集体道德记忆是家庭、企业、社会组织、民族和国家等集体树立集体道德文化自信的基础。对于中华民族来说，建构民族性集体道德记忆和树立民族性道德文化自信都是推进文化强国战略的工作重点。改革开放40多年，我国面对的一个重大伦理问题是很多人对中华民族的集体道德记忆缺乏关注，并因此而导致了许多人缺乏民族性道德文化自信的问题。最突出的表现是，很多人表现出崇拜西方资本主义道德文化的错误言行。一些人在谈论道德文化建设问题时言必称西方，对中华民族源远流长的道德文化传统抱持轻视甚至否定的态度。这是崇洋媚外的表现。事实上，崇洋媚外从来都是基于道德文化自卑而表现出来的言行。

中华民族的伟大复兴需要建立在中华民族的民族性集体道德记忆和道德文化自信的基础之上。要实现中华民族伟大复兴的中国梦，中华民族首先应该拥有强大的民族精神。中华民族的民族精神是中华儿女长期生活在一起而形成的以爱国主义为核心的民族性集体精神。它是中华民族的民族性集体道德记忆的核心，也是中华民族树立民族性道德文化自信的根本。

为了建构中华民族的民族性集体道德记忆和树立民族性道德文化自信，我们需要重点做好以下工作：首先，要挖掘、激活那些有助于强化民族文化认同的集体道德记忆，凝聚社会道德共识，增进社会凝聚力，从而推动民族性道德文化自信的生成和确立。改革开放40多年，中国的物质文明进步迅速，但精神文明进步相对滞后，其重要表现是很多代表中华民族优秀道德文化传统的东西淡出了我们的民族性集体道德记忆。它们要么因为不能被当代人需要、感知而被遗忘，要么因为环境的变化而被人们忽略。针对不同的情况，我们应该采取不同的措施，保护和抢救那些仍然具有现代价值的中华道德文化传统和相关道德记忆，推动当代中华民族重构民族性集体道德记忆，强化国人对本民族集体道德记忆的认同和自觉。这些挖掘、激活，有助于推动我国人民对中华道德文化传统形成应有的价值认同和道德文化自信。其次，以集体道德记忆为纽带，增强中华儿女相互之间的情感认同，从而强化每一个中华儿女对"中国"这个国家和"中华民族"这个民族的集体认同。

第四，以中华民族的集体道德记忆为道德文化资源，为我国实现道德文化的现代化提供历史合法性资源，推动当代中华民族对中国特色社会主义道德文化形成坚定的自信。对于当代中华民族而言，道德文化自信本质上就是对中国特色社会主义道德文化的自信。随着中国特色社会主义进入新时代，我国的社会主义道德文化建设也应该进入新时代。推进中国特色社会主义道德文化建设是我国目前实施文化强国战略的核心任务。这一任务的完成状况事关新时代中国特色社会主义建设事业的成败，应该受到我国社会各界的高度重视。

中国特色社会主义道德文化是中华民族在改革开放时期进行社会主义道德文化建设所形成的道德文化发展模式。它以强调中国特色为主旋律，同时特别重视弘扬中华优秀道德文化传统的精髓。这意味着中国特色社会主义道德文化必须建立在中华民族的民族性集体道德记忆和道德文化自信的基础之上。中华民族的道德文化自信需要有丰厚的中华道德文化传统作为基因，否则，它是难以形成的。中华道德文化传统源远流长、博大精深，是当代中华民族集体道德记忆的内容之源，也是中华民族树立集体道德文化自信的历史基础。在历史长河中积淀而成的中华道德文化传统在中华儿女中世代相传，深深地嵌入了中华民族的民族性集体道德记忆，为中国特色社会主义道德文化的发展奠定了坚实的基础。

中华民族是一个伟大的民族，具有悠久的道德文化传统，具有博大精深的民族性集体道德记忆，具有坚定的民族性道德文化自信。这些是当代中华儿女必须深刻认知、牢牢铭记、不断传承的事实。做到这一点，我们就具备了建设富强国家的精神基础；否则，我们离建设富强国家的理想就还存在距离。

第十四章

中国共产党的集体道德记忆

中国共产党因自身的伟大而在当今世界受到广泛关注。费正清等美国学者曾经指出:"研究中国社会的任何方面,如果不从中国共产党努力改造中国社会这一背景出发,那简直是毫无意义的。"[①] 在近百年的发展历程中,中国共产党团结带领中国人民夺取新民主主义革命胜利、建立中华人民共和国、推进社会主义建设、实行改革开放、将中国特色社会主义推进新时代,领导当代中华民族迎来了"强起来"的光明前景,使中华民族实现伟大复兴的理想临近现实,从而彰显"进行伟大斗争、建设伟大工程、推进伟大事业、实现伟大梦想"[②] 的能力和智慧。这一方面说明中国共产党的诞生与发展顺应了历史发展大势和规律,反映了民心和民意,代表了人类社会进步的正确方向;另一方面也展现了中国共产党的强大生命力、感召力、影响力、凝聚力和创造力。在此时代背景下,从道德记忆理论的角度对中国共产党的集体道德记忆展开深入系统的研究具有重大理论意义和现实价值。

一、中国共产党建构集体道德记忆的内涵

道德生活是人类生活世界中一个相对独立的领域,这是伦理学这一学科

[①] J.R.麦克法夸尔,费正清.剑桥中华人民共和国史:革命的中国的兴起 1949—1965年. 谢亮生,杨品泉,黄沫,等译. 北京:中国社会科学出版社,1990:3.
[②] 习近平. 习近平谈治国理政:第2卷. 北京:外文出版社,2017:62.

得以产生的现实条件,也是"道德记忆"这一概念的合法性地位得以确立的现实依据。伦理学以人类道德生活为研究对象,既考察它的现实性、经验性和实践性,也探究它的观念性、思想性和理论性。道德生活一旦被人类所经历,就会成为人类的记忆对象。道德记忆就是人类借助自身的记忆能力对自身的道德生活经历进行记忆刻写而形成的一种记忆形式。它是人类记忆思维活动的一个重要内容。由于人类不仅以个人的方式存在,而且以集体的方式存在,所以道德记忆可以区分为个体道德记忆和集体道德记忆。前者的主体是个人,它反映个人对自身、他人以及与之相关的各种社会集体的道德生活经历的记忆能力;后者的主体是集体,它反映家庭、企业、社会组织、民族和国家等社会集体对自身及自身成员的道德生活经历的记忆能力。这两种道德记忆既相互区别,又相互贯通。一方面,个体道德记忆以个人的个体意向性为主导,主要体现个人的个体性道德思维能力、方式和特征,其形式和内容主要是由个人的道德生活状况决定的,而集体道德记忆以社会集体的集体意向性为主导,主要体现社会集体的组织性道德思维能力、方式和特征,其形式和内容主要是由社会集体的道德生活状况决定的;另一方面,个体道德记忆和集体道德记忆均具有影响对方的能力,并且在很多时候会借助对方来表达自己。在人类社会,每一个个人身后都拖着一长串个体道德记忆,每一个社会集体身后也都拖着一长串集体道德记忆,这两种道德记忆具有各自的演进轨道,但并不是截然分开的,而是难解难分地交织在一起。

美国学者菲尔德曼指出:"道德记忆的重要性在于它能够提醒我们承担道德责任,遗忘也具有道德上的重要性。"[1] 记住应该记住的经历,或者说,不忘记不应该忘记的经历,这既是个人和社会集体都应该培养的基本美德,也是个人和社会集体都应该担负的道德责任。因此,布鲁斯丁(Jeffrey Blustein)强调:"个人以及由个人组成的团体可能没有竭尽全力记住某些东西或抵制记忆的流失,这会招致各种各样的道德谴责。"[2] 道德记忆在很多时候是以道德命令的方式出场的,要求人们承担记忆的道德义务。"人们无

---

[1] Steven P. Feldman. Memory as a Moral Decision: The Role of Ethics in Organizational Culture. New Brunswick: Transaction Publishers, 2002: 19-20.

[2] Jeffrey Blustein. The Moral Demands of Memory. New York: Cambridge University Press, 2008: 15.

论以个人形式存在还是以集体形式存在，都应该承认记忆的责任，并按照它行动，因为这不仅有助于推动人们对过去负责，而且是人们对过去承担责任的依据。"① 道德记忆不仅将人们业已完成的道德生活经历记录下来，而且提醒并要求人们对自己的过去承担应有的道德责任。

习近平说："一切向前走，都不能忘记走过的路；走得再远、走到再光辉的未来，也不能忘记走过的过去，不能忘记为什么出发。"② 重视建构自己的集体道德记忆是我们党的优良传统，也是我们党能够行稳致远的重要法宝。在近百年的发展历程中，我们党的集体道德记忆为自身的持续发展发挥了极其重要的伦理护航作用。我们党不仅具有集体道德记忆能力，而且建构了让整个人类社会为之震撼、惊奇、赞叹的集体道德记忆。集体道德记忆是我们党披荆斩棘、攻坚克难、与时俱进、创新发展的强大价值支撑和精神动力。

中国共产党的集体道德记忆属于政党集体道德记忆的范围，是政党集体道德记忆的一种特殊表现形式。要认识、理解和把握它，我们不仅需要深入了解和研究中国共产党的发展历史，更重要的是需要系统了解和研究它的集体道德生活史与集体道德记忆能力。中国共产党的集体道德记忆是我们党作为一个共产主义政党对自身的集体性或组织性道德生活经历进行记忆刻写而形成的一种集体道德记忆形态。

中国共产党的集体道德记忆与中国共产党人的个体道德记忆既有区别，又有联系。它们的区别主要在于：前者主要指我们党作为一个政党组织所拥有的组织性道德记忆，它反映我们党对自身组织性道德生活经历的记忆状况；后者主要指每一个中国共产党人作为个人所拥有的个体性道德记忆，它反映中国共产党党员作为个人对自身个体性道德生活经历的记忆状况。因此，我们不能将两者混为一谈。它们的联系主要在于：前者必须通过后者来表现，并且必须由后者整合而成；后者也必须依附于前者而存在，它不可能脱离前者而独善其身。因此，两者之间在内容和形式上均存在可以贯通的

---

① Jeffrey Blustein. The Moral Demands of Memory. New York：Cambridge University Press，2008：34.

② 习近平关于"不忘初心、牢记使命"论述摘编. 中共中央党史和文献研究院，中央"不忘初心、牢记使命"主题教育领导小组办公室，编. 北京：中央文献出版社，党建读物出版社，2019：6.

空间。

需要强调的是,中国共产党的集体道德记忆主体是我们党的党组织。我们党的党组织必须由中国共产党党员组成,但它作为一个政党组织的集体意向性不等同于每一个党员的个体意向性,它建构的集体道德记忆也不等同于每一个党员的个体道德记忆。与其他所有政党一样,我们党集体道德记忆的主体性只能通过自身的组织性道德记忆思维活动才能获得真实性。由于它的组织性道德记忆思维活动是抽象的,所以中国共产党的党组织在建构其集体道德记忆时不得不借助一定的"代理"——它们是中国共产党党组织内部的各种机构,如党中央及其各个部门、省委及其各个部门、党的基层组织等。这些机构为中国共产党"代理"集体道德记忆思维活动,并使它的组织性道德记忆思维活动变得真实。

每一个中共党员都可以成为中国共产党党组织的集体道德记忆主体的组成部分,也可以为中国共产党建构集体道德记忆发挥主体性作用,但绝对不可能成为中国共产党集体道德记忆的单一主体,也绝对不可能占有中国共产党党组织的全部集体道德记忆主体性。也就是说,任何一个中共党员都可以作为中国共产党党组织的集体道德记忆主体的一个组成部分而存在,并且都可以将各自基于个体性道德生活经历而建构的个体道德记忆贡献给中国共产党党组织,但他既不可能成为主宰中国共产党党组织集体道德记忆的主体,也不可能用自己的个体道德记忆完全取代中国共产党党组织的集体道德记忆。

中国共产党建构集体道德记忆的内涵是指:中国共产党应该记住那些应该被记住的集体道德生活经历;或者说,中国共产党不应该忘记那些不应该被忘记的集体道德生活经历。中国共产党应该记住或不应该忘记的集体道德生活经历很多,它们包括我们党在成立之初给自己确立的初心和使命、在长期集体道德生活中形成的优良道德传统、在革命年代牺牲的革命烈士、在社会主义建设过程中涌现的道德模范以及我们党在发展过程中受到人民群众的全力支持、得到国际友人的无私帮助等。所有这些都是我们党作为一个政党组织应该记住或不应该忘记的集体道德生活经历。只有记住或不忘记这些集体道德生活经历,我们党才能建构自己的集体道德生活史,也才能知道自己是怎么来的。

"集体记忆具有连续性和可再识别性的特征。"[①] 集体道德记忆是连接集体道德生活的纽带。对于中国共产党来说，建构自己的集体道德记忆就是要将自己在历史上经历的组织性道德生活经历刻写成记忆，以使它们不会因为时间的推移而被遗忘。集体道德记忆犹如一面镜子，它不仅能够将我们党曾经拥有的集体性或组织性道德生活经历不断映照出来，而且能够将我们党的集体道德生活成就再现出来。在"集体道德记忆"这面镜子的映照下，我们党的集体道德生活史能够不断得到再现，我们党的道德基因和道德传统能够得到永久保存，我们党的道德精神能够得到持久延续。

二、中国共产党的集体道德记忆谱系

"谱系"是谱系学的核心概念，它较早见于德国哲学家尼采的《论道德的谱系》一书，后来受到法国哲学家福柯的青睐，并成为其哲学的核心概念。也就是说，"谱系"首先是作为一个哲学概念登上历史舞台的。国内外学术界有时将"谱系"称为"系谱"或"系谱图"。运用"谱系"这一概念来展开某种研究，不仅意味着要研究某个事物存在和发展的历史，而且意指要勾画出该事物存在和发展的历史画面。

追问和探究中国共产党的集体道德记忆谱系，就是要考察中国共产党的集体道德记忆发展史，并清晰地勾画出它发展的历史阶段，以使它存在和发展的历史图景得到绘制。由于中国共产党的集体道德记忆本质上是一个精神范畴，所以我们必须将它纳入我们党的精神史的大范围之内加以研究，但这并不意味着我们党的集体道德记忆谱系等同于它的精神谱系。后者在外延上大于前者，在内涵上也比前者更丰富。

"中国共产党的集体道德记忆谱系"是一个谱系学概念，也是一个伦理学概念。更精确地说，它主要是一个道德心理学概念。这不仅意味着有关它的研究主要应该从道德心理学的角度展开，而且意味着必须将它作为一种道德心理现象来看待和分析。有国内学者指出："道德心理学是以道德和心理的关系为研究对象，揭示道德产生、发展的心理基地，道德知行的心理机

[①] 阿斯特莉特·埃尔. 文化记忆理论读本. 冯亚琳, 主编. 北京：北京大学出版社，2012：24.

制、心理过程和心理状态,以及心理失衡中的道德调节等一般规律的学科。"① 根据这种界定,我们对中国共产党集体道德记忆谱系的研究必须与中国共产党作为一个政党组织的"心理基地"相联系。也就是说,我们只有深入中国共产党的集体性心理世界,才能探知它的集体道德记忆谱系。

中国共产党的"心理基地"是一种集体性心理基地,因此,它的集体道德记忆谱系反映的是中国共产党作为一个政党在其集体性心理基地上所经历的一个道德心理过程或一段道德心理史;或者说,它体现中国共产党的集体道德精神发展史,与中国共产党在历史中所拥有的集体道德生活经历相一致,因为它本质上是对后者的心理记录和再现。从这种意义上说,我们对中国共产党集体道德记忆谱系的研究并不能与中国共产党的实际道德生活经历脱节。中国共产党的实际道德生活经历是客观的,而它的集体道德记忆谱系则是主观的、精神的。

中国共产党的集体道德记忆谱系虽然是主观的,但仍然是可以绘制的,只不过这种绘制具有不容忽视的难度。谱系学研究的一个局限性是,它不可能聚焦于事物存在和发展的每一个细节。如果它试图将一个事物存在和发展的每一个细节都描绘出来,那么它绘制的谱系就会像自然主义文学作品那样琐碎、乏味。正因为如此,有智慧的谱系学家都会避免自然主义文学家"照搬照抄"人类生活现实的做法,转而采取历史唯物主义的方法,将事物存在和发展的历史做出"分段"处理,并在此基础上勾画出该事物历史变迁的大体图画。这样做可能遗漏事物存在和发展的一些具体细节,但毕竟是最便利的做法。我们对中国共产党集体道德记忆谱系的研究不可能做到"细致入微"和"面面俱到",我们所能做的是将它大体上绘制出来。它只能是宏观的、综合的、粗线条的,而不可能是微观的、分析的、细线条的。

要绘制中国共产党的集体道德记忆谱系,我们必须具有可以信赖的参照标准。这个参照标准必须具有可靠的公信力和较高的社会认同度,否则,它必定会将我们的绘制工作引向质疑的深渊。由于"中国共产党的集体道德记忆谱系"是一个新的研究领域,所以我们不可能在道德心理学领域找到一个可以信赖的权威标准。要解决这一问题,我们需要对中国共产党的党史和思

---

① 曾钊新,李建华. 道德心理学:上卷. 北京:商务印书馆,2017:1.

想道德建设史有全面、深入的了解与研究。

根据中共中央党史研究室所著的《中国共产党的九十年》（三卷本），中国共产党党史被划分为三个时期，即新民主主义革命时期（1921—1949）、社会主义革命和建设时期（1949—1976）、改革开放和社会主义现代化建设新时期（1976— ）。[①] 中共中央党史研究室对中共党史所做的分期具有权威性，对我们研究中国共产党的集体道德记忆谱系具有理论启示。

夏伟东在《中国共产党思想道德建设史》一书中将中国共产党的思想道德建设史大体分为九个阶段，即从五四运动到大革命时期、土地革命时期、抗日战争时期、解放战争时期、中华人民共和国成立初期、全面建设社会主义时期、改革开放初期、建立与发展社会主义市场经济时期、新时期（进入21世纪之后）。[②] 这种划分主要根据中国共产党在不同发展阶段进行思想道德建设的内容而确立，为我们了解和研究中国共产党的思想道德建设史及其具体内容提供了一个很好的理论路径。

上述两种分期方法出自两个不同的学科——中共党史和伦理学，前者注重宏观历史线索的梳理，后者重视微观内容的总结，各有侧重，也各有特色，但都存在明显的不足。中共中央党史研究室将中国共产党党史局限于它从创立到今天的历史，很少论及中国共产党的集体道德生活史和集体道德记忆。夏伟东对中国共产党思想道德建设史的追溯以历史事实描述为主，具有历史性强的特点，但对中国共产党的思想道德建设史的历史分期不够清晰。有鉴于此，要勾画出中国共产党的集体道德记忆谱系，我们就不能照搬学术界在研究中国共产党党史和中国共产党思想道德建设史方面所采用的分期方法。

我们认为，要绘制中国共产党的集体道德记忆谱系，可以依据三个标准来展开。其一，批判性地借鉴我国学术界对中国共产党党史和思想道德建设史的分期方法。其二，参照国内外记忆心理学理论，将中国共产党的集体道德记忆追溯到它成立之前的人类历史。根据记忆心理学理论，人类具有记忆基因，人类的很多记忆都是遗传的，这种遗传性甚至可以追溯到人类精神发展史的开端。其三，分期应该清晰、明了。基于这种认识，我

---

① 中共中央党史研究室. 中国共产党的九十年. 北京：中共党史出版社，党建读物出版社，2016.
② 韦冬. 中国共产党思想道德建设史. 济南：山东人民出版社，2015.

们在如何绘制中国共产党的集体道德记忆谱系问题上深度考虑了三个实际情况：其一，中国共产党具有集体道德记忆基因，它在我们党诞生之前就已经存在；其二，中国共产党在中华人民共和国成立之前总体上处于革命时期；其三，在中华人民共和国成立之后，中国共产党总体上处于社会主义建设时期。

综合考虑中国共产党党史和思想道德建设史，我们从三个维度概括中国共产党的集体道德记忆谱系：一个基因、两个主要来源和三个创新发展。

第一，中国共产党的集体道德记忆基因可以追溯到人类向善、求善和行善的始端。

"基因"是细胞生物学、分子生物学和遗传学使用的一个概念。它是控制生物性状的基本遗传单位，是具有遗传效应的DNA片段。基因有两个特点：一是它有能力不断复制自己，以保持自己的生物性特征；二是它具有突变的能力，这既可能导致生物体出现疾病，也可能导致生物体进化出更好的生物性。我们引入"基因"这一概念，不仅是为了在语言表述上增加形象性和生动性，更是为了凸显中国共产党的集体道德记忆与人类的记忆能力特别是道德记忆能力一脉相承的关系。

人类具有记忆基因。这可以从精神分析学理论得到论证。在弗洛伊德的精神分析学中，人的精神天生就具有意识和潜意识之分，个人不仅通过意识活动记忆，而且通过潜意识活动记忆。例如，我们每一个人在睡觉时做的梦都只不过是在回忆自己的生活经历而已。弗洛伊德还特别指出，人类潜意识中的很多东西是遗传而来的。因此，以色列学者阿维夏伊·玛格利特在《记忆的伦理》一书中指出："在人的潜意识的牢房里，看守监管着不安的记忆。它们远离意识，却未被摧毁。"① 荣格则将人的精神结构划分为意识、个体无意识和集体无意识三个部分。他强调："无意识是全人类无可否认的共同遗产。"② 在荣格看来，记忆是一种人类可以世代相传的能力，它是人类意识活动的重要内容，也是个体无意识和集体无意识中的重要内容；个体无意识中的记忆部分由后天习得而成，集体无意识中的记忆则是先天遗传的；由于所有人的集体无意识是相同的，所以我们每一个人

---

① 阿维夏伊·玛格利特. 记忆的伦理. 贺海仁, 译. 北京: 清华大学出版社, 2015: 4.
② C.G.荣格. 分析心理学. 高岚, 主编. 长春: 长春出版社, 2014: 112.

都具有超越个体的共同心理基质,我们在集体无意识世界储存的记忆内容是相同的。无论以潜意识来看守和监管人的记忆,还是以无意识来看守和监管人的记忆,记忆具有遗传性都是事实。也就是说,人类的记忆能力在很大程度上是依靠自己的记忆基因而得到确立的。

作为一个政党组织,中国共产党本质上是一种人类集体。它具有集体意向性,也具有集体记忆能力。在我们看来,与所有其他社会组织一样,中国共产党集体道德记忆中的有些内容是我们党从人类源远流长的道德记忆中继承下来的,这说明我们党具有集体道德记忆基因。它的集体道德记忆无疑也包含非继承性内容,但它们只不过是我们党的集体道德记忆基因得到创新发展的结果。

承认中国共产党具有集体道德记忆基因,不仅具有发现问题的价值,而且对我们认识、理解和把握中国共产党的集体道德记忆的起源、创新发展、内容构成、主要特征等具有理论启示作用。例如,从起源上看,由于具有集体道德记忆基因,我们党的集体道德记忆不完全是它在诞生之后建构的产物,其中的一些内容在它诞生之前就早已存在于某个地方,它只不过对它们进行了继承。发现那些被我们党继承的集体道德记忆内容,既有助于论证中国共产党具有集体道德记忆基因这个事实,也有助于对中国共产党集体道德记忆的研究形成历史唯物主义视角。又如,从创新发展上看,中国共产党的集体道德记忆基因不是固定不变的,而是可以改善、提高的。正如生物基因可以进化一样,我们党在不断发展的过程中也能对它的集体道德记忆基因不断进行改善,使之不断提高。这一思想的确立为我们党进行集体道德记忆建构的理论和实践创新提供了理论依据。

第二,中国共产党的集体道德记忆具有两个主要来源:一是中华道德文化传统,二是马克思主义伦理思想。

中华道德文化传统是中华民族最根本的象征。它依靠中华民族的民族性集体道德记忆得以建构、传承和弘扬,与后者构成互为内容和形式的关系,两者相互依存、相互影响、相互贯通、相互融合,彼此结成难解难分的相辅相成关系。守护中华道德文化传统就是守护中华民族的民族性集体道德记忆;反之,亦然。

中华道德文化传统既是中华民族绵延不绝的精神血脉,也是中国共产党集体道德记忆的第一个主要来源。我们党是在中国的历史语境和现实国情的土壤上诞生与发展起来的,因此,它的集体道德记忆基因就首先存在于中华民族的道德记忆能力之中。中华民族凭借自己的道德记忆能力建构了源远流长的中华道德文化传统。中华道德文化传统具有错综复杂的内容,但它的主流是儒家道德文化传统和道家道德文化传统。儒家道德文化传统的精义是《周易》中所说的"自强不息"和"厚德载物"。它要求人们做人如"山",培养充实的内在道德修养,大义凛然,勇于担当,彰显仁人爱物、天下为公、舍我其谁、乐于奉献的道德品质。道家道德文化传统的精义是《老子》中所说的"上善如水"。它要求人们做人如"水",洒脱智慧、超然豁达,展现道法自然、甘居低位、开放包容、"善利万物而不争"等美德。

中国共产党对儒、道两家的道德文化传统采取兼容并蓄的态度,兼有"山"和"水"的道德形象。具体地说,在开展革命、救亡图存、解放全国、抗美援朝、改革开放、推进中国特色社会主义建设事业等方面,它挺身而出、砥砺前行、义无反顾、积极作为,彰显了一个共产主义政党应有的党德修养和道德形象;在评价自我贡献和成就时,它谦虚谨慎、戒骄戒躁,不居功自傲。我们党之所以表现出这种综合性的集体道德人格特征,主要是受到了中华道德文化传统的深刻影响。以儒、道两家的道德文化传统为主流的中华道德文化传统对中华民族影响至深,使中华民族形成了既自强不息又超然洒脱、既积极进取又谦虚谨慎、既勇于担当又能急流勇退的道德人格和性格特征。我们党的集体性道德人格也被深深地打上了中华道德文化传统的烙印。它是中华道德文化传统的杰出继承者、传承者、弘扬者和践行者。正如习近平所说:"要理直气壮地继承和弘扬中华民族传统美德。对先人传承下来的文化和道德规范,要在去粗取精、去伪存真的基础上,采取兼收并蓄的态度,坚持古为今用、推陈出新的方法,有鉴别地加以对待,有扬弃地予以继承。"① 中华道德文化传统是中华优秀传统文化的精髓,受到中国共产党的高度重视、真诚尊重和极力维护。

中国共产党集体道德记忆的另一个主要来源是马克思主义伦理思想。马克思主义理论包含丰富而深刻的伦理思想。在《伦理马克思主义:关于解放

---

① 习近平关于社会主义文化建设论述摘编. 中共中央文献研究室,编. 北京:中央文献出版社,2017:139.

的绝对命令》(*Ethical Marxism: The Categorical Imperative of Liberation*) 一书中,西方学者比尔·马丁(Bill Martin)认为马克思主义内含"伦理马克思主义",并且指出:"伦理马克思主义是一种关于正义的哲学理论,它试图向我们清晰地证明,我们需要推翻现有的社会,创造新型社会,这种新型社会是我们走向以共同繁荣为根本特征的全球共同体的过渡。"① 马克思主义理论不是一种缺乏伦理思想的理论形态。

马克思主义经典作家对人类社会的研究具有强烈的伦理批判特征,但他们从来没有否认道德在人类社会存在的实在性。基于唯物史观建立其伦理观,他们认为宗教、哲学、道德等上层建筑都是基于一定的物质基础(经济基础)而产生的,并且受到它的支配性影响。与此同时,他们坚信道德记忆的存在及其对人类道德文化传统的建构作用。在马克思主义伦理思想中,道德的存在可以追溯到原始社会。在分析人类社会从原始氏族阶段向国家状态过渡的问题时,恩格斯曾说:"旧氏族时代的道德影响、传统的观点和思想方式,还保存了很久才逐渐消亡下去"②。恩格斯意在强调,人类在远古的原始社会就具有道德记忆,原始社会的道德是通过人类道德记忆被传承到文明社会的。马克思主义经典作家没有直接使用"道德记忆"这一概念,但他们的相关论述常常暗示着道德记忆存在的实在性。

习近平说:"马克思主义及其在中国的发展,为党和人民事业发展提供了既一脉相承又与时俱进的科学理论指导,为增进全党全国各族人民团结统一提供了坚实思想基础。"③ 在马克思主义经典作家的著作里,道德生活是人类社会生活的基本内容,道德随着人类社会的进步而不断发展,道德记忆是人类道德生活得以不断延续、道德得以不断发展的必要条件。我们认为,在建构集体道德记忆方面,中国共产党首先是从马克思主义伦理思想中获得了思想和理论指导。历代中国共产党人都坚持以"伦理马克思主义"或马克思主义伦理思想作为重要指导思想,强调自身对人类道德记忆的依附性和传承性,这使我们党的集体道德记忆与人类道德记忆之间保持着连续性、继承

---

① Bill Martin. Ethical Marxism: The Categorical Imperative of Liberation. Chicago and La Salle: Open Court, 2008: 1.
② 马克思恩格斯文集: 第4卷. 北京: 人民出版社, 2009: 135.
③ 习近平. 习近平谈治国理政: 第2卷. 北京: 外文出版社, 2017: 33.

性和贯通性。

我们党将自己的集体道德记忆主要建立在对马克思主义伦理思想的记忆之上。毛泽东、周恩来、刘少奇、朱德、邓小平等中国马克思主义者都是马克思主义伦理思想的坚定倡导者和发展者。例如，刘少奇在《论共产党员的修养》中号召广大党员干部"做马克思和列宁的好学生"①，"把伟大的马克思列宁主义创始人一生的言行、事业和品质，作为我们锻炼和修养的模范"②。总体来看，在对待马克思主义伦理思想方面，我们党的根本原则是坚持它的指导地位，坚持马克思主义伦理思想的基本立场、观点和方法，同时在坚持的基础上积极发展马克思主义伦理思想，并且将它作为自身集体道德记忆的主要来源。

第三，中国共产党领导中国人民刻写了三种主要的集体道德记忆。

一是创造了无比伟大的革命道德，刻写了无比光荣的革命道德记忆。中国共产党是中国新民主主义革命的领导者，曾经在艰苦卓绝的革命中经历了血与火的考验。自近代以来，为了民族的独立与解放、国家的繁荣与富强，中国人民进行了长期不懈的斗争，最终在中国共产党的领导下完成了中国革命的任务，并建立了伟大的中华人民共和国。在中国革命中，中国共产党高度重视革命道德建设，高度重视建构革命道德的原则规范和实践机制，并且充分尊重、调动人民群众建设革命道德的积极性、能动性和创造性。尤其重要的是，为了领导中国人民夺取中国革命的胜利，中国共产党人浴血奋斗、前赴后继，涌现了无以数计的革命道德模范，形成了以革命的集体主义为根本原则、以为人民服务为核心价值取向、以忠诚于党和党的革命事业为基本美德、以革命英雄主义为道德实践精神的革命道德价值体系，并且将它们落实在革命行动上。

中国共产党领导中国人民刻写的革命道德记忆是其集体道德记忆中惊天地、泣鬼神的篇章。从方志敏、刘胡兰、江姐等革命烈士慷慨赴义的感人故事到红军飞夺泸定桥、董存瑞舍身炸碉堡、黄继光以身堵枪口等英雄故事，从毛泽东、朱德、周恩来等党中央领导人与红军战士同甘共苦的感人事迹到红军五次反"围剿"、爬雪山、过草地等光荣事实，中国共产党在中国革命

---

① 刘少奇选集：上卷. 北京：人民出版社，2018：105.
② 同②104.

历史中充分彰显了自己的革命道德认知、革命道德情感、革命道德意志、革命道德信念和革命道德行为，为后人留下了可歌可泣的革命道德记忆。中国共产党刻写的革命道德记忆是中华民族的集体道德记忆中最辉煌的篇章，因而也是当代中华民族最应该学习和牢记的集体道德记忆内容。

二是创造了先进的社会主义道德，刻写了引领主流的社会主义道德记忆。中国共产党领导的社会主义建设与中国革命一样充满着艰难险阻。中华人民共和国成立之后，中国共产党即开始肩负领导社会主义建设事业的重任。中国社会主义建设事业一直是在探索中发展的。一方面，擅长于搞革命的中国共产党对社会主义建设工作经历了艰难的学习过程；另一方面，中国社会主义建设是在苏联千方百计为难、西方帝国主义国家竭尽全力遏制的条件下推进的。然而，中国共产党人将大无畏的革命道德精神转变为奋发图强的社会主义道德精神，自强不息、艰苦奋斗，顽强地将中国社会主义事业不断推向前进，并带领中国人民迎来了从站起来到富起来再到强起来的光明前景。

中国社会主义建设事业的不断推进是以先进的社会主义道德体系作为价值支撑的。进入社会主义建设时期之后，中国共产党不仅高度重视自身的党德建设，而且致力于在全社会推进社会主义道德建设。中国共产党致力于建设的社会主义道德体现在社会主义中国的社会公德、职业道德、家庭美德、个人品德等各个领域，是一个社会系统性强、先进性显著的道德价值体系，折射出当代中华民族在推进社会主义建设中的道德认知、道德情感、道德意志、道德信念和道德行为状况。

社会主义道德的先进性主要体现在三个方面：其一，社会主义道德是以马克思主义伦理思想及其中国化成果作为指导思想而建立起来的一个道德价值体系，在理论基础和思想性方面具有先进性。马克思主义伦理思想及其中国化成果是科学的价值观。中国共产党坚持将马克思主义伦理思想及其中国化成果作为社会主义道德建设的指导思想，这能够保证社会主义道德具有正确的理论依据和思想资源。其二，社会主义道德坚持为人民服务的核心价值导向，这使它与一切旧道德形态有着根本性的区别。奴隶社会、封建社会和资本主义社会的道德都是为少数统治阶级服务的上层建筑，只有社会主义道德才始终坚持为人民服务的核心价值导向，这说明社会主义道德在核心价值取向上是正确的。其三，社会主义道德对人类道德的进步和发展抱持坚定信念。社会主义道德坚信道德规范对人类社会生活的调节功能，坚信道德不断进步的事实，坚信道德引导人类向善、求善和行善的强大力量，坚信共产主义道德的可期待性，因此，它代表人类道德发展的正确方向。

中国共产党带领中国人民追求和践行先进的社会主义道德，不仅谱写了丰富多彩的社会主义道德生活史，而且刻写了代表主流、引领潮流的社会主义道德记忆。一方面，作为社会主义建设事业的领导者，中国共产党大力推进党德党风建设，在尊重道德、维护道德和践行道德方面积极发挥表率作用，为中国人民和世界人民留下了爱德、尊德和行德的良好集体道德记忆；另一方面，中国共产党带领中国人民不断进行道德革新，致力于用社会主义新道德取代旧道德形态。中国共产党不否认社会主义道德与人类道德文化传统的连续性和传承性，但它更多地强调社会主义道德的创新性和创造性，并且要求社会主义道德在国内和国际层面发挥代表主流、引领潮流的重要作用。

在建构社会主义道德记忆方面，中国共产党形成了诸多成功经验，其中至少有三条主要经验：其一，坚持中国共产党对社会主义道德建设的领导地位，要求党员干部不忘初心、牢记使命，在道德上从严要求自己，永远做人民群众的道德表率，在社会主义道德记忆刻写过程中发挥主导作用；其二，充分调动广大人民群众参与社会主义道德建设的积极性和创造性，普遍提高公民道德素质，推动人民群众做社会主义道德记忆的建构者；其三，对社会主义道德记忆的建构进行很好的规划，不断增强社会主义道德记忆建构的统筹性和规划性。

三是积极参与国际道德建设和国际道德治理，创造了代表正确价值取向的国际道德记忆。中国共产党不仅注重在国内或民族层面刻写自己的集体道德记忆，而且重视建构国际道德记忆。这是指，中国共产党一直致力于用自己的道德思维、道德认知、道德情感、道德意志、道德信念和道德行为影响国际道德的发展进程，并且积极为国际道德记忆的建构做出贡献。

中国共产党为国际道德记忆建构所做的巨大贡献主要体现为它倡导的国际道德观以及对它的实际践行。第二次世界大战之后，世界陷入冷战之中。以苏联为首的社会主义阵营（华约）和以美国为首的资本主义阵营（北约）尖锐对峙，整个世界笼罩在超级大国殊死博弈的恐惧中。冷战结束后，民族中心主义思维和民族利己主义观念又变得日益猖獗，一超独大的美国在世界上为所欲为，对社会主义中国和弱小国家采取极限遏制政策，并且到处发动战争，从而将整个世界不断拖入矛盾、冲突之中。在这种国际背景下，中国共产党坚持带领中国人民走和平发展道路，坚守和平共处、互利共赢、文明互鉴等国际伦理原则，伸张国际正义，提出构建人类命运共同体的中国方案，呼吁加强国际道德治理，代表中国人民表达了具有中国特色的国际道德观，从而在国际社会留下了与资本主义国家的政党截然不同的国际道德记忆。

"在国际治理中如何唱响中国理念、中国主张、中国方案，急需发掘和贡献中国智慧。"① 中国共产党有能力增强国际社会的道德正能量，也有能力为建构国际道德记忆做出巨大贡献。在当今世界，有些国家的执政党既不致力于在道德生活上发挥模范带头作用，也不致力于用正确的道德价值观念引领世界发展、促进文明进步和增进人类福祉。它们的所作所为有损于自己在国际社会的道德形象，也有损于国际道德秩序的建构。在努力为中国人民谋幸福、为中华民族谋复兴的同时，中国共产党致力于维护世界和平、促进人类文明进步和增进人类福祉，其所作所为必将在国际道德记忆中留下浓墨重彩的一笔。

三、中国共产党集体道德记忆的主要内容

马克思主义关于存在与思维的关系理论认为：存在是第一性的，思维是第二性的；存在决定思维，但思维能够反作用于存在。将这种理论运用于研究中国共产党的集体道德记忆问题，其实质是探究中国共产党的集体道德生活与其集体道德记忆的关系问题。通过借助马克思主义关于存在与思维的关系理论，我们不仅可以将中国共产党的集体道德生活与其集体道德记忆的关系纳入存在与思维的关系框架内加以分析，而且可以得出这样一个至关重要的结论：中国共产党集体道德记忆的内容是由它自身的集体道德生活经历决定的，中国共产党拥有什么样的集体道德生活经历，它的集体道德记忆就拥有什么样的内容。一旦确立这一点，只要能够明确中国共产党的集体道德生

---

① 柳建辉. 中国共产党历史与经验. 北京：中共中央党校出版社，2016：18.

活经历的主要内容,我们就找到了它的集体道德记忆的主要内容。

中国共产党集体道德记忆的内容可以区分为两种:一种是具体的、零散的、未经理性梳理和整合的内容。这种内容分散在中国共产党党员身上,或者散布在中国共产党的发展史上,处于不断增加、积累的过程中,主要依靠我们的经验来确立。另一种是普遍的、统一的、经过理性梳理和整合的内容。这种内容主要依靠我们的理性认识能力来确立。在探察中国共产党的集体道德记忆时,如果一味地将它作为一个动态的发展过程来看待,那么我们就难以发现它具有普遍性、必然性和规律性的内容。中国共产党总是在发展,它的集体道德生活经历也总是在累积,如果采取跟踪描述的方法,那么我们就会发现自己总是落后于它前进的步伐。跟踪描述是经验主义者的做法,它的局限性很明显。它会让我们疲于描述,描述得越多,我们离事物的真相就越远。因此,在探察中国共产党集体道德记忆的主要内容时,我们可以运用道德形而上学方法,借助理性沉思的方法,致力于在复杂的历史事实中发现具有普遍性、必然性和规律性的内容。

中国共产党的集体道德记忆就是关于它自身的集体道德生活经历的记忆,但它的集体道德生活经历不能被简单地归结为"知"和"行"两个方面,而是应该涵盖它的集体道德思维、集体道德认知、集体道德情感、集体道德意志、集体道德信念、集体道德行为、集体道德语言等诸多方面。它在经历自己的以上诸方面时,会借助自己的集体道德记忆能力,将它们刻写成自己的集体道德记忆内容。也就是说,中国共产党的集体道德记忆就是关于这七个主要方面的记忆。

第一,以开放性、包容性和综合性为鲜明特征的集体道德思维方式。中国共产党注重培养开放、包容和综合的集体道德思维方式。它坚持以马克思主义伦理思想为自己建构集体道德思维的指导思想,同时重视借鉴古今中外的其他伦理思想,这使它的集体道德思维具有世界上其他任何政党都难以相提并论的开放性、包容性和综合性。刘少奇曾说:"中国共产党是世界上最好的共产党之一。在我们的领袖毛泽东同志领导下,它有坚强的马克思列宁主义的理论武装,同时继承着中华民族历代进步思想家、革命家的优良传统。"[1]

---

[1] 刘少奇选集:上卷. 北京:人民出版社,2018:149.

他还进一步强调，"共产党员应该具有人类最伟大、最高尚的一切美德"①。极具开放性、包容性和综合性的集体道德思维方式使中国共产党在进行道德价值认识、道德价值判断、道德价值定位和道德价值选择时显得大度、大气，能够展现一个伟大政党难能可贵的智慧眼光、博大胸襟和高远理想。

第二，以历史唯物主义和辩证唯物主义为指导思想的集体道德认知模式。中国共产党的集体道德认知反映它对道德的本质内涵与核心要义的独特认识、理解和把握。中国共产党坚持以马克思主义为理论武器，站在历史唯物主义和辩证唯物主义的理论高度来分析道德现象，既反对将道德视为观念的产物，也反对将道德视为神创造的产物，而是主张将道德视为社会生活特别是经济生活的反映，并且强调阶级社会的道德具有阶级性。毛泽东旗帜鲜明地指出："道德是人们经济生活与其他社会生活的要求的反映，不同阶级有不同的道德观，这就是我们的善恶论。"② 另外，中国共产党深刻地认识到了道德的发展性，因此，它在不同的历史阶段追求和倡导不同的道德。在新民主主义革命时期，它追求和倡导以强调革命纪律、弘扬革命英雄主义、崇尚团结精神等为主要内容的革命道德；在社会主义建设时期，它高度重视德治方略的全面运用，大力推进家庭美德、社会公德、职业道德和个人品德建设，主张建设以平等、公正、民主、和谐等为主要内容的社会主义道德。在中国特色社会主义进入新时代、逆全球化现象日益严重的时代背景下，它创新性地提出了构建人类命运共同体的中国方案，并主张大力弘扬国际正义。

第三，以爱祖国、爱社会主义、爱人民和爱党为核心内容的集体道德情感。中国共产党历来主张弘扬以爱祖国、爱社会主义、爱人民和爱党为核心内容的集体道德情感。毛泽东强调，中国共产党人都应该是爱国主义者。③在《在延安文艺座谈会上的讲话》《为人民服务》《论联合政府》等著述中，他深入系统地阐述了"为人民服务"的内涵，号召党员干部培养"全心全意为人民服务"的道德品质，并且称之为我们党领导的革命军队的"唯一的宗旨"。邓小平说："热爱国家，热爱人民，热爱自己的党，是一个共产党员必

---

① 刘少奇选集：上卷. 北京：人民出版社，2018：133.
② 毛泽东邓小平江泽民论社会主义道德建设. 中共中央宣传部，编. 北京：学习出版社，2001：1.
③ 同②151.

须具备的优良品质。"① 除了这些核心内容以外，中国共产党的集体道德情感还包括爱人类、爱和平、爱劳动、爱真理、爱自然等重要内容。中国共产党的集体道德情感从来都不是狭隘的、自私自利的。

第四，以大无畏的革命英雄主义为本色的集体道德意志。中国共产党的集体道德意志是以大无畏的革命英雄主义为本色的。它历来要求党员干部培养钢铁般的坚强道德意志。中国共产党的坚强道德意志是通过红船精神、井冈山精神、长征精神、延安精神、大庆精神、航天精神等精神形态得到具体体现的。它既可以表现为共产党员面对白色恐怖的斗争勇气，也可以表现为红军五次反"围剿"的战斗精神；既可以表现为红军爬雪山、过草地的攻坚克难精神，也可以表现为八路军顽强战斗的抗战斗志；既可以表现为迎难而上的大庆精神，也可以表现为勇攀科学高峰的航天精神。美国学者哈里森·索尔兹伯里（Harrison E. Salisbury）曾经在20世纪80年代重走中国红军的长征路，并做出如此评价："中国1934年的长征不仅仅是象征。中国红军的男女战士用毅力、勇气和实力书写了一部伟大的人间史诗。"② 在新时代，中国共产党仍然需要彰显以大无畏的革命英雄主义为本色的坚强集体道德意志，但它主要是通过党员干部的奉献精神、担当精神、自我革命精神等精神形态得到体现的。在和平年代，党员干部很容易在集体道德意志上变得松懈，表现出不愿奉献、不愿担当、不愿自我革命的消极意志状态，从而失去大无畏的革命英雄主义本色。针对一些党员干部不愿或不敢自我革命的状况，习近平特别强调从严治党的重要性，并且要求广大党员干部"勇于自我革命，敢于直面问题"③。在中国特色社会主义进入新时代的背景下，中国共产党大无畏的革命英雄主义精神应该得到保持和发扬光大。

第五，以道德乐观主义为主导的集体道德信念。斯诺曾在《西行漫记》中指出，中国红军战士总是面对封锁、缺盐、疾病、瘟疫、死亡的威胁，但他们始终保持着积极向上的道德乐观主义态度。④ 事实上，中国共产党在集

---

① 毛泽东邓小平江泽民论社会主义道德建设. 中共中央宣传部，编. 北京：学习出版社，2001：155.
② 哈里森·索尔兹伯里. 长征：前所未闻的故事. 朱晓宇，译. 北京：北京联合出版公司，2015：《长征》成书始末 1.
③ 习近平. 习近平谈治国理政：第 2 卷. 北京：外文出版社，2017：104.
④ 斯诺. 西行漫记. 董乐山，译. 北京：外语教学与研究出版社，2005：2-10.

体道德信念上一直坚持革命乐观主义，反对道德悲观主义。它坚信马克思主义伦理思想的真理性，坚信中华道德文化传统蕴含的伦理智慧，坚信道德对人类社会的规约和价值引领作用，坚信人类道德不断进步的事实，坚信集体主义原则，坚信社会主义道德的实在性和共产主义道德的可实现性。习近平强调："国无德不兴，人无德不立。"[①] 他还指出，"法律是成文的道德，道德是内心的法律"[②]；应该不断强化道德对法律的支撑作用，发挥道德对法律的滋养作用；国家治理应该着力提高全民的法治意识和道德自觉，应该发挥党员干部在依法治国和以德治国中的关键作用。毛泽东、邓小平、江泽民、胡锦涛、习近平等历代中央领导人都是具有道德乐观主义信念的领袖。乐观主义的集体道德信念在杨开慧、刘胡兰、方志敏、江姐等革命烈士身上也得到了充分体现。在面对残暴的敌人时，他们不仅坚信邪不压正的道德真理，而且对共产主义始终抱持坚定信念，彰显了中国共产党人共有的集体道德信念。

第六，以要求党员干部以身作则、率先垂范为核心价值取向的集体道德行为范式。在集体道德行为上，我们党不仅历来主张知行合一，而且要求党员干部以身作则、率先垂范，对人民群众发挥模范带头作用。毛泽东说："共产党员在政府工作中，应该是十分廉洁、不用私人、多做工作、少取报酬的模范。"[③] 邓小平说："领导干部，特别是高级干部以身作则非常重要。群众对干部总是要听其言、观其行的。"[④] 江泽民说："各级领导干部尤其是高级干部务必带头加强党性锻炼，在改造客观世界的同时努力改造主观世界，严以律己，防微杜渐。"[⑤] 胡锦涛强调，要贯彻落实科学发展观，党员干部是关键，应该"学在前面、用在前面，坚持联系实际、学以致用，真正起到示范和推动作用"[⑥]。习近平强调："党员、干部的一言一行、一举一动，

---

① 习近平关于社会主义文化建设论述摘编. 中共中央文献研究室，编. 北京：中央文献出版社，2017：137.
② 同①144.
③ 毛泽东邓小平江泽民论社会主义道德建设. 中共中央宣传部，编. 北京：学习出版社，2001：269.
④ 同③270.
⑤ 同③278.
⑥ 科学发展观学习读本. 中共中央宣传部理论局，编. 北京：学习出版社，2006：91.

对社会有着很强的示范作用"①。主张知行合一和要求党员干部以身作则、率先垂范，是中国共产党对每一位党员干部的道德行为要求。在现实的道德生活中，毛泽东、朱德、刘少奇、周恩来、邓小平等中央领导人都是道德行为上的楷模和典范。他们带头践行我们党倡导的集体主义原则，坚持为人民服务，始终如一地保持忠于党、热爱人民、勤俭节约、艰苦奋斗等美德。

第七，以倡导人民喜闻乐见的道德话语体系为特色的集体道德语言。在集体道德语言上，中国共产党历来倡导使用生动、鲜活、有感染力的道德话语体系，并主张积极推进道德话语体系创新。毛泽东在《在延安文艺座谈会上的讲话》中说，我们党的文艺是为人民大众服务的文艺，因此，应该用人民大众喜闻乐见的语言开展文艺工作。毛泽东本人就是语言专家，尤其擅长用通俗易懂而又富有哲理的道德语言来表达自己的伦理思想。例如，他曾在延安庆贺模范青年大会上的讲话中对"永久奋斗"这一美德做过简明扼要、极其生动的论述："我们说：永久奋斗，就是要奋斗到死。这个永久奋斗是非常要紧的，如要讲道德就应该讲这一条道德。模范青年就要在这一条上做模范。"② 这样的讲话毫无矫揉造作之风，很容易被人们理解和接受。习近平也是一位很擅长语言表达和创新的领袖，他的很多重要讲话都使用了富有表达力和感染力的道德语言，并且经常从孔子、老子、庄子等古代思想家的著述中引经据典。他说："道不可坐论，德不可空谈。"③ 这样的语言既没有政治说教的色彩，又容易给人留下深刻的印象。习近平尤其重视国际话语体系的建构和创新，他强调："提高国家文化软实力，要努力提高国际话语权。要加强国际传播能力建设，精心构建对外话语体系，发挥好新兴媒体作用，增强对外话语的创造力、感召力、公信力，讲好中国故事，传播好中国声音，阐释好中国特色。"④ 在他使用的国际话语体系中，"人类命运共同体""正确义利观""丝路精神""共同发展"等具有深厚伦理意蕴的概念在当今世界受到广泛欢迎，甚至成为国内外学术界研究国际伦理经常引用的伦理

---

① 习近平关于社会主义文化建设论述摘编. 中共中央文献研究室，编. 北京：中央文献出版社，2017：108.
② 毛泽东文集：第2卷. 北京：人民出版社，1993：191.
③ 习近平. 习近平谈治国理政. 北京：外文出版社，2014：173.
④ 同③162.

概念。

四、中国共产党守护集体道德记忆的道德责任

唐朝魏徵说:"求木之长者,必固其根本;欲流之远者,必浚其泉源;思国之安者,必积其德义。"① 其意为,要想树木长得好,就必须使树木的根扎得牢固;要想让河水流得远,就必须疏通它的源头;要想使国家长治久安,就一定要积聚自己的道德仁义。他还进一步强调,"根不固"不可"求木之长","源不深"不可"望流之远","德不厚"不可"思国之理";治国理政必须首先"固本""浚源""积德"。

作为社会主义中国的执政党,中国共产党要团结带领中国人民进行伟大斗争、建设伟大工程、推进伟大事业和实现伟大梦想,可谓任重道远,因而更应该重视"固本""浚源""积德",否则,就难以承担治国理政的重任,更不用说实现本身持续发展和长期执政的目标。

守护集体道德记忆是中国共产党的道德责任。集体道德记忆是中国共产党的道德根本或根基。它记载着中国共产党长期讲道德、尊道德和守道德的集体道德经历或集体道德生活史,并且承载着中国共产党具有自身特色的集体道德思维方式、集体道德认知模式、集体道德情感等重要内容,是它保持强大影响力、凝聚力、向心力、感召力、创造力和生命力不可或缺的重要基础。守护集体道德记忆即守护中国共产党的道德根本或根基。只有守住自己的道德根本或根基,中国共产党的持续发展和长期执政才能具有坚实的道德合理性基础。

道德责任问题不仅与人的道德价值观念有关,而且与人的道德行为状况有关。前者反映人对道德价值的认知、理解和把握,后者体现人的道德价值观念在行为上的落实情况。因此,中国共产党守护集体道德记忆的道德责任具有两个方面的含义:一是指我们党对守护其集体道德记忆的道德价值具有深刻而明确的认知、理解和把握,二是指我们党能够将自己关于守护集体道德记忆的道德价值观念转化为具体的行为。

---

① 贞观政要. 骈宇骞,译注. 北京:中华书局,2016:18.

需要指出的是，一切道德责任要求都是非强制性的，这是由"道德"这种社会规范的非强制性本质决定的。也就是说，中国共产党是否承担守护集体道德记忆的道德责任，这从根本上说取决于它自身的集体意向性，而不是由任何社会制度规定的。因此，只有真正深刻认识到集体道德记忆对自身持续发展和长期执政的道德价值，中国共产党才能真正树立守护它的道德价值观念，也才能在行为上将这种道德价值观念落到实处。

要承担守护集体道德记忆的道德责任，中国共产党的首要工作是培养自己的集体性道德自觉。虽然没有任何制度性力量强迫中国共产党承担这种责任，但它是事关我们党生死的问题，因此，它必须受到我们党的高度重视。

道德记忆记载人类作为个体和集体而拥有的道德生活经历，并使之成为可以反复再现的东西。无论以个体的形式存在，还是以集体的形式存在，道德记忆都不仅是关于人类道德生活经历的记忆，而且对人类个体和集体的生存与发展发挥着不可或缺的伦理护航作用。也就是说，道德记忆不是拖累人类的沉重负担，而是推动人类个体和集体坚持不懈地过道德生活的强大动力。一个人类个体或集体的道德记忆越优良，其坚持过道德生活的动力就越强大；一个人类个体或集体的道德记忆越拙劣，其坚持过道德生活的动力就越弱小。对于中国共产党来说，如果它希望在自己集体道德记忆的伦理护航下持续发展和长期执政，它就不能将守护自己的集体道德记忆当成一种负担，而是应该坚持不懈地培养和不断增强守护自身集体道德记忆的道德自觉。

历史和现实都证明，中国共产党具有守护其集体道德记忆的道德责任能力。历史地看，中国共产党是一个具有优良道德传统的政党，具有优良道德传统是我们党在长期发展过程中形成的强大优势，它为我们党的持续发展和长期执政提供了强有力的伦理护航作用。中国共产党的优良道德传统从何而来？它是中国共产党在守护自己集体道德记忆的过程中逐步建构出来的。现实地看，中国共产党正在为守护自己的集体道德记忆尽心尽力地工作，并且取得了显著成效。以习近平同志为核心的党中央高度重视道德建设。习近平同志说："一个民族、一个人能不能把握自己，很大程度上取决于道德价值。"[①] 党中央对道德建设问题的高度重视，不仅为我们党承担守护集体道

[①] 习近平关于社会主义文化建设论述摘编. 中共中央文献研究室，编. 北京：中央文献出版社，2017：139.

德记忆的道德责任提供了有利条件，而且为我们党不断增强守护集体道德记忆的道德责任能力提供了有利条件。

要在新时代守护和弘扬集体道德记忆，我们党应该高度重视和积极解决历史虚无主义问题。在当今中国，有些人对中华传统文化和中国共产党创造的革命文化、社会主义先进文化进行质疑甚至否定，其具体表现之一是近些年我国出现了有些人在网络上对刘胡兰、董存瑞、黄继光、雷锋等革命烈士进行丑化、抹黑的丑恶现象。这种丑恶现象表面上是在丑化、抹黑革命烈士，实质上是要消解甚至抹掉中国共产党的历史记忆和集体道德记忆。

我们党历来旗帜鲜明地反对历史虚无主义。毛泽东曾经指出："中国现时的新政治新经济是从古代的旧政治旧经济发展而来的，中国现时的新文化也是从古代的旧文化发展而来，因此，我们必须尊重自己的历史，决不能割断历史。"① 江泽民强调："中华民族是有悠久历史和优秀文化的伟大民族。我们的文化建设不能割断历史。"② 习近平警示我们："文化是一个国家、一个民族的灵魂。历史和现实都表明，一个抛弃了或者背叛了自己历史文化的民族，不仅不可能发展起来，而且很可能上演一幕幕历史悲剧。"③

在当今中国，实现现代化是社会发展的重要主题，尤其是推进国家治理体系和治理能力现代化的方案正在实施过程中，这有利于深化我国的现代化进程，但同时也给历史虚无主义的滋生、蔓延提供了一定的空间。一些人就是打着"现代化"的旗号贩卖历史虚无主义思想。

需要特别指出的是，历史虚无主义是苏联解体的一个重要原因。作为世界上第一个社会主义国家的执政党，苏联共产党本来有着非常光荣的历史和集体道德记忆。夺取十月革命的伟大胜利，领导社会主义苏联在20世纪二三十年代创造工业化奇迹，苏联红军在世界反法西斯战争中英勇保家卫国，苏联在冷战中与超级大国美国平起平坐，这些辉煌成就都是非常值得苏联共产党和苏联人民自豪与铭记的，但苏联共产党不仅没有很好地利用自身的历史记忆和集体道德记忆来凝聚人心、汇聚民意与提振民族精神，反而对它们

---

① 毛泽东邓小平江泽民论社会主义道德建设. 中共中央宣传部，编. 北京：学习出版社，2001：56.
② 同①66.
③ 习近平. 习近平谈治国理政：第2卷. 北京：外文出版社，2017：349.

采取全盘否定的历史虚无主义态度，这不仅摧毁了苏联共产党人和苏联人民的精神根基，而且摧毁了苏联共产党和苏联社会主义制度的根基，结果就葬送了苏联共产党持续发展和长久执政的机会。这样的历史教训极为深刻，堪称"世纪悲歌"——1991年12月25日，具有1 500万名党员、88年党史、74年执政史的苏联共产党一夜之间失去了执政地位。[①] 所有中国共产党人和中国人民都应该引以为戒。

中国共产党持续发展、长期执政和治国理政的道德合理性基础不可能由神来规定，也不可能自然而然地得到确立，而必须由它自身的集体道德记忆来夯实。一个人在过去做了多少合乎道德的事情，这从根本上决定着他的个体道德记忆状况，也从根本上决定着他当下在社会上的道德价值认可度。同理，一个政党在过去做了多少合乎道德的事情，这从根本上决定着它的集体道德记忆状况，也从根本上决定着它当前在社会上的道德价值认同度。对于中国共产党来说，要巩固其持续发展、长期执政和治国理政的道德合理性基础，就必须源源不断地从社会上获得道德价值认同，而要做到这一点，就应该自觉承担守护其集体道德记忆的道德责任。

---

① 肖德甫. 世纪悲歌：苏联共产党执政失败的前前后后. 北京：中央编译出版社，2016：前言6.

第十五章

记忆道德

人类具有记忆能力。记忆不仅意指记住,而且意指回忆。我们记住了某个人或某件事,并且能够反复回忆,这两个方面构成记忆的完整含义。记忆是人脑的一种机能,但心理学通常称之为人的心理行为。作为一种心理行为,记忆既受到人的生理状况和相关心理因素的影响,也受到社会环境的影响。社会环境对人类记忆行为的影响主要诉诸道德规约。道德对人类记忆的规约导致记忆道德的产生。

一、记忆的道德目的与道德的记忆之维

"记忆道德"不是将"记忆"和"道德"这两个概念随意拼凑在一起而得出的产物。在我们看来,记忆和道德不是两种毫不相干的东西,而是彼此紧密相关,并且能够相互贯通、相互结合的东西。

一方面,记忆具有道德功能和道德目的。我们需要通过追溯人类的记忆发展史来认识、理解和把握这一事实。

记忆是人类在劳动过程中逐渐锻炼或培养的一种本领和能力。马克思主义政治经济学和历史唯物论将人类得以诞生与发展的一切秘密归结为"劳动"。恩格斯说:"劳动创造了人本身"[①]。其意指,劳动是整个人类生活的第一个基本条件,它不仅创造了人的身体、语言和精神,而且将人类与其他动

[①] 马克思恩格斯文集:第9卷. 北京:人民出版社,2009:550.

物从根本上区别开来。劳动使人类进化出人之为人的体型、体貌和体力,并且推动人类培养出人之为人所应有的语言表达能力和精神活动能力。从这种意义上说,记忆只不过是人类在不断的劳动过程中逐渐锻炼或培养出来的一种精神活动能力而已。

记忆的最初功能是识记。远古人类锻炼或培养记忆本领和能力的直接目的是生存。在远古时期,人类在自然界谋求生存是一件极其艰难的事情。由于刚刚脱离动物界,所以他们只能过着非常野蛮、蒙昧的生活。正如恩格斯所说:"他们还是半动物,是野蛮的,在自然力量面前还无能为力,还不认识他们自己的力量;所以他们像动物一样贫困,而且生产能力也未必比动物强"①。由于野蛮、蒙昧,远古人类在谋求生存的过程中不得不面对来自自然界的各种危险。为了应对那些危险,他们必须锻炼或培养各种各样的本领和能力。记忆就是他们在谋求生存的过程中不得不锻炼或培养的一种基本本领和能力。它的最初形式是识记。具体地说,远古人类必须在采集与狩猎的过程中锻炼或培养识记野生植物和动物的能力,否则,他们就可能因食用有毒野生植物而死,可能被强于自己的凶猛野兽猎杀,可能因为在原始森林里迷路而饿死。通过识记体现的记忆虽然是原始的、朴素的,但起到了帮助远古人类谋求生存的重要作用。

不过,人类既没有将记忆的功能永远局限于识记,也没有仅仅出于维持生计的目的而记忆,这也得从根本上归因于劳动。随着劳动能力的不断提高,人类必然要不断拓展劳动的功能,并且必然会创造一个专属于自己的"目的王国"。具体地说,随着劳动从简单到复杂、从低级到高级的发展,劳动分工是历史的必然,并且必然呈现出日益细化的趋势,而这又必然会导致劳动功能和劳动目的的多元化。"动物仅仅**利用**外部自然界,简单地通过自身的存在在自然界中引起变化;而人则通过他所作出的改变来使自然界为自己的目的服务,来**支配**自然界。这便是人同其他动物的最终的本质的差别,而造成这一差别的又是劳动。"② 劳动功能和劳动目的的多元化必然推动人类追求多元化、多样化的生存目的。

人类在劳动中逐渐认识到人与人之间的相互依赖性以及勤劳勇敢、团结

---

① 马克思恩格斯文集:第9卷. 北京:人民出版社,2009:186.
② 同①559.

合作、和平相处、分配正义等道德价值观念的重要性，并且愿意将它们作为记忆的重要内容加以传承、传播，从而赋予人类记忆不容忽视的道德功能。记忆是人类能够形成源远流长的道德文化传统的必要条件和重要原因。

道德目的是人类在不断劳动和锻炼记忆本领的过程中逐渐确立的一种重要目的。道德是人类用于标识其善恶观念的一个概念，属于社会上层建筑的范围。人类研究道德现象而形成的理论形态是道德论，即伦理学，它也是社会上层建筑的内容。恩格斯说："一切以往的道德论归根到底都是当时的社会经济状况的产物"①。其意指，当人类的劳动能力达到一定的水平，社会经济基础就会发生相应的变化，而这种变化一旦发生，道德这种善恶观念就会出现，人类对它们的记忆也会被建构。人类对道德这种善恶观念的记忆并不会停留在记住和回忆它们的层面，而是必然会将它们作为自己的记忆目的来对待。也就是说，人类完全可能为了记住道德这种善恶观念而记忆。

道德目的是以人类向善、求善和行善为主要内容的。善是一种极其重要的社会价值，更是人类普遍希望实现的重要人生目的。正如亚里士多德所说："每种技艺与研究，同样地，人的每种实践与选择，都以某种善为目的。所以有人就说，所有事物都以善为目的。"② 另外，善总是相对于恶而言的，但恶不是人类追求的人生目的。黑格尔曾经强调："世界上没有一个真正恶人，因为没有一个人是为恶而恶。"③ 人类不可能以向恶、求恶和作恶为人生目的。趋善避恶才是人类生活的根本目的。

趋善避恶也是人类记忆的根本目的。这并不是指人类在记忆的时候只会记住那些善的道德生活经历，而是指人类对所有道德生活经历的记忆都以善为目的。人类记忆善的道德生活经历是为了给当下和未来提供道德生活经验，而记忆恶的道德生活经历则是为了给当下和未来提供道德生活教训。对于人类来说，道德生活经验和教训都是有价值的，它们都会进入人类的记忆，并且在一代又一代人中间不断传承、传播。人类基于其道德生活经验和教训而刻写的记忆可以被称为道德记忆，它体现人类记忆其道德生活经历的能力。人类借助自己的记忆能力进行道德记忆刻写，从而使自己过去的道德

---

① 马克思恩格斯文集：第9卷. 北京：人民出版社，2009：99.
② 亚里士多德. 尼各马可伦理学. 廖申白，译注. 北京：商务印书馆，2017：1-2.
③ 黑格尔. 法哲学原理. 范扬，张企泰，译. 北京：商务印书馆，1961：172.

生活经历不会因为时间的推移而流失。人类之所以能够一代代坚持不懈地向善、求善和行善，其首要原因是人类具有道德记忆能力。道德记忆就是人类对其道德生活经历的记忆，它在人类先辈和后辈之间架起了一座道德生活的桥梁。由于人类具有道德记忆能力，所以善的价值能够在人类社会源远流长、绵延不绝，人类则在"善"这种价值引领下能够不断向善、求善和行善。

另一方面，道德具有记忆之维。要理解这一事实，我们需要追溯人类的道德发展史或人类道德生活史。

根据历史唯物论，道德的起源可以追溯到原始社会。恩格斯曾说："旧氏族时代的道德影响、传统的观点和思想方式，还保存了很久才逐渐消亡下去"①。这一论断至少说明原始社会存在道德，否则，它不可能对后世产生"道德影响"。张岱年先生更是强调："道德起源于原始社会。在原始社会中道德是没有阶级性的。"② 历史唯物论强调道德的历史性和发展性，因此，它将道德区分为原始社会的道德、奴隶社会的道德、封建社会的道德、资本主义社会的道德、社会主义社会的道德等形式。

道德最重要的特征是它的规范性。张岱年先生说："道德就是关于人们的行为的规矩或准则，也就是人们对于家庭，对于本阶级以及其他阶级，对于本民族以及其他民族，所采取的行为的一定的标准。"③ 张岱年先生将道德界定为人的行为规矩或准则的观点无疑是正确的，但他显然仅仅强调了道德对人的外在显性行动的规约作用，而并没有重视道德对人的内在心理行为的规约作用。事实上，道德不仅规约人的外在显性行动，而且规约人的内在心理行为。人的内在心理行为包括思维、欲望、记忆等。任何一个社会都不会从道德上鼓励人们以个人中心主义和极端利己主义的思维方式来思考问题，也不会从道德上允许人们贪欲膨胀、唯利是图，这些事实说明人的内在心理行为都会受到道德的规范性约束。

作为人的一种内在心理行为，记忆应该受到道德的强有力规约。记忆的价值不仅在于它记住和回忆了什么，而且在于它应该记住和回忆什么。"能够"

---

① 马克思恩格斯文集：第 4 卷. 北京：人民出版社，2009：135.
② 张岱年. 中国伦理思想发展规律的初步研究：中国伦理思想研究. 北京：中华书局，2018：11.
③ 同②10.

记住和回忆说明人类具有记忆能力,而"应该"记住和回忆则说明记忆与人类的道德价值认识、道德价值判断、道德价值定位和道德价值选择有关。人类的道德价值认识、道德价值判断、道德价值定位和道德价值选择一旦介入其记忆思维活动,记忆就会被赋予道德价值,并且会受到道德的规约。

道德对记忆的规约旨在规定它的道德合理性边界。作为一种行为规矩,道德是社会约定俗成的,并不体现某个人或少数人的主观意志。这反映在记忆领域,就是记忆什么或不记忆什么并不完全由记忆主体决定。人的很多记忆是社会通过道德要求施加的。如果一个人得到了他人的帮助,那么社会就会要求他记住和回忆它,并且要求他懂得感恩。如果一个人做出了一个承诺,那么社会就会要求他记住和回忆它,并且要求他遵守诺言。更加重要的在于,我们置身于其中的社会会要求我们记住和回忆自己所属的道德文化传统。人类社会的所有道德文化传统都是通过人的记忆而得到传承、传播的。没有人的记忆,道德文化传统的产生和发展就是难以想象的。

总之,人类的记忆能力与其道德价值诉求是能够相向而行的。一方面,记忆不仅具有道德功能,而且能够将道德目的纳入它的目的体系,从而使自身符合一定的道德目的;另一方面,道德又具有规约记忆的职责和能力,它能够为人的记忆思维活动设置不可逾越的道德合理性边界。在人类的记忆能力与其道德价值诉求相向而行、相互结合、相互支持时,这种局面就只会导致一个结果——记忆道德的出场。记忆道德是道德的一种重要形态,它的主要功能就是规约人类的记忆思维活动。

二、记忆伦理与记忆道德

以色列学者玛格利特在《记忆的伦理》一书中指出:"存在记忆的伦理,而不存在记忆的道德。"[①] 我们认为,这种观点是值得商榷的。玛格利特将伦理和道德视为两种互不相干的东西,这是他只承认"记忆的伦理"、不承认"记忆的道德"的根源之所在。

伦理主要是一个关于关系和共同体的概念。作为一个关于"关系"的概

---

① 阿维夏伊·玛格利特. 记忆的伦理. 贺海仁,译. 北京:清华大学出版社,2015:7.

念,它首先指人类总是处于复杂的社会关系以及人与自然的关系之中,这两种关系均具有客观性;它其次指人类有能力将社会关系以及人与自然的关系建构成观念和知识,即关于社会关系以及人与自然的关系的观念和知识。这样的观念和知识是主观的。作为一个关于"共同体"的概念,它首先指人类总是处于家庭、企业、政党、社会、国家、世界、自然界、宇宙等共同体之中,我们与共同体中的非人类存在者是命运与共的关系,我们对这些共同体的依赖以及我们与非人类存在者命运与共的关系都是客观的;它其次指人类有能力将自己置身于其中的家庭、企业、政党、社会、国家、世界、自然界、宇宙等共同体建构成观念和知识,即关于共同体的观念和知识。这种观念和知识也是主观的。因此,伦理兼有客观性和主观性特征。另外,伦理允许人们在处理自身与他人、自身与共同体的伦理关系时有亲疏、先后、远近之别,但反对人们以亲疏、先后、远近来限制伦理关系的延展。伦理关系的延展是一种推己及人、推人及物的格局。

道德则主要是一个关于主观性和实践性的概念。一方面,它具有主观性,主要通过人类的思维方式、敏感性、认知能力、情感态度、意志力状况、信念等主观因素而得到体现。人类的道德思维、道德敏感性、道德认知、道德情感、道德意志、道德信念等属于道德的主观性领域。另一方面,它是伦理在人类行为上的反映,能够通过人类的外在显性行动、内在心理行为和言语行为而得到体现。人类道德行为属于道德的实践性领域。因此,道德兼有主观性和实践性特征。另外,由于道德是伦理在人类身上的体现,所以伦理能延展到哪里,道德就能相应地延展到哪里。

需要强调两点。一方面,伦理和道德是两种既相互区别又相互依存的东西。伦理通过个人的思维方式、敏感性、认知能力、情感态度、意志力状况、信念和行为而得到体现便是道德,它的现实性建立在个人的道德思维、道德敏感性、道德认知、道德情感、道德意志、道德信念和道德行为之上;反过来说,道德具有伦理性,它的崇高性是通过最大限度地体现伦理的要求而得到体现的。另一方面,伦理和道德都具有普遍性,但前者主要具有客观普遍性,后者主要具有主观普遍性,因此,伦理主要是通过具有客观普遍性的伦理关系、伦理共同体、伦理原则、规章制度等而得到体现的,道德则主要是通过具有主观普遍性的道德思维、道德敏感性、道德认知、道德情感、道德信念、道德行为等而得到体现的。

上述分析为我们认识记忆伦理和记忆道德提供了理论路径。它给我们的最基本的启示是：如果我们承认记忆伦理存在的实在性，那么我们就应该肯定记忆道德的实在性；反之，如果我们承认记忆道德的实在性，那么我们就应该肯定记忆伦理的实在性。我们认为，记忆伦理和记忆道德都具有存在的实在性。

记忆伦理涉及记忆主体与处于一定的伦理关系、伦理共同体之中的人和物的关系问题。由于伦理的主要功能是将所有相关的人和物都纳入一定的伦理关系、伦理共同体之中，所以记忆伦理的核心要义就是要求记忆主体记忆所有与之相关的人和事。记忆伦理难免有亲疏、先后、远近之别，但它反对人们将它们作为衡量记忆价值的绝对标准，更反对人们将记忆价值仅仅局限于人际关系。在记忆伦理的框架内，人们在记忆的时候固然会首先记住和回忆与自己亲近的人和事，但这绝不意味着人们可以对那些与自己比较疏远的人和事漠不关心；在弘扬记忆伦理时，人们既应该记住和回忆那些与自己亲近且具有伦理意义的人和事，也应该记住和回忆那些与自己比较疏远且具有伦理意义的人和事。

中国历史上出现的抗金英雄岳飞、抗倭英雄戚继光、长征英雄张思德、抗日英雄赵尚志、抗美援朝英雄邱少云、航天英雄杨利伟等并不是与我们每一个人都很亲近的英雄人物，但每一个中华儿女都应该将他们铭记于心，这彰显了中华民族重视记忆伦理的优良传统。在2020年的新冠肺炎抗击战中，全国各地涌现了一大批"勇士"。84岁的钟南山临危受命，担任抗击新冠肺炎的重要专家，李文亮等医生在抗击新冠肺炎的战斗中牺牲了自己的生命，还有无以数计的医护人员、警察、志愿者和环保工人奋不顾身地投入到这场突如其来的抗击战中。要知道，这些人大都不是与我们每一个人很亲近的人，我们对他们的了解也非常有限，但我们都应该将他们铭记于心。这就是记忆伦理的力量。

记忆伦理具有两种形态，即"忘记的伦理和记住的伦理"①。这是指，记住应该记住的人和事合乎记忆伦理，忘记应该忘记的人和事也合乎记忆伦

---

① 阿维夏伊·玛格利特. 记忆的伦理. 贺海仁，译. 北京：清华大学出版社，2015：14.

理。问题在于：哪些人和事是我们应该记住的？哪些人和事又是我们应该忘记的？人们对这两个问题的解答必定众说纷纭，但人们在某些方面是能够达成共识的。例如，人们一般会普遍认为这些事态合乎记忆伦理：真诚帮助过我们的人是我们每一个人都应该记住的人，曾经许下的诺言是我们每一个人都应该记住的事，而他人所犯下的小过错，我们则应该通过忘记的方式予以宽恕。

记忆道德则反映人类在主观上和实践上对记忆伦理的体现程度。具体地说，它反映记忆伦理通过人类的道德思维、道德敏感性、道德认知、道德情感、道德信念和道德行为而得到体现的实际情况。显而易见，记忆道德也主要是一个关于主观性和实践性的概念。从主观性方面说，它要求人类将记忆伦理的要求转化为自己的道德思维、道德敏感性、道德认知、道德情感、道德信念和道德行为，其中的每一个环节都极其重要，缺一不可。例如，一个人以何种方式思考记忆伦理要求记住或忘记的人和事，这对他的记忆道德状况发挥着不容忽视的奠基性作用。如果他根本就不具备应有的道德思维能力，那么他就显然难以按照记忆伦理的要求记住或忘记应该记住或忘记的人和事。同理，如果一个人缺乏应有的道德敏感性，那么他就往往不可能按照记忆伦理的要求记住或忘记应该记住或忘记的人和事。从实践性方面说，记忆道德要求人类将记忆伦理的要求落实为具体的心理行为和实际行动。它不仅要求人类在"心里"记住或忘记记忆伦理要求记住或忘记的人和事，而且要求人类在言语行为和外在的实际行动中将其表现出来。这是记忆道德中具有决定意义的一个环节，但它的难度很大。与任何形态的道德一样，要引导人类完成具体的心理行为、言语行为和实际行动，记忆道德需要克服很多困难。只有首先具备应有的道德思维、道德敏感性、道德认知、道德情感和道德信念，人类才能在记忆道德的引导下记住或忘记应该记住或忘记的人和事。如果其中的任何一个环节出了问题，人类就完全可能无法按照记忆伦理的要求记住或忘记某些人和事。

记忆道德与记忆伦理脱节的情况在现实中常常发生。中华民族是一个特别重视伦理文化传统传承的民族。这是儒家伦理、道家伦理、佛家伦理等能够在中国社会源远流长、绵延不绝的根本原因，也是我国具有深厚记忆伦理传统的表现，但就是在这样一个记忆伦理传统极其深厚的社会里，人们也会时不时地犯历史虚无主义错误。尤其在当今中国，不少人对中华道德文化传统表现出"失忆"的症状。他们不愿意了解源远流长的中华道德文化传统，更不用说自觉地记忆它了。孔子、老子、孟子、庄子等对中华道德文化传统的建构做出了重要贡献的先哲难以进入他们的记忆，屈原、岳飞、戚继光等对中华民族精神的建构发挥过重要历史作用的伟大人物难以在他们的记忆世界占有一席之地。这些事实说明当今中国社会存在记忆道德沦丧的严重问题。

引导人们遵循记忆伦理的要求是记忆道德的重要任务和使命。一个不崇尚记忆伦理的民族必定是一个没有记忆道德的民族。这样的民族不知道自己从哪里来，因而是没有出息的。如果整个人类都不崇尚记忆伦理，那么，人类就会因为缺乏它而不具有记忆道德，并因此而失去自己人之为人的道德根本和断送自己的未来。人类之所以能够走到今天，其重要原因之一是，人类一直能够得到记忆伦理和记忆道德的价值护航。作为道德动物，我们人类在守护记忆伦理和记忆道德的过程中不断建构着自己的道德记忆，从而为自己的持续发展提供了强有力的道德价值支撑。任何时代的人类都需要记忆伦理、记忆道德和道德记忆的价值护航。记忆伦理给我们指引正确的伦理方向，记忆道德引导我们朝着记忆伦理指引的正确方向前进，道德记忆则让我们具有强大的道德之本。

三、个体记忆道德与集体记忆道德

记忆道德有两种类型，即个体记忆道德和集体记忆道德。这种划分是以人类的本质属性和生存方式为依据的。人类总是作为个人而存在，同时又必须以社会结合的方式而存在，因此，我们在本质属性与生存方式上兼有个体性和集体性特征。无论以个人的方式存在，还是以集体的方式存在，人类都具有记忆道德能力。这是指，个人和集体在记忆的时候都会受到记忆道德的规约。

个体记忆道德是个人在记忆过程中应该遵守的道德规范。记忆首先表现为个人的一种本领和能力，但它是一种应该受到道德规约的本领和能力。个人的所有本领和能力都应该受到道德的规约，记忆也不例外。正如一个有辩才的人不能信口开河一样，一个记忆能力强的人也不能随心所欲地记忆。对于个人来说，记忆不仅是个人能不能记住什么的问题，而且是他是否应该记住什么的问题。能不能记住什么，由具有记忆能力的个人说了算；至于是否应该记住什么，有记忆能力的个人不一定具有话语权。个人认为应该记住的东西，社会可能不予承认；个人认为不应该记住的东西，社会完全可能要求他记住。社会往往会对个人记忆提出这样或那样的道德要求，而个人在很多时候只能予以接受。个体记忆道德旨在引导个人在记忆领域形成正确的道德思维、道德认知、道德情感、道德信念和道德行为，以使他对记忆的道德价值认识、道德价值判断、道德价值定位和道德价值选择与社会的道德要求达成一致。个体记忆道德归根结底是社会的道德要求在个人身上的一种体现。

集体记忆道德是家庭、企业、社会组织、政党、民族和国家等人类集体在记忆过程中应该遵守的道德规范。集体也具有记忆能力和道德能力。法国心理学家哈布瓦赫认为："存在着一个所谓的集体记忆和记忆的社会框架"①。在哈布瓦赫看来，每一个人类个体的身后都拖着一长串记忆，每一个人类集体的后面也都拖着一长串记忆。所谓"记忆的社会框架"，只不过是"同一社会中许多成员的个体记忆的结果、总和或某种组合"②。哈布瓦赫还特别指出："群体自身也具有记忆的能力，比如说家庭以及其他任何集体群体，都是有记忆的。"③ 集体记忆对人类具有强有力的约束作用，它是"昨天的约束"；在集体记忆中，"我们不只是能在这些群体中信步漫游，从一个群体走到另一个群体，而且，在其中的每一个群体里，即使我们已决定在沉思默想中和它们厮守在一起，我们也不会像现今这般强烈地感受到这种来自他人的约束"④。在哈布瓦赫看来，"昨天的约束和今天的约束在许多方面都是一致的，因此，我们只能残缺不全、不尽完整地想象过去的那些约束"⑤。其意指，集体记忆具有约束性或规范性功能，它承载的是关于集体的过去的记忆，但它的约束性或规范性功能可以延续到当下。哈布瓦赫并没

---

① 莫里斯·哈布瓦赫. 论集体记忆. 毕然，郭金华，译. 上海：上海人民出版社，2002：69.
② 同①70.
③ 同①95.
④ 同①88.
⑤ 同①89.

有明确说明集体（群体）对人类的约束性或规范性体现在哪些方面，但他的论述暗示了集体记忆内含道德规范性的事实。例如，他认为每个家庭都有自己的传统和逻辑。在我们看来，他所说的家庭传统包含家庭美德之类的内容。德国学者马克·弗里曼（Mark Freeman）认为："集体主体可以通过某种方式重写自己作为集体的过去和当今认同，并且借此进行自我治疗。"① 弗里曼坚信，集体具有道德能力。他甚至引用麦金泰尔的观点支持自己的立场："我从我的家庭、我的城市、我的部族、我的国家的过去继承了许多债务、遗产、合理的期望和义务。它们建构了我的生活状态和我的道德出发点。这让我的生活具有了自己的一部分道德特性。"②

　　记忆道德的主要功能是规约人类的记忆行为。从个人来说，个体记忆是一种内在的心理活动，它很容易在个人的个体意向性驱动下沦为任性的状态。任性的个体记忆不一定具有道德合理性基础。如果完全由个人来决定记忆的内容，那么就很可能有某个人将德国法西斯分子残酷屠杀犹太人的历史当成"美好记忆"。当今日本之所以仍然有不少人鼓吹军国主义思想，其重要原因之一就是，他们仍然将日本在第二次世界大战期间对外发动的侵略战争当作"辉煌记忆"。在现实中，有些人会将自己杀人放火的经历当成"值得骄傲的记忆"，有些人会将自己贪污腐败的经历当成"荣耀的记忆"，有些人甚至会将自己卖国求荣的经历当成"光荣的记忆"。这些都是个体记忆没有受到记忆道德有效规范的事例。从集体来说，集体记忆通常是组织性行为。一般来讲，为了实现自身的可持续发展，家庭、企业、社会组织、政党、民族和国家等集体往往希望在集体记忆道德的引领下建构自己的集体记忆，但由于集体的组织意向性需要通过具体的机构和人员来代理，而那些机构和人员的道德修养不一定能够达到应有的水平，所以它们对集体记忆道德的认知和遵守就难免出现不到位的状况。历史上并不缺乏这样的事例。第二次世界大战之后，由于很多日本政客对日本发动侵略战争的错误始终缺乏深刻反思，日本不仅将很多在第二次世界大战期间犯过滔天罪行的甲级战犯当作"神"供奉在靖国神社，而且试图通过修改历史教科书、美化侵略历

---

① 哈拉尔德·韦尔策. 社会记忆：历史、回忆、传承. 季斌，王立君，白锡堃，译. 北京：北京大学出版社，2007：29.
② 同①36.

史等方式来扭曲历史。这一方面说明日本在建构国家集体记忆方面存在不遵守集体记忆道德的问题，另一方面也说明集体记忆道德在现实中容易遭到背弃。

记忆道德对人类记忆行为的规约需要通过具体的道德原则来实现。能够对个人和集体的记忆行为进行有效规约的道德原则必须具有普遍适用性和普遍有效性，它们应该是康德所说的"绝对命令"式的原则——"要这样行动，使得你的意志的准则任何时候都能同时被看作一个普遍立法的原则"[①]；否则，它们的适用性和有效性就是有限的。换句话说，只有那些能够适用于所有个人和集体的道德原则才有资格规约人类的记忆行为。更进一步说，这样的道德原则不是那种仅仅体现某个人或某个集体的主观偏好的原则，更不是那种完全从某个人或某个集体的利益考虑出发的原则。它们必须是内含必然性、普遍性和规律性的道德原则。我们认为，这样的道德原则主要有三个。

一是公正原则。它要求个人和集体在刻写记忆的过程中做到公平。所谓公平，就是不偏私，就是一视同仁地对待所有应该记住或忘记的人和事。记忆道德允许个人和集体在刻写记忆时有亲疏、先后和远近的区分，但反对将亲疏、先后和远近作为绝对标准来限制记忆的范围与内容。一个人或一个集体可以首先记住与自己比较亲近或靠近的人和事，然后记住与自己比较疏远或遥远的人和事，但绝对不能仅仅关注和记住前者，而对后者漠不关心。从历史唯物论的角度看，任何个人和集体都仅仅具有相对独立性，其与其他人和事的关联性是绝对的。中国自古就有"唇亡齿寒""城门失火，殃及池鱼"之类的说法，当代中华民族具有构建人类命运共同体的中国方案。任何个人和集体的存在和发展都与周围的人和事息息相关，一视同仁地对待所有应该记住或忘记的人和事是人类在刻写记忆时应该恪守的基本道德原则。

在现实中，有些个人在建构记忆时仅仅聚焦于自己熟悉的人和事，对与自己比较疏远或遥远的人和事视而不见、听而不闻，这使他们的个体记忆因缺乏应有的开放性、包容性和广延性而显得狭隘。有些集体在建构集体记忆时也采取同样的态度，结果也只能是将自己变成封闭、保守、狭隘的集体。

---

① 康德. 实践理性批判. 邓晓芒, 译. 北京：人民出版社, 2003：36.

如果一个社会有很多这样的个人和集体，那么它就必定是一个道德冷漠的社会。记忆道德主张人与人、集体与集体之间相互给予真诚的道德关怀，主张通过相互关注、相互关心、相互记住的方式来抵制道德冷漠。在人类社会，任何时候都存在很多我们并不熟悉的个人和集体。这些个人和集体不仅与我们命运相关，而且与我们一样在为社会发展、文明进步做贡献，因此，我们应该对其给予应有的道德关怀和道德尊重，而一种有效方式就是将其记住。

二是将实践作为检验记忆价值的唯一标准的原则。马克思指出："人的思维是否具有客观的真理性，这不是一个理论的问题，而是一个实践的问题。人应该在实践中证明自己思维的真理性，即自己思维的现实性和力量，自己思维的此岸性。"① 作为人的一种心理行为，记忆属于思维的范围，因此，它的真理性应该通过社会实践来检验。真理性是记忆的核心价值。记忆的真理性不仅在于它的内容与客观事实相符，而且在于它能得到社会的广泛价值认同。一方面，记忆应该以真实的人和事作为对象；另一方面，记忆应该受到记忆道德的规范性约束。记忆道德既可以在个人层面发挥作用，也可以在集体层面发挥作用，其根本目的是引导人们对记忆的真理性达成道德共识。个体记忆道德和集体记忆道德的共同之处在于：它们都将社会实践作为检验记忆价值的唯一标准。

在现实中，一些个人和集体倾向于仅仅将自己的主观意向性作为检验记忆价值的标准。这种做法不可能确立记忆的真正价值。历史车轮滚滚向前，人类应该记住或忘记哪些人和事，这必须受到社会实践的严格检验。个人和集体虽然都具有建构记忆的能力与权利，但都不是检验记忆价值的最高权威。例如，人类在历史上提出了无比丰富的伦理思想，但真正能够被一代又一代人记住和长久传承的必定是那些能够经得起社会实践检验的伦理思想。人类社会的历史人物难以数计，但真正能够被一代又一代人记住和传颂的一定是那些能够经得起社会实践检验的人物。人类社会总是在不断接受社会实践检验的过程中记住一些人和事，也总是在这个过程中忘记一些人和事。

三是记忆建构责任与记忆传承责任相统一的原则。记忆的生命力需要通过它自身的传承性来得到体现。没有传承性的记忆是没有生命力的。记忆不

---

① 马克思恩格斯文集：第1卷. 北京：人民出版社，2009：500.

是一种一劳永逸的心理行为，而是一种不断反复的心理行为。一个人或一个集体在某个时间点记住了某个人或某件事，但很快就将他或它忘记了，这就是人们通常所说的遗忘。虽然从精神分析学的角度看，遗忘不一定是真正意义上的彻底遗失，因为遗忘的东西可能只是进入了我们的潜意识或无意识。然而，它毕竟不是记忆应有的状态。我们认为，无论遗忘是什么，它都是人的记忆中断或被遮蔽的表现。为了防止出现遗忘的状况，人类一方面需要承担建构记忆的道德责任，另一方面也需要承担传承记忆的道德责任。强调记忆建构责任与记忆传承责任的统一，是记忆道德对个人和集体提出的共同道德要求。

人类的记忆建构责任和记忆传承责任主要属于道德责任的范围。一个人或一个集体愿意建构什么样的记忆、不愿意建构什么样的记忆，愿意传承什么样的记忆、不愿意传承什么样的记忆，它们主要是记忆道德问题。人类对记忆道德的遵守使其自身的记忆行为具有道德价值。"一个行为要具有道德价值，必然是出自责任。"① 个人应该对自己的个体记忆行为承担道德责任，集体则应该对自己的集体记忆行为承担道德责任。只有这样，人类的记忆行为才具有道德价值，也才是合乎记忆道德要求的行为。对于个人和集体来说，建构关于某些人和事的记忆是容易的，但将这种记忆不断传承下去则是困难的。记忆道德的在场有助于推动人类自觉承担建构和传承记忆的道德责任。

在现实中，具有记忆道德智慧的个人和集体不仅高度重视记忆的建构，而且特别注重记忆的传承，因为这些个人和集体都知道记忆是安身立命、行稳致远的根本；相反，缺乏记忆道德智慧的个人和集体则完全可能仅仅重视记忆的建构，而不注重记忆的传承，结果必定是沦为"无根的个人"和"无根的集体"。"无根的个人"和"无根的集体"是不知道自己来路的个人和集体。由于不知道自己是怎么来的，所以就必定不能很好地立足现在和面向未来。记忆是人类生存的根本，但它需要人类在记忆道德的引导下进行建构。

需要强调的是，记忆道德不同于道德记忆。道德记忆是人类借助其记忆能力将其道德生活经历建构成记忆内容的一种能力，是人类记忆思维活动的

---

① 康德. 道德形而上学基础. 孙少伟, 译. 北京：九州出版社，2007：17.

一种重要表现形式。它既可能是价值中立的，也可能是非价值中立的。记忆道德是规约人类记忆思维活动的道德规范，是关于记忆的道德。它不是道德记忆，但它能够引导人类建构正确的道德记忆。

人类的记忆思维活动应该遵守记忆道德。这是人类自古就有的一种伦理思想，也是人类道德文化传统的一个重要内容，但它长期遭到了不应有的忽略，结果记忆和道德一直被很多人视为两个互不相干的领域。导致这种状况的一个重要原因可能是：获得记忆能力之后，人类将它当成了一种自然而然的本领和能力，日用而不知，很少思考它与人类道德生活的紧密关联性。事实上，记忆不仅与人类道德生活紧密相关，而且是人类道德生活必不可少的重要内容。

记忆是人类的一种心理活动能力，但这并不意味着它是任性的。它虽然会受到人类的主观需要、兴趣、价值观念等主观因素的影响而具有很强的主观性，但它更多地表现为一种理性思维能力。在很多时候，人类是在理性地以合乎记忆道德的方式记忆。要么记住应该记住的人和事，要么遗忘应该遗忘的人和事，我们的记忆思维活动同时受到理性的引导和记忆道德的强有力规约。

记忆道德是一种能够对人类个体和集体的记忆行为进行道德合理性规约的强大力量。它实实在在地存在，并且实实在在地对人类记忆行为发挥着不容忽视的规导作用。它对人类的记忆行为发布道德命令，提出道德规范性要求，要求人类应该记忆什么、不应该记忆什么，从而使人类的记忆行为合乎一定的道德规范，并且具有深厚的伦理意义。记忆道德是记忆伦理的现实化，反映人类对记忆伦理的认知和践行状况。它推动人类亲近、接受和尊重记忆伦理，并且以合乎伦理的方式记住与遗忘自己经历的人和事。与在其他生活领域一样，人类在记忆领域承担着不可推卸的道德责任。人类的记忆行为通常是隐秘的，因为它往往发生在我们的内在心理世界，但它无法规避记忆道德的"规范性强制"。记忆道德是我们人类在记忆时应该自觉遵守的道德规范。无论作为人类个体而存在，还是作为人类集体而存在，我们都应该在记忆道德的价值引导下记忆和遗忘。

结语

珍惜道德记忆　追求崇高道德

人类道德生活的价值在很大程度上是由人类自己的道德记忆决定的。道德记忆不仅记录人类的道德生活经历，而且反映人类在过去趋善避恶的历史状况。人类的道德生活经历既有善的历史事实，也有恶的历史事实。在人类记住它们的时候，人类就拥有了实实在在的道德记忆。

作为人类，无论以个人身份存在，还是以集体身份存在，我们的身后都拖着一串长长的道德记忆。在我们所能拥有的多种社会身份中，道德身份是最基本但也是最重要的身份。我们的道德身份是由我们自己的道德本性决定的。它不仅将我们与非人类存在者从根本上区别开来，而且要求我们培养强烈的身份意识。我们的身份意识不是别的，就是我们人之为人的角色意识。人之为人，无论置身何处，我们都必须时刻记住自己作为人类的身份或角色，特别是自己的道德身份或角色。我们是具有道德记忆的存在者。

我们的道德身份是我们自己塑造的。具体地说，它是我们借助自己的道德记忆塑造的。我们遵循自己道德本性的召唤，积极地向善、求善和行善，并且在人类社会留下实实在在的光荣道德记忆，从而塑造自己的道德身份。作为人类，我们的生存具有道德价值，但这种价值既不是某个万能的神赋予的，也不是自然进化的产物。我们具有道德本性，但如果我们不服从它的命令，那么我们就不仅会将它遗忘，而且可能与之背道而驰。只有遵循道德本性而生存，我们才能拥有真实的道德生活，也才能建构真实的道德记忆。我们的道德记忆只不过是关于我们自己的道德生活经历的真实记录。我们的道德生活经历被记录为道德记忆的过程就是我们的道德身份得到建构的过程。

人类珍惜一切有价值的东西。价值之为价值，完全是因为它能够满足我们的需要。我们需要道德记忆，因此，它是有价值的。由于道德记忆事关我们道德身份的确立，所以它的价值是至高无上的。具有道德记忆，我们就可以确立自己的道德身份；不具有道德记忆，我们就无法确立自己的道德身份。可见，我们对待道德记忆的态度实质上是我们对待自己的态度；如果我们不珍惜或不敬重自己的道德记忆，我们就是不珍惜或不敬重自己。

我们对待道德记忆的状况折射出我们作为人类的道德生活状况。道德生活不是某个人的生活，也不是某代人的生活，而是人类世代相传的生活。它必须是连续不断的，不能中断，否则，它就会失去本质。道德生活的本质在于它与客观伦理的不断靠近。作为人类，我们只有坚持不懈地追求伦理，才能不断靠近伦理，才能让自己的生活具有道德价值。人类道德生活就是合乎伦理的生活。道德价值就是我们人类不断靠近伦理而彰显的生活价值。道德生活不仅体现我们人之为人的伦理价值诉求，而且能够通过我们的道德记忆获得不中断的连续性，因此，它具有不容否定的道德价值。

道德记忆是关于人类道德生活经历的记忆。由于人类的道德生活经历是由人类的道德思维、道德认知、道德情感、道德意志、道德信念、道德行为等多种要素综合而成的产物，所以人类道德记忆的内容构成就具有不容忽视的复杂性。可以说，道德有多复杂，人类的道德生活经历和道德记忆就有多复杂。

人类生生不息的生命需要道德源源不断的滋养。道德是人们熟悉的一个概念，但并非每一个人都深知它的丰富内涵。每当使用这一概念时，我们很多人会有一种既临近又遥远的感觉。这并不让人感到奇怪，因为人类在人文社会科学领域使用的概念在含义上都存在一定的模糊性。自由、平等、民主、幸福、公正等都是这样的概念。在面对它们的时候，我们既感到亲近，又感到有距离。我们在如何认知道德这一问题上容易达成的共识是，一部道德发展史就是一部道德记忆史，研究道德现象的历史变迁实质上就是研究道德记忆的演进史。

道德产生和发展的历史与人类社会发展和演变的历史大体是一致的。人类对道德问题的思考和探索源远流长、从未断绝，但从来没有形成高度一致的共识。我们可以确定的是，道德一直与我们同在，并且一直在强有力地影响着我们。作为人类，我们的生存总是笼罩着一种道德氛围，因为道德就在我们的所思所想之中，就在我们的所作所为之中，就在我们的生命之中，就在我们的社会之中。这就是我们对道德生命力的经验感受。

  道德是任何一个社会都必不可少的社会规范，贯穿于人类社会发展史。虽然它的发展一直受到重重阻挠，但是它不仅顽强地存在着，而且不断地焕发出生机和活力。虽然每一个时代所具有的道德不尽相同，但是道德在人类社会中的重要地位和调节作用在不同时代都受到了高度重视。不同时代的人类会从不同的角度来认识、理解和把握道德，但绝对不会从根本上否定道德的存在价值和重要作用。道德反映人类社会发展的内在要求，因而不可能灭亡。

  道德记忆是道德维持其生命力的重要手段。人类建构道德记忆的过程就是不断改进道德，使之不断提高、不断完善的过程。依托道德记忆的善恶事实存储，人类根据时代的不同要求改进或改造道德规范体系，从而建构越来越好的道德。人类的道德记忆能力是道德能够持续存在并不断焕发强大生命力的根本保证。离开道德记忆的支撑，人类的善恶观念便无法世代相传，作为社会规范的道德就无法世代传承。

  人类的道德生活经历不会被轻易忘记，这得归功于人类的道德记忆能力。道德记忆是人类对过去的道德生活经验和教训的记录，是人类不断推进道德生活的根本手段，是人类维持道德持续存在的必要途径。

  道德记忆记录的是一个个的道德生活事实。在追求和践行道德的过程中，人类的所思所想、所作所为和相关道德价值评价构成道德生活经历的全部内容，烙印在脑海里就成了道德记忆。道德生活永远在路上，道德事件总是在累积。道德事件或大或小，都可能被纳入我们的道德记忆世界。有时候，忽略道德生活经历中那些微不足道的小事，我们也可能是在错过极具意义的道德事件。

  道德记忆可以是个人的道德记忆，也可以是集体的道德记忆。前者是基于个人道德生活经历而形成的道德记忆。后者是基于社会群体的集体性道德生活经历而产生的道德记忆，它反映一个特定社会群体的成员对道德往事进行共享的过程和结果。人类社会的发展演变基于繁杂的历史记忆而展开，而道德记忆是历史记忆的一部分，是道德存在的合法性和合理性之来源。道德的生命力源于人类社会，从更深的层次上讲，它来自人类的道德记忆。道德记忆使人成为人，使人具有人之为人的生存方式。

无论在原始社会还是在文明社会，人们对道德规范的价值认同都源于道德记忆。原始社会的社会秩序是以氏族成员间的血缘关系为纽带而建立起来的。氏族部落在集体生活中形成的集体道德记忆使部落成员对偶像的崇拜、风俗习惯的遵守等形成统一意见，并使之成为氏族道德之合法性和合理性的重要来源。每个时代的道德规范在内容上是有差异的，这种差异是通过道德记忆的比较而得到体现的。新道德存在的合法性和合理性是由新社会人的需要决定的。如果没有道德记忆，道德在人类社会的演变就会受阻，人类社会也会因为缺乏既定的善恶价值标准而迷失方向。道德记忆能够为人类社会提供既定的善恶价值标准。

道德记忆如同一间储物仓库，存放已经发生的善恶事实，后人则根据时代的需要，有选择地从仓库拾取素材来建构新时代的善恶价值体系。道德持续存在的前提条件是，它必须具有持续存在的合法性和合理性。每个时代的道德规范体系都要为其合法性和合理性做辩护。人们或增加或删除或修改已有道德规范体系的部分内容，其目的是适应时代变化带来的新要求。全盘否定旧的道德规范体系是不现实的，对它采取照单全收的继承方式则是不可取的。

人类社会总是在进步，因为人类总是在追求进步。人类总是在追求精神超越。在内在超越性本性的驱动下，人类会不断地给自己的生存过程增加新的内容和创新成分。对于人类来说，建构道德记忆的过程就是不断改进道德，使之不断提高、不断完善的过程。依托道德记忆的善恶事实存储，人类根据时代的不同要求改进或改造道德规范，从而不断塑造更为优良的道德。道德的进步和发展可以在很大程度上归因于人类的道德记忆能力。它是道德能够持续存在并不断焕发强大生命力的根本保证。

人类社会呈现出今天的状态，其根本原因在于数千年的创造积累和历史记忆。历史不是关于死亡的历史，而是关于生活的历史。道德记忆是现实道德生活的重要支撑。它属于历史记忆范畴，但它与现实联系紧密。道德记忆记录的是客观的历史，以过去与现在之间持续对话的形式展开，并且在人类日常道德生活中发挥着重要作用。它不仅使人类过去的道德生活经历得到留存和传承，而且为人类坚持过向善的道德生活提供理由。由于人类拥有丰富的道德记忆，所以道德才能在人类社会世代相传。道德记忆中保留着前人的道德生活经历以及他们的道德评价和道德反思，因此，它能够为当代人类的道德生活提供经验和教训。

人类不仅活在当下，而且活在过去和未来。过去、现在和未来是专属于人类的概念，蕴含丰富的伦理意蕴。人类需要在时间中实现自己的完整性。这是指人类必须在过去、现在和未来这三个时间维度中建构自己的完整性。拥有道德记忆、过现实道德生活和对未来道德生活进行价值期待，都是人类人之为人的道德权利。道德记忆是人类道德生活的基础和重要内容；或者说，它是道德在人类社会生生不息的必要条件和强力支撑。

中华民族创造了灿烂辉煌的中华文明。中华民族在历史上经历过无数次分分合合，特别是在近代经受了西方列强侵略、欺凌的磨难，但中华文明并未因此而中断，而是始终保持着顽强生命力。中华民族具有自强不息、厚德载物的优良传统，留下了大量富有民族特色的道德记忆。虽然人类社会有国家之分、民族之分、区域之分，但人类对道德的向往、追求和践行总是具有某些普遍性特征，并且留下了属于全人类或全世界的道德记忆内容。

通过建构道德文化传统的方式，道德记忆使道德在人类社会生生不息。道德文化传统是人类在长期道德生活中积累的道德思维、道德思想、道德精神、道德信念、道德实践等诸要素的统一体，反映人类道德生活的总体特征。它也是人类保存道德生活经验和教训的方式。道德文化传统本质上是集体性的，因此，只有企业、社会组织、政党、民族和国家等集体才会形成道德文化传统。

中华民族的道德文化传统是由生活在中国这片疆域内的所有民族共同创造、被中华儿女世代继承与发展的道德文化样式。中国是一个多民族国家，不同的民族拥有不同的道德文化传统，但这并不意味着中国没有统一的道德文化传统。在长期共同生活的历程中，中华民族形成了自强不息、厚德载物、勤俭节约、崇尚和平等道德文化传统，并刻写了丰富的道德记忆。

中华民族是一个具有深厚道德记忆的伟大民族。内含于中华文明的道德记忆塑造了中华道德文化传统，积淀的道德文化资源为中华民族提供了必不可少的道德精神支撑，为道德在中华大地彰显强大生命力提供了肥沃土壤。道德这种社会规范体系在中华大地扎根、发芽和生长，成长为一棵参天大树，使中华道德文化传统源远流长、经久不衰。

通过道德教育，道德记忆能够不断为道德注入生命活力。道德教育就是将道德原则和规范转化为人的道德品质的过程，其根本目的是推动人们自觉践行道德要求。道德教育是人类道德生活的一个重要内容。人的行为模式的形成往往深受道德教育的影响，并因此而具有极大的可塑性。家庭中父母的言传身教、学校中老师的谆谆教导等都是人类接受道德教育的形式，其根本目的是通过系统的道德教育和道德训练，引导人们形成健全的道德人格。道德教育的形式多种多样，但它们对道德记忆的依赖是共同的。道德教育必须基于人类的道德记忆来进行；或者说，它是以人类道德记忆的内容为主要内容的。通过行之有效的道德记忆，人类不仅可以了解先辈的道德生活经历，而且可以将先辈留下的道德记忆承续下来。

道德教育是道德知识和道德实践能力教育。道德知识大都储存于人类的道德记忆库。在道德教育过程中，教育者从人类道德记忆库中提取概念、思想和理论，从而形成道德教育所需的内容和方法。一般来说，家庭、学校和社会是道德教育的主要阵地。家庭道德教育是道德教育最基本的形式，它借助健康的家庭成员关系和长辈言传身教等方式来实现。言传常常指父母通过语言向子女传授道德原则或讲授具有道德意义的典故；身教则指父母在日常生活中以身作则，按照道德规范的要求给孩子做出表率，引导孩子接受和模仿其行为。相比之下，身教比言传更重要，因为道德毕竟与实践直接相关。学校道德教育具有更加系统的特点。它的内容和形式都经过了系统的设计与安排。社会道德教育主要是通过外在社会舆论评价反馈的信息来调整自身的行为，其中以报纸、广播、电视、互联网等为主的大众传媒起着重要作用。大众传媒由于受众非常广泛，传播速度很快，所以更容易使受教育者产生情感共鸣，当今社会应该更加重视其道德教育功能。

需要强调的是，无论家庭道德教育，还是学校或社会道德教育，都必须基于人类的道德记忆来进行。一方面，教育者需要利用人类道德生活的记忆，这样才能告知受教育者哪些是被人们普遍接受和认可的既定行为方式，因此，没有道德记忆，道德教育是不可能实现的。另一方面，道德教育是人类刻写个体道德记忆和集体道德记忆的重要手段。基于道德记忆的道德教育通过其特有的内容和形式，让人们记住人类在历史中约定俗成的道德原则和规范，并自觉遵守它们。道德教育对道德记忆发挥着不容忽视的建构作用。

通过道德实践，道德记忆能够将道德变成人类不懈追求的活的善。道德是活的或现实的善。它之所以是活的或现实的，原因之一在于它具有实践性。道德体现人类的实践理性能力。它不仅体现人类的意志自由，而且表现为人类特有的实践精神。具体地说，道德不仅是纸上写的原则和规范，而且会落实为人的具体行为；否则，它就是僵化的教条。道德记忆在很多时候是关于人类道德生活实践的记忆。它能够为人类的现实生活服务，这是指它能够为人类的道德生活实践提供指南。

道德记忆在很大程度上决定着人类的道德实践方式和内容。今天的人类之所以以这样或那样的方式开展内容丰富的道德实践活动，主要是向先辈学习的结果。我们的先辈将他们的道德实践经验和教训刻写成道德记忆，为我们提供了必要的学习材料。个体道德记忆和集体道德记忆既包含从人类道德生活实践中形成的直接道德生活经验，也包含从人类道德生活实践中提炼的间接道德生活经验。它们一旦形成，就会为后代人的道德生活实践提供参考和借鉴。道德记忆是人类道德实践不断向前推进的强大动力源泉。

通过道德语言表达，道德记忆能够使道德变得生机勃勃。道德记忆的刻写有赖于人类道德语言。人类道德语言是由善、恶、正当、公正等道德概念和众多道德命题、判断等构成的一个语言体系。作为一种思维方式，道德记忆必须借助人类的道德语言来彰显自己的意义。

道德语言是人类解码道德记忆的最直接、最有效的途径。道德记忆的内容很复杂，但它可以转换为道德语言，并且变成可以被人类认识、理解和解释的密码。人类传承道德记忆的方式是道德语言。这是指人类不仅可以通过口头方式传承道德记忆，而且可以通过书面方式传承道德记忆。伦理学家撰写的伦理学专著就是人类借助道德语言刻写道德记忆的一种重要方式。道德记忆一旦被用道德语言表达出来，人类过去的道德生活经历就变成不朽的东西，道德也因此而变得生机勃勃。

世易时移，时间之车将我们带入了大数据时代。大数据时代到来的根本标志是数据快速膨胀。这在互联网行业表现得尤其显著。在当今世界，任何一家互联网公司的日常运营都是以生成、处理、输送、储存海量数据为内容的，它每天经手数据的规模越来越庞大，已经达到不能用 G 或 T 来衡量的程度。在大数据时代，每天有数亿张图片上传到互联网，每分钟有海量的视频、音乐、邮件等进入互联网。大数据时代就是海量数据通过互联网潜行的时代。

大数据时代推动我们形成新的数据观念，其核心是数据化意识。在大数据时代，几乎一切都可以被数据化处理。我们只要愿意，就可以在很短的时间内通过互联网把大量的图片、信息、音乐等发送到我们希望它们到达的地方。最重要的是，在大数据时代，人类刻写道德记忆的大量工作可以通过数据处理的方式来进行，道德记忆也能够借助有效的数据处理方式而得到长久保存。

在大数据时代，人类的公共生活空间变得空前巨大，私人生活空间则变得空前狭小。大数据正在以摧毁性的方式挤压当代人类的私人生活空间。在当今世界，几乎每一个人都拥有可以上网的手机，这就将所有人都拉入了透明的公共生活空间。我们的一举一动时时刻刻受到电子警察的监控。纵然我们拒绝使用手机，我们的所有行为仍然可能被各种设置在公路、图书馆、超市、街角的摄像设备抓拍。如果抓拍的内容被上传到互联网，我们的所作所为就会瞬间成为全世界家喻户晓的新闻。在大数据时代，纵然躲进保险柜，我们的行踪也不一定是隐秘的。

人类在大数据时代刻写道德记忆的能力变得极其强大。在大数据时代，好事和坏事都可以迅速传播。一个人在某个地方失信，他的失信行为就会被编成数据而得到保留，并被传送给各个部门；一旦有人需要了解他的信用状况，那些数据就很容易被调用。大数据时代迫使人类在道德生活中更加谨慎。

运用大数据手段刻写道德记忆是大势所趋。这一方面意味着我们在大数据时代将能拥有海量的道德记忆内容，另一方面也意味着互联网将发挥越来越重要的道德稽查作用。在大数据时代，不仅开展大规模的道德状况调查变得切实可行，而且会形成各种各样的道德状况数据库。大规模的社会调查会不断充实道德状况数据库的数据。除此之外，网络舆情也必将发挥越来越强有力的道德监督作用。大数据依赖互联网而存在。互联网不是一个真空世界，更不是一个不受任何社会规范规约的世界。在互联网四通八达的当今世界，我们其实是没有私密空间和隐私的。在这种时代背景下，如果我们不想成为道德谴责的对象，那么唯一行之有效的办法就是服从道德的要求，过合乎道德的生活。在大数据时代，我们在道德生活领域的所思所想和所作所为会被刻写成道德记忆数据。这些数据不会随着时间的推移而消失，与我们同时代的人可以随时提取这些数据，我们的子孙后代也可以提取这些数据。或者流芳百世，或者遗臭万年，这两件事在大数据时代都很容易实现。

人类从古至今一直过着道德生活，形成了丰富多彩的道德生活经历，并刻写了日益丰富的道德记忆。人类刻写道德记忆的能力和状况与其生存条件直接相关。生存条件越好，人类刻写道德记忆的能力越强，所形成的道德记忆越丰富。在生存条件恶劣的远古时代，人类主要依靠自然的记忆能力刻写道德记忆，因而留给我们的道德记忆非常有限。随着生存条件的不断改善，人类刻写道德记忆的手段和方法越来越多，能力相应就越来越强。对于人类来说，大数据时代的到来既是机遇，也是挑战。大数据对人类道德生活的影响必将日益扩大。在大数据时代，我们应该如何更好地刻写自己的道德记忆？这是一个需要展开深入研究的重大伦理问题。

道德记忆是人类道德生活的支柱和根基。因为能够坚持不懈地追求、守护和弘扬道德，人类不仅在存在世界留下了光荣的道德生活史和道德记忆，而且塑造了自己应有的道德精神、道德形象和道德身份。道德记忆是人类应该世代传承的珍贵财富，更是推动人类不断向善、求善和行善的强大动力。珍惜道德记忆，追求崇高道德，这是人之为人所应有的道德修为、道德品质和道德境界。

参考文献

马克思恩格斯文集. 北京：人民出版社，2009.

习近平. 习近平谈治国理政. 北京：外文出版社，2014.

习近平. 习近平谈治国理政：第 2 卷. 北京：外文出版社，2017.

习近平. 决胜全面建成小康社会　夺取新时代中国特色社会主义伟大胜利. 人民日报，2017-10-28（理论版）.

习近平关于社会主义文化建设论述摘编. 中共中央文献研究室，编. 北京：中央文献出版社，2017.

论语　大学　中庸. 2 版. 陈晓芬，徐儒宗，译注. 北京：中华书局，2015.

老子. 饶尚宽，译注. 北京：中华书局，2006.

荀子. 长沙：湖南人民出版社，1999.

孙子兵法. 陈曦，译注. 北京：中华书局，2011.

司马迁. 史记. 哈尔滨：北方文艺出版社，2007.

柏拉图. 理想国. 郭斌和，张竹明，译. 北京：商务印书馆，2019.

亚里士多德. 尼各马科伦理学. 苗力田，译. 北京：中国社会科学出版社，1990.

亚里士多德选集：伦理学卷. 苗力田，编. 北京：中国人民大学出版社，1999.

笛卡尔. 第一哲学沉思集. 庞景仁，译. 北京：商务印书馆，2017.

休谟. 人性论. 关文运，译. 北京：商务印书馆，1997.

康德. 道德形而上学基础. 孙少伟, 译. 北京: 九州出版社, 2007.

康德. 判断力批判. 邓晓芒, 译. 北京: 人民出版社, 2002.

黑格尔. 法哲学原理. 范扬, 张企泰, 译. 北京: 商务印书馆, 1961.

孟德拉斯. 农民的终结. 李培林, 译. 北京: 社会科学文献出版社, 2005.

尼采. 查拉图斯特拉如是说. 黄明嘉, 译. 桂林: 漓江出版社, 2000.

海德格尔. 存在与时间. 3版. 陈嘉映, 王庆节, 译. 北京: 三联书店, 2006.

雅斯贝斯. 时代的精神状况. 王德峰, 译. 上海: 上海译文出版社, 2008.

胡塞尔. 纯粹现象学通论. 李幼蒸, 译. 北京: 商务印书馆, 1996.

摩耳. 宗教的出生与长成. 江绍原, 译述. 北京: 商务印书馆, 1926.

弗洛伊德. 文明及其缺憾. 车文博, 主编. 北京: 九州出版社, 2014.

弗洛伊德. 精神分析新论. 车文博, 主编. 北京: 九州出版社, 2014.

弗洛伊德. 释梦. 车文博, 主编. 北京: 九州出版社, 2014.

莫里斯·哈布瓦赫. 论集体记忆. 毕然, 郭金华, 译. 上海: 上海人民出版社, 2002.

阿斯特莉特·埃尔. 文化记忆理论读本. 冯亚琳, 主编. 北京: 北京大学出版社, 2012.

丹尼尔·夏科特. 记忆的七宗罪. 李安龙, 译. 北京: 中国社会科学出版社, 2003.

赫尔曼·艾宾浩斯. 记忆的奥秘. 王迪菲, 编译. 北京: 北京理工大学出版社, 2013.

赫尔曼·艾宾浩斯. 记忆. 曹日昌, 译. 北京: 北京大学出版社, 2014.

杜威·德拉埃斯马. 记忆的隐喻——心灵的观念史. 乔修峰, 译. 广州: 花城出版社, 2009.

恺撒·弗洛雷. 记忆. 姜志辉, 译. 北京: 商务印书馆, 1995.

弗雷德里克·C. 巴特莱特. 记忆: 一个实验的与社会的心理学研究. 黎炜, 译. 杭州: 浙江教育出版社, 1998.

昂利·柏格森. 材料与记忆. 肖聿, 译. 北京: 华夏出版社, 1999.

玛莎·C. 纳斯鲍姆. 寻求有尊严的生活——正义的能力理论. 田雷, 译. 北京：中国人民大学出版社，2016.

法拉，帕特森. 记忆. 户晓辉, 译. 北京：华夏出版社，2006.

哈拉尔德·韦尔策. 社会记忆：历史、回忆、传承. 季斌，王立君，白锡堃, 译. 北京：北京大学出版社，2007.

雅克·勒高夫. 历史与记忆. 方仁杰，倪复生, 译. 北京：中国人民大学出版社，2010.

阿维夏伊·玛格利特. 记忆的伦理. 贺海仁, 译. 北京：清华大学出版社，2015.

皮埃尔·诺拉. 记忆之场：法国国民意识的文化社会史. 2版. 黄艳红, 等译. 南京：南京大学出版社，2017.

贺萧. 记忆的性别：农村妇女和中国集体化历史. 张赟, 译. 北京：人民出版社，2017.

杨治良，郭力平，王沛，等. 记忆心理学：第2版. 上海：华东师范大学出版社，1999.

张志扬. 创伤记忆：中国现代哲学的门槛. 上海：上海三联书店，1999.

杨念群. 空间·记忆·社会转型："新社会史"研究论文精选集. 上海：上海人民出版社，2001.

孙江. 事件·记忆·叙述. 杭州：浙江人民出版社，2004.

鲁忠义，杜建政. 记忆心理学. 北京：人民教育出版社，2005.

孙德忠. 社会记忆论. 武汉：湖北人民出版社，2006.

徐贲. 人以什么理由来记忆. 长春：吉林出版集团有限责任公司，2008.

中国国家博物馆. 共和国的记忆：文物见证历史. 太原：山西人民出版社，2009.

陈晋. 大时代的脉络和记忆：从五四运动到改革开放. 广州：广东教育出版社，2009.

章东磐. 国家记忆. 太原：山西人民出版社，2010.

赵静蓉. 记忆. 广州：暨南大学出版社，2015.

李润波. 长征记忆. 广州：广东人民出版社，2016.

曾钊新，李建华. 道德心理学. 北京：商务印书馆，2017.

张广友. 抹不掉的记忆：共和国重大事件纪实. 北京：新华出版社，2008.

马克斯·韦伯. 儒教与道教. 王容芬，译. 北京：商务印书馆，1995.

德里克·奥斯伯恩. 建筑导论. 任宏，向鹏成，译. 重庆：重庆大学出版社，2008.

西里尔·E. 布莱克，等. 日本和俄国的现代化——一份进行比较的研究报告. 周师铭，胡国成，沈伯根，等译. 北京：商务印书馆，1983.

阿列克斯·英克尔斯，戴维·H. 史密斯. 从传统人到现代人——六个发展中国家中的个人变化. 顾昕，译. 北京：中国人民大学出版社，1992.

罗伯特·芮德菲尔德. 农民社会与文化：人类学对文明的一种诠释. 王莹，译. 北京：中国社会科学出版社，2013.

塞缪尔·斯迈尔斯. 品格的力量. 刘曙光，宋景堂，李柏光，译. 北京：北京图书馆出版社，1999.

亨廷顿. 文明的冲突与世界秩序的重建. 周琪，刘绯，张立平，等译. 北京：新华出版社，2002.

怀特海. 观念的冒险：修订版. 周邦宪，译. 南京：译林出版社，2012.

爱德华·希尔斯. 论传统. 傅铿，吕乐，译. 北京：上海人民出版社，2009.

梁漱溟. 中国文化的命运. 北京：中信出版社，2010.

费孝通. 全球化与文化自觉——费孝通晚年文选. 北京：外语教学与研究出版社，2013.

陈明. 中华家训经典全书. 张舒，丛伟，注释. 北京：新星出版社，2015.

夏伟东. 中国共产党思想道德建设史略. 济南：山东人民出版社，2006.

韦冬. 中国共产党思想道德建设史. 济南：山东人民出版社，2015.

陈兴中，周介铭. 中国乡村地理. 成都：四川科学技术出版社，1989.

庄仁兴. 江苏省乡村经济类型及其形成、演变特点的研究. 南京：南京大学出版社，1996.

王露璐. 乡土伦理——一种跨学科视野中的"地方性道德知识"探究. 北京：人民出版社，2008.

赵炜. 乡土伦理治道——传统视阈中的家与国. 北京：中国矿业大学出版社，2011.

甘绍平. 伦理学的当代建构. 北京：中国发展出版社，2015.

顾希佳. 社会民俗学. 哈尔滨：黑龙江人民出版社，2003.

丁俊清. 江南民居. 上海：上海交通大学出版社，2008.

郭建国，田勇. 传统建筑装修. 北京：中国建筑工业出版社，2006.

王泽应. 马克思主义伦理思想中国化研究. 北京：中国社会科学出版社，2017.

田旭明. 当代中华民族凝聚力研究. 北京：人民出版社，2016.

于幼军. 社会主义初级阶段文化论. 北京：人民出版社，1991.

向玉乔. 美国伦理思想史. 长沙：湖南师范大学出版社，2015.

John R. Searle. The Construction of Social Reality. New York：The Free Press，1995.

M. Halbwachs. On Collective Memory. Chicago：University of Chicago Press，1992.

后 记

　　2020年是极其不寻常的一年。新冠肺炎病毒来袭，打乱了世界秩序，更扰乱了人的心理秩序。在此之前，有些国家在为争夺世界霸权而费尽心机，有些个人在为谋取私利而殚精竭虑，几乎达到不择手段的地步，世界因此而变得空前混乱，许多人则因此而坠入悲观主义深渊。新冠肺炎病毒令人厌恶，但它的侵袭对当代人类具有不容忽视的警醒作用。它逼迫我们回归传统的家庭生活，逼迫我们反思人与人之间以及人与自然之间的伦理关系，甚至逼迫我们反思自己的世界观、人生观和价值观。就是在这样一种特殊背景下，我对自己的书稿《道德记忆》进行了修改和补充。

　　我没有将很多时间用于参与关于新冠肺炎病毒的网络争论。之所以没有这样做，主要是因为网络信息纷繁复杂、难辨真伪，而我又不想妄自做出判断和评价，以免造成负面社会影响。不过，我并没有全然置身事外。每当听闻那些向疫区逆行的医疗专家、护士、志愿者等的感人事迹，我的敬意便油然而生，坚信他们是2020年最可敬、最可爱的人，并且希望所有人都能将他们的光荣事迹刻写成永不磨灭的道德记忆。他们当中的绝大多数人并不是我们的亲人，但我们不能因此而不去记住他们英勇抗击新冠肺炎病毒的英勇壮举。在我看来，记住他们的英勇壮举是记忆道德向我们发出的响亮要求。在新冠肺炎病毒肆虐成灾的2020年，我们更能深刻体会道德记忆和记忆道德的珍贵。记住那些在新冠肺炎病毒抗击战中的英雄，是我们每一个有道德良知的人的道德责任。

2020年留给我们的道德记忆是悲壮的，甚至是带有创伤的。在我国，全国人民团结一心、众志成城，展现了抗击新冠肺炎病毒的钢铁意志，这是我们能够在较短时间内战胜病毒的根本原因，但我们为此也付出了惨重代价。在国际社会，由于新冠肺炎病毒的危害性没有引起足够的重视，有些国家在抗击病毒的过程中步调缓慢，它们的人民因此而遭受了巨大灾难。在我们看来，新冠肺炎病毒给当代人类上了一课：当今世界早已变成一个人类命运共同体，生活在其中的每一个国家和民族都应该树立同呼吸共患难、同生共荣的道德价值观念；只有这样，我们生活于其中的世界才能拒绝道德冷漠，才能成为一个充满道德关怀的世界。

　　我们的生活不能没有道德记忆，也不能没有记忆道德。道德记忆让我们记住过去的道德生活经历，让我们以道德记忆作为道德生活的镜子。向道德记忆学习，应该成为人类永不褪色的美德。记忆道德要求我们以合乎道德要求的方式去记忆，记住应该记住的人和事，忘记应该忘记的人和事。道德记忆是人类道德生活的根基。记忆道德是人类建构道德记忆的规范性要求。唯愿人类能够自始至终以道德记忆为镜，以道德记忆为师；唯愿人类能够自始至终热爱记忆道德、尊重记忆道德、践行记忆道德，做有记忆道德的存在者。

　　需要指出的是，龙娟、张娟、张志涛、刘飞、卢明涛等人参与了本书部分内容的写作。第四章由龙娟、张娟撰写，第十二章由张志涛撰写，第十三章由刘飞撰写，卢明涛参与了导论的写作和文稿整理工作。这些同志主要撰写相关章节的初稿，我对他们撰写的初稿做了系统修改。

　　最后，真诚地感谢中国人民大学出版社和罗晶编辑对本书出版的大力支持！

向玉乔

2020年10月

图书在版编目（CIP）数据

道德记忆/向玉乔著.--北京：中国人民大学出版社，2020.9
ISBN 978-7-300-28593-1

Ⅰ.①道… Ⅱ.①向… Ⅲ.①伦理学-研究-中国 Ⅳ.①B82-092

中国版本图书馆CIP数据核字（2020）第181849号

道德记忆
向玉乔 著
Daode Jiyi

出版发行	中国人民大学出版社	
社　　址	北京中关村大街31号	邮政编码　100080
电　　话	010-62511242（总编室）	010-62511770（质管部）
	010-82501766（邮购部）	010-62514148（门市部）
	010-62515195（发行公司）	010-62515275（盗版举报）
网　　址	http://www.crup.com.cn	
经　　销	新华书店	
印　　刷	北京联兴盛业印刷股份有限公司	
规　　格	170 mm×240 mm　16开本	版　次　2020年9月第1版
印　　张	18.25 插页3	印　次　2020年9月第1次印刷
字　　数	282 000	定　价　88.00元

版权所有　侵权必究　　印装差错　负责调换